黄河水利委员会治黄著作出版资金资助出版图书

水利企业经理人法律风险防范

王庆伟 著

黄 河 水 利 出 版 社
·郑 州·

内 容 提 要

水利企业经理人法律风险防范理论是一个完整的法律体系，涉及知识点多，专业性强。本书首次把法律风险防范的最新法律法规与水利企业进行全面对接。全书内容共分四章，分别从基本法律知识和民事、行政、刑事等三个方面的法律风险着手，对水利企业经理人可能遇到的合同、劳动争议、诉讼等各类法律风险和化解方案进行系统总结、阐述，内容基本涵盖了水利企业法律风险防范的全部实用知识。同时精选了大量水利等工程建设领域的典型案例、热点难点问题，进行深度解析，实践性强。

本书面向的主要对象是从事工程施工、勘察设计、咨询监理、园林绿化等业务的水利、建筑工程、交通港口、市政公用等土木工程企业的高管、项目经理、施工人员、建造师、建筑师、监理工程师等。

图书在版编目(CIP)数据

水利企业经理人法律风险防范/王庆伟著. —郑州：黄河水利出版社，2014. 11

ISBN 978 - 7 - 5509 - 0986 - 1

Ⅰ. ①水… Ⅱ. ①王… Ⅲ. ①水利电力工业 - 工业企业管理 - 企业法 - 研究 - 中国 Ⅳ. ①D922. 292. 4

中国版本图书馆 CIP 数据核字(2014)第 292014 号

出 版 社：黄河水利出版社

地址：河南省郑州市顺河路黄委会综合楼 14 层　　邮政编码：450003

发行单位：黄河水利出版社

发行部电话：0371 - 66026940、66020550、66028024、66022620(传真)

E-mail：hhslcbs@126. com

承印单位：河南省瑞光印务股份有限公司

开本：787 mm × 1 092 mm　1/16

印张：14. 25

字数：330 千字　　印数：1—2 500

版次：2014 年 11 月第 1 版　　印次：2014 年 11 月第 1 次印刷

定价：45. 00 元

前　言

名医扁鹊兄弟三人都精于医术。一日，魏文王问扁鹊："你们兄弟三人到底哪一位医术最好呢？"扁鹊回答说："大哥最好，二哥次之，我最差。"魏文王再问："那么为什么你最出名呢？"扁鹊答说："我大哥治病，是治病于病情发作之前。由于一般人不知道他事先能铲除病因，所以他的名气无法传出去，只有我们家里的人才知道。我二哥治病，是治病于病情刚刚发作之时。一般人以为他只能治轻微的小病，所以他只在我们的村子里才小有名气。而我扁鹊治病，是治病于病情严重之时。一般人看见的都是我在经脉上穿针管来放血、在皮肤上敷药等大手术，所以他们以为我的医术最高明，因此我的名气响遍全国。"这个典故对于水利企业经理人防控法律风险具有很好的借鉴意义，就是企业法律风险可能无处不在，但是可以预见和有效防范，防范的最好时机是在事前，次之是事中，最差是事后。

水利企业经理人是水利工程建设的主要组织者和重要社会角色的承担者。在我国建设法治国家的大背景下，政府、社会公众，以及水利企业自身都对经理人提出了更高的要求，要求经理人不仅要具备安全生产、质量合同等专业知识，而且要具备一定的法律素养，保证企业健康前行。本书作者曾先后在房屋建设公司、监理咨询有限公司、质量监督站、招标投标办公室、建设管理局、行政许可办公室等多个单位和部门担任技术负责人、行政主管、项目经理、总监等职务，长期从事工程建设实践和风险研究，对一线企业经理人法律风险意识的欠缺有深刻体会。现实中有相当一部分水利企业经理人存在着法律风险意识薄弱的问题，对工作、生活中常遇到的法律问题，更多地靠"人治"、靠领导、靠关系和道德思维解决问题，少数"高位"人员，更是养成了权力的霸气，行业内一些深藏的"潜规则"也影响着一些经理人对贪腐等刑事犯罪的认知，不知道自己触及了法律的红线，等到锒铛入狱时，才能幡然醒悟，但为时已晚。过往的大量案例告诉我们，企业家要稳健前行，只能依靠法律规范和程序规则。法律对于水利企业经理人而言，如阳光，如清泉，也正如清代著名理学家、教育家朱用纯所云："宜未雨而绸缪，毋临渴而掘井"，应作为自己的信仰践行。

本书是一本为水利等土木工程企业经理人等提供法律风险防范知识的实用法律书籍，面向的主要对象是从事工程施工、勘察设计、咨询监理、园林绿化等业务的水利、建筑工程、交通港口、市政公用等土木工程企业的高管、项目经理、施工人员、建造师、建筑师、监理工程师等，希望能帮助他们用法律的武器破解各种复杂棘手的工作难题，并防患于未然。

鉴于作者水平有限，书中难免有不妥之处，敬请沟通交流、批评指正。作者王庆伟邮箱：WangQW6611@163.com；电话：13676936611。

作　者
2014 年 7 月

目　录

第一章　水利企业经理人法律风险防范概述

第一节　水利企业法律风险概述

企业法律风险是指企业因违法违规、违反合同约定、侵犯他人合法权益、怠于行使自身权利等造成的风险。

一、企业法律风险分类

企业法律风险按照不同的分类标准可以分为不同的类别:

(1)按照企业运营中发生法律风险的业务或管理活动类型来划分,可以分为企业设立中的法律风险、合同法律风险、企业并购法律风险、企业改制法律风险、招标投标法律风险、知识产权法律风险、人力资源管理法律风险、企业税收法律风险、安全事故法律风险、诉讼仲裁法律风险等。

(2)按照法律风险与企业的密切程度来划分,可以分为直接法律风险与间接法律风险。直接法律风险是指由于企业自身的行为或企业直接参与的法律关系相对人的行为直接产生的法律风险。例如,企业决策判断时缺乏法律论证而导致的决策风险、企业管理体系中因合同管理欠缺导致的管理风险等。间接法律风险则是指企业由于受到其他法律关系的牵连而引起的法律风险,其发生与否往往取决于本企业以外其他法律关系主体的行为,如因担保产生的法律风险。

(3)按照法律风险产生的方向不同,可以分为内部法律风险和外部法律风险。内部法律风险是指完全由于企业内部员工违反相关法律法规规定或者约定造成的法律风险。外部法律风险是指由于外部法律环境或其变化带来的法律风险。

(4)按照法律风险产生的原因不同,可以分为客观类法律风险和主观类法律风险。客观类法律风险是指不以企业的意志为转移的客观事件引起的法律风险。例如,意外作业伤害引起的企业对工伤职工的民事赔偿。主观类法律风险是指通过企业有意识的行为引起的法律风险。

(5)从企业运营的整个价值链条的参与主体来看,可以分为来自监管机构、业主、竞争者、供货商、企业内部管理的风险等。

(6)从法律风险导致承担风险责任的角度来看,可以分为由企业承担责任和由个人(企业负责人等)承担责任的法律风险。

(7)从法律风险导致承担法律责任的类型来看,可以分为刑事责任风险、民事责任风险和行政责任风险。

(8)按照企业应对法律风险的态度不同,可以分为作为的法律风险和不作为的法律风险。作为的法律风险是指企业主动实施一定行为造成的法律风险。不作为的法律风险是指企业不采取必要或必需的行为而造成的法律风险，如企业因未及时注册自己的商标而遭他人抢注。

国际律师协会（IBA）专门成立的“法律风险工作组”，基于法律风险发生的区域以及法律风险控制的不同途径，把法律风险划分为操作性法律风险和环境法律风险两种类型。操作性法律风险是由于企业自身的操作风险控制体系不充分或者无效，对法律未能及时做出反应而产生的风险，主要表现为以下几点：

（1）有瑕疵的交易；

（2）导致该企业承担责任或者其他损失的诉讼；

（3）未能采取适当的措施保护该企业拥有的资产等。

环境法律风险是指“法律本身导致意外的、不利的后果的风险”，表现为可能对该企业产生不利影响的外部法律事件，即法律的变化。

在全球企业法律顾问协会及其中国事务委员会和中国顾问委员会联合提供的《国有企业建立现代企业法律治理制度指南》中，以法律风险的后果承担为标准，将法律风险分为：

（1）经营性损失（收益或利益损失，成本或责任增加等）；

（2）民事索赔、判决或裁决，行政或刑事处罚或制裁，企业有形资产和无形资产的受损；

（3）商誉受损；

（4）其他损害。

二、企业法律风险特征

企业法律风险具有以下特征：

（1）企业法律风险的发生必然与法律规定或者合同约定有关。这是企业法律风险区别于其他企业风险的一个最根本的特征。

（2）企业法律风险通常情况下会导致企业承担相应的民事责任、行政责任甚至刑事责任等法律责任，发生的结果具有强制性，企业必须被动承受。

（3）企业法律风险存在于企业生产经营各个环节和各项业务活动之中，存在于企业从设立到终止的全过程中。

（4）企业法律风险具有可预见性。即可以通过对法律规定或合同约定的解读，预先判断出哪些行为可能会给企业带来法律风险，以及风险发生后会给企业带来什么样的后果。

（5）企业法律风险可以通过相应的有效措施予以防范和控制。

三、水利企业法律风险防范依据的法

（一）当代中国的法律体系

当代中国的法律体系，是以宪法为核心的中国特色社会主义法律体系，由宪法及宪法相关法、民法、商法、行政法、经济法、社会法、刑法、诉讼法等法律部门构成。

宪法是整个法律体系的基础，主要表现形式是《宪法》[1]。此外，还包括主要国家机关组织法、选举法、民族区域自治法、特别行政区基本法、授权法、立法法、国籍法等附属的低层次的法律。

民法是调整平等主体的公民之间、法人之间、公民和法人之间的财产关系与人身关系的法律，主要由民法通则和单行民事法律组成，其中单行民事法律主要包括合同法、担保法、专利法、商标法、著作权法、婚姻法等。

商法是调整平等主体之间的商事关系或商事行为的法律，主要包括公司法、保险法、票据法等。

行政法是调整国家行政管理活动中各种社会关系的法律规范的总和，主要包括行政处罚法、行政复议法、行政监察法、治安管理处罚法等。

经济法是调整国家在经济管理中发生的经济关系的法律，包括建筑法、招标投标法、反不正当竞争法、税法等。

社会法是调整劳动关系，以及有关社会保障、社会福利，保护环境和自然资源的法律，包括劳动法、劳动合同法、安全生产法、劳动争议调解仲裁法、矿山安全法、职业病防治法、社会保险法、土地管理法、环境保护法等。

刑法是规定犯罪和刑罚的法律，主要是刑法。

诉讼法是有关各种诉讼活动的法律，主要包括民事诉讼法、行政诉讼法、刑事诉讼法，仲裁法、律师法、法官法等法律的内容也可归属于该法律部门。

(二)水利企业防范法律风险依据的法律规范

水利企业防范法律风险依据的法是一个法律体系，既包括与水利企业活动有密切关系的民法、刑法、经济法等基本法律知识，也包含对水利企业和从业人员行为作出直接规定的行业专业法律规范。根据我国《宪法》和《立法法》及有关规定，这些法律规范以宪法、法律、行政法规、地方性法规、行政规章、法律解释、国际条约，以及规范性文件与国家政策等形式出现。

1. 宪法

宪法由我国的最高权力机关全国人民代表大会制定和修改，是国家根本法，在我国的法律体系中具有最高法律效力，一切法律、行政法规和地方性法规都不得与宪法相抵触。

2. 法律

法律由全国人民代表大会及其常务委员会制定和修改。法律的效力低于宪法，但高于其他的法。

法律是水利企业防范法律风险的核心和基础。水利企业常涉及的法律有《民法通则》、《建筑法》、《招标投标法》、《安全生产法》、《标准化法》、《环境保护法》、《水污染防治法》、《固体废物污染环境防治法》、《环境噪声污染防治法》、《节约能源法》、《消防法》、《档案法》、《土地管理法》、《劳动法》、《保险法》、《企业所得税法》、《税收征收管理法》、《公司法》、《合同法》、《担保法》、《民事诉讼法》、《仲裁法》、《行政复议法》和《刑法》等。

---

[1] 本书中的法律名称多用简称，如《宪法》即为《中华人民共和国宪法》的简称。

3. 行政法规

行政法规是指由我国最高行政机关国务院根据宪法和法律,按照行政法规的制定权限和制定程序发布的规范性文件。行政法规一般是对法律条款的进一步细化,以便于法律的实施。

行政法规在我国社会主义法律体系中具有承上启下的地位和作用,在效力等级和规定范围上仅次于法律。

水利企业常见的行政法规有《建设工程安全生产管理条例》、《安全生产许可证条例》、《建设工程质量管理条例》、《建设工程勘察设计管理条例》、《标准化法实施条例》、《国务院关于特大安全事故行政责任追究的规定》、《劳动保障监察条例》、《企业职工伤亡事故报告和处理规定》、《城市房屋拆迁管理条例》、《城市维护建设税暂行条例》、《营业税暂行条例》和《建设项目环境保护管理条例》等。

4. 地方性法规

地方性法规是指由省、自治区、直辖市人民代表大会及其常务委员会,较大的市的人民代表大会及其常务委员会,按照地方性法规制定权限和制定程序发布的规范性文件。如《北京市招标投标条例》、《河南省建设工程质量管理条例》等。

地方性法规是我国行政执法的重要依据之一,在等级效力上,地方性法规低于宪法、法律和行政法规;在地域效力上,其效力范围也仅限于本行政区域以内。

具体而言,目前我国地方性法规主要有以下四类:

一是省、自治区、直辖市的地方性法规。其制定主体是 31 个省、自治区、直辖市的人民代表大会及其常务委员会。

二是较大的市的地方性法规。在我国,"较大的市"是一个法律概念,《立法法》特指:第一,27 个省、自治区人民政府所在地的市;第二,4 个经济特区所在地的市(深圳、厦门、珠海、汕头);第三,18 个经国务院批准的其他城市(唐山、大同、包头、大连、鞍山、抚顺、吉林、齐齐哈尔、青岛、无锡、淮南、洛阳、宁波、淄博、邯郸、本溪、苏州、徐州)。

三是经济特区法规。其制定主体是深圳市、厦门市、珠海市和汕头市的人民代表大会及其常务委员会。

四是自治州、自治县的自治条例和单行条例。其制定主体是 30 个自治州和 120 个自治县的人民代表大会。

需要特别指出的是,经济特区所在地的市既可以制定地方性法规,也可以制定经济特区法规,前者属于职权立法,后者是根据全国人民代表大会常务委员会的授权而制定的,属于授权立法;前者需要报其所在地的省人民代表大会常务委员会批准,后者不需报经批准;前者在整个行政区域内统一实施,后者只能在经济特区内适用,不能适用于经济特区外的行政区域。

【案例 1-1】

李某在深圳水利工地打工时被机器轧断手臂,就赔偿问题与企业发生争议,起诉至法院。根据该特区依据全国人民代表大会常务委员会授权制定的地方性法规,李某只能得到 20 个月工资的赔偿额,而根据该特区所在省的地方性法规,他可以得到 25 个月的赔偿额。

问：李某应依据特区地方性法规，还是依据省的地方性法规得到赔偿？

解析：

根据《立法法》第八十一条的规定，自治条例和单行条例依法对法律、行政法规、地方性法规作变通规定的，在本自治地方适用自治条例和单行条例的规定。经济特区法规根据授权对法律、行政法规、地方性法规作变通规定的，在本经济特区适用经济特区法规的规定。因此，李某应依据特区法规得到20个月工资的赔偿额。

5. 行政规章

行政规章是由国家行政机关制定的法律规范性文件。我国的规章分为两大类：一类是国务院部门规章（通常叫作部门规章），另一类是地方政府规章。

1）部门规章

部门规章是指国务院各部、各委员会、中国人民银行、审计署和具有行政管理职能的直属机构，根据法律和国务院的行政法规、决定、命令，在本部门的职权范围内按照法定程序制定发布的规范性文件。

在规定范围上，部门规章应当规定属于执行法律或者国务院行政法规、决定命令的事项。在效力方面，部门规章等级效力低于法律和行政法规；地域效力可以及于全国。

目前，水利等工程企业正在贯彻执行的《建筑业企业资质管理规定》、《注册建造师管理规定》、《建设工程勘察质量管理办法》、《工程建设项目施工招标投标办法》、《工程建设项目货物招标投标办法》、《重大建设项目档案验收办法》、《营业税暂行条例实施细则》、《工程建设国家标准管理办法》、《工程建设行业标准管理办法》、《实施工程建设强制性标准监督规定》、《建设工程施工现场管理规定》、《水利工程建设项目招标投标管理规定》、《水利工程建设监理规定》等，都属于部门规章。

2）地方政府规章

地方政府规章是指由省、自治区、直辖市以及31个省、自治区人民政府所在地的市和49个国务院批准的较大的市的人民政府制定的法律规范性文件。如《山东省建设工程设计招标投标暂行规定》等。

地方政府规章的效力低于法律、行政法规，低于同级或上级地方性法规。

6. 法律解释

法律解释是指法律的规定需要进一步明确具体含义的，或者法律制定后出现新的情况，需要明确法律依据的情形，由法定机关根据法定程序对法律作出的解释。

法律解释包括最高国家权力机关的解释、国家司法机关的解释、中央国家行政机关的解释、地方国家权力机关和行政机关的解释。其中，最高人民法院对于法律的司法解释最多，例如，《最高人民法院关于审理建设工程施工合同纠纷案件适用法律问题的解释》（简称《最高法院建设工程解释》），《最高人民法院关于适用〈中华人民共和国合同法〉若干问题的解释（一）》（简称《最高法院合同法解释一》），《最高人民法院关于适用〈中华人民共和国合同法〉若干问题的解释（二）》（简称《最高法院合同法解释二》），《最高人民法院关于审理拒不支付劳动报酬刑事案件适用法律若干问题的解释》，《最高人民法院关于审理劳动争议案件适用法律若干问题的解释》（一）、（二）、（三）、（四），《最高人民法院关于适用〈中华人民共和国民事诉讼法〉若干问题的意见》(简称《最高法院民事诉讼法意见》),《最高人民法院关于民事诉讼证据的若干规定》(简称《最高法院民事诉讼证据规定》),《最高人民法院关于审理民事案件适用诉讼时效制度若干问题的规定》(简称《最高法院诉讼时效规定》),《最高人民法院关于建设工程价款优先受偿权问题的批复》(简称《最高法院建设工程优先权批复》),以及《最高人民法院关于贯彻执行〈中华人民共和国民法通则〉若干问题的意见(试行)》等。法律解释在司法实践中具有重要的地位和作用。

7. 国际条约

国际条约是指我国作为国际法主体同外国缔结的双边、多边协议和其他具有条约、协定性质的文件,如《建筑业安全卫生公约》(中译本)、《国际劳工公约》等,也是我国法的一种形式。

8. 规范性文件与国家政策

在工作实践中,除以上法律渊源外,水利企业遵守的还有规范性文件,如《建设部关于印发〈建筑市场诚信行为信息管理办法〉的通知》、《司法部 建设部关于为解决建设领域拖欠工程款和农民工工资问题提供法律服务和法律援助的通知》、《建造师执业资格制度暂行规定》、《建设工程文件归档整理规范》等。

对于规范性文件的概念和含义并无统一的界定。《行政处罚法》第十四条、《行政许可法》第七条称之为"其他规范性文件",其含义是指除法律、行政法规、地方性法规、规章外的规范性文件的总称。《水利部规范性文件审查与备案管理办法》规定:本办法所称规范性文件,是指除水利部规章外,水利部或者其直属流域管理机构依据法定职权和程序制定的,能够反复适用,涉及、影响公民、法人或者其他组织权利义务,具有普遍约束力的公文。一般规范性文件是一种行政性公文,不能与行政法规、行政规章相抵触,否则无效。人民法院在行政审判中以行政法规作为依据,以行政规章作为参照,而一般规范性文件既不能作为依据,也不能作为参照。

行政立法的主体是特定的,仅限于宪法和法律所规定的特定行政机关,不是所有的行政机关都享有行政立法权。而一般规范性文件制定主体则较为广泛,各级、各类行政主体,包括各级人民政府、县级以上人民政府所属工作部门、行政机关的派出机关和派出机构,以及依照法律、法规授权可以依法独立行使行政管理权的机关。但是,行政机关的内设机构、各类领导小组等议事协调机构、各类指挥部等临时机构及不具有行政管理权的事业单位不具有规范性文件制定主体资格,不得发布规范性文件。

司法上是如何界定"国家政策"的呢?《最高人民法院司法观点集成》一书中,有这样一个描述:"国务院有关部委颁发的贯彻配套规定等规范性文件,属于国家政策。"

中国的法律内容非常多。根据 2011 年 10 月国务院新闻办发布的《中国特色社会主义法律体系》白皮书,截至 2011 年 8 月底,中国已制定现行宪法和有效法律 240 部,行政法规 706 部,部门规章 2 930 部,地方政府规章 8 250 部,地方性法规 8 602 部。对于水利企业经理人来说,法律不是吃饭的饭碗,没有必要死记硬背那么多法律条文。但法律是水利企业经理人从事建设工程活动的行为标准,是实现正义、公平和效率重要的工具,完全有必要从自己身边的人和事出发,有针对性地学习和掌握。

第二节　水利企业经理人应具备防范风险法律思维

水利企业经理人应具备一定的防范风险法律思维。

什么是法律思维呢？法律是哲学的思维，法律思维是按照法律的逻辑进行思维、决策的方式。一个普通人看到钟表不走了，可能会说“这只钟表坏了”，但一个法官或律师看到钟表不走了，只会说“这只表不走了”，一般不会说“这只表坏了”，因为这只表可能是没上弦、没电了，或者是一只模型表，表针根本不会走动，并没有确凿的证据表明这只表确实是坏了。这就是普通人与法律人思维的不同。

法律思维不是道德思维。法律是人类理性的表现，有规范的形式且相对稳定；而社会道德具有强烈的感情色彩，没有固定的表现形式且稳定性较差，也不像法律那样具有国家强制力，其作用的发挥主要靠个人的自觉。关键的问题是：合法的不一定合乎道德，而合乎道德的也不一定合法。这两种规范之间的显著差异，与人们通常的观念不同。不少中国人坚持机械、传统的“可知论”观念，如“真的假不了，假的真不了”，“好朋友，没问题”，“有理走遍天下，无理寸步难行”等。从现实的角度上看，这些说法都是理想化的祈求，不可能完全达到。人们常常把“以事实为根据，以法律为准绳”的执法原则分成两句话来理解，实际上这里的“事实”应为有证据充分支持的“法律事实”，而非绝对意义上的“客观事实”，与法律的规定是无法根本分开的。“打官司就是打证据”这种说法就形象地说明了这一点。

目前，“挂靠”已成为建筑行业的潜规则。一些企业在承接工程后，仅为追求高产值、高利润，直接将工程包给农民施工队，对该工程不派驻项目经理，不进行质量、安全、进度管理，不依照约定履行合同义务，这种低的挂靠门槛、没有责任追究的宽松的挂靠制管理，让有的个体户成了“挂靠专业户”，今天挂靠甲公司承接工程，工程做砸了被赶出当地建筑市场以后，他又去挂靠乙公司、丙公司、丁公司……在整个“挂靠”过程中，这些挂靠专业户不断闯祸，被挂靠企业承担的风险，如被责令改正、停业整顿，被法院没收违法所得、被处工程合同价款2%以上4%以下的罚款、被降低资质等级、被吊销资质证书等风险，就像一颗定时炸弹，是否爆炸以及什么时候爆炸都无法预见。很多的被挂靠企业“迷信”挂靠双方在合作时签订的合同或协议，认为规定了双方包括付工资、工伤赔偿、质量责任承担等主要内容在内的权利和义务，但实践证明，这一纸“无效的挂靠协议”不能作为救命稻草对抗越来越健全的法律。

另外，还有一些水利建筑公司对待农民工采取老做法，不为农民工交纳工伤保险。农民工工作中受伤了，经劳动保障行政部门认定为工伤，公司认为能够为其支付医疗费用和医疗伙食补助费就不错了，不应该再为其支付工伤医疗保险补助金、伤残补助金和就业补助金等费用，这种认识显然不合法律要求。我国的工伤保险是为分散企业的风险而建立的，如果企业不为劳动者交纳工伤保险，一旦发生工作事故，就要由企业自己承担责任。《工伤保险条例》规定：用人单位依照本条例规定应当参加工伤保险而未参加的，由劳动保障行政部门责令改正；未参加工伤保险期间用人单位职工发生工伤的，由该用人单位按照本条例规定的工伤保险待遇项目和标准支付费用。因此，如果公司不向农民工支付工伤待遇，其本人或其近亲属向劳动争议仲裁委员会申请仲裁或向人民法院起诉，一定会得到支持。

法律思维不是政治思维，但又与政治思维密不可分。有些人政治思维高于法律思维，经常把法律意识行政化，比如，在水利建设领域常常见到一些工程项目，本来合同已约定了合理工期，但一些领导因为讲政治，要求必须提前完成，就模糊了政治与现实中遵守法律之间的界限。

水利企业经理人承担了比别人更高的职务犯罪风险，更应提高自己的法律思维，有效防范职务犯罪风险。

水利企业经理人最可怕的法律风险是被追究刑事责任。水利企业经理人手中掌握着企业的各种资源，是企业权力的集中体现，但责任也紧随权力，权力不好好用，法律责任便会接踵而至。水利企业经理人应当善于保护自己，尤其要关注以下几点：

第一，水利企业职务犯罪类刑事案件的犯罪主体往往都是水利企业中拥有绝对权力但却缺乏监督的领导和骨干。这些人大都是聪明有能力的人，但存在侥幸心理或对法律认识比较模糊。有些人不十分明白哪些行为违反了法律。比如，在财务管理方面，隐匿收入不入账、坐支、小金库、截留利润、化公为私、公款私存、虚列成本和支出、将资金转移到本单位法定会计账册和财务会计报告外私存私放等。这些行为中，轻的违反纪律，重的违反刑法。

第二，水利企业经理人最常见的犯罪是挪用资金罪、贪污罪以及行贿受贿罪。其中，利用职权挪用公司资金去为自己开公司、办企业，或挪用资金去投资股票、期货等，甚至挪用公款为自己或亲友开设的同类公司谋取私利，是挪用资金罪比较常见的现象。而贪污类犯罪，常常与截留公司资金、开设小金库给自己及相关人员私用有关。行贿受贿类犯罪则通常发生在采购、工程发包、交易机会获取，以及资金管理等四大领域。采购环节中可能涉及各种回扣，工程发包中可能涉及对招标投标程序的各种软控制，交易机会获取中可能涉及承包权的不正当获取，以及资金管理中可能涉及私设小金库行为。在上述四个环节中，犯罪人往往法律意识淡薄，在行为时没有意识到触犯了法律，比如请客旅游、通过小金库发奖金、配发干股等行为，表面上看好像没有损害公司利益，但实际很容易出现问题，按照目前《最高人民法院、最高人民检察院关于办理行贿刑事案件具体应用法律若干问题的解释》的规定，上述行为都在行贿受贿的范畴之内。

法律顾问是企业家和公司高管避免刑事法律风险的坚固屏障。党的十八届三中全会明确提出普遍建立法律顾问制度，目的是将企业行为始终规范在法律框架内，确保经营管理活动不踩线、不越界。从政府管理层面上讲，政府已经认识到了提升公司法务工作的权重对于公司管理的重要性。现实中多数公司的法律顾问还是“松散型”：有官司你打，事后救火；而国外公司法律顾问则是“紧密型”：“有事找我律师”，因为律师知道老板和公司足够多的事情。会用法律顾问，才是一个精明的经营者。因为法律顾问表面上是你的反对者，实际上是管理者和公司避免法律纠纷的最后屏障。对企业家和公司高管来说，法律服务不是奢侈品，而是必需品。水利企业要打造“法治企业”，建立一线合规文化，企业经理人就必须把“法律服务融入企业管理”，聘请法律顾问，实行“法律体检”，为企业规范管理、挖掘潜能、化解矛盾、抵御风险提供全方位有效服务，形成竞争软实力。

近年来,有的水利企业完善了法定代表人授权委托制度;有的水利企业规定,凡对外签订合同必须履行相应的授权和审批程序,对于超过相应金额的重大合同必须经过法律顾问机构审核,未经审核同意,领导不得签字,财务不得结算。这就为工程项目装上了避风险闸门,效果显著。例如,中国建筑工程总公司 4 963 个在建项目中,法务管理覆盖率达到98.1%。中建三局集团有限公司工程总承包公司自2003 年12 月试点项目法律顾问以来,法律团队从早期的打官司转变为风险管理关口前移,应市场之需,已先后派驻25 名一线项目法律顾问。按照总承包公司的规定,项目法务工作实行 5 级风险分级管理,5 级风险项目派驻专职法律顾问,3 级及以下风险项目,由法务人员兼职项目法律顾问,以此解决人少项目多的难题。项目法律顾问在合同交底时,需要梳理履约过程中的主要风险点及风险化解措施,并建立相应的流程制度,尤其是对外函件、印章、劳务等管理制度。同时,项目法律顾问还要帮助化解随时可能出现的意外风险,对项目部管理人员以及分包商、施工工人就工程施工实际遇到的案例或者大家经常遇到的问题进行法律法规培训。

建筑企业是农民工集中聚集的产业,也是农民工薪资矛盾较为集中的行业。项目法律顾问在保证项目平稳履约的同时,也要依法维护农民工的合法权利,践行企业的社会责任。法务人员与工程、财务等专业人员的视角不同,项目法律顾问参与项目商务管理的价值,并不是削尖了脑袋钻营,一味向业主多要钱,而是根据事实和合同,争取阳光下的最大利益。同时,也督促项目部依法、依合同良好运营。

第二章　水利企业经理人民事法律风险

法律责任，是指法律关系中的主体由于其违法行为，按照法律规定必须承担的不利法律后果。水利企业经理人的法律责任可分为民事责任、刑事责任、行政责任。

第一节　民事法律责任相关概念

民事责任，是指行为人违反民事法律上的约定或者法定义务所应承担的对其不利的法律后果，其目的主要是恢复受害人的权利和补偿权利人的损失。

《民法通则》根据民事责任的承担原因将民事责任划分为两类，即侵权的民事责任（侵权责任）和违反合同的民事责任（违约责任）。

一、侵权责任

侵权责任，是指行为人不法侵害社会公共财产或者他人财产、人身权利而应承担的民事责任。根据《民法通则》及相关司法解释的有关规定，工程建设领域常见的侵权行为如下。

（一）侵害公民身体造成伤害的侵权行为

侵害公民身体造成伤害的，应当赔偿医疗费、因误工减少的收入、残废者生活补助费等费用；造成死亡的，并应当支付丧葬费、死者生前扶养的人必要的生活费等费用。例如，施工单位将工程违法分包给不具有相应资质的包工头，后者雇用的雇员在从事施工活动中因安全生产事故遭受人身损害的，施工单位与该包工头构成共同侵权，应当承担连带赔偿责任。

（二）环境污染致人损害的侵权行为

我国有关环境保护的法律，主要包括《环境保护法》、《水污染防治法》、《固体废物污染环境防治法》、《环境噪声污染防治法》、《大气污染防治法》、《环境影响评价法》。这些法律对保护环境、防止污染都作了规定，如《环境噪声污染防治法》对建筑施工噪声和交通运输噪声规定如下：

（1）在城市市区范围内向周围生活环境排放建筑施工噪声的，应当符合国家规定的建筑施工场界环境噪声排放标准。

（2）在城市市区范围内，建筑施工过程中使用机械设备，可能产生环境噪声污染的，施工单位必须在工程开工15日以前向工程所在地县级以上地方人民政府环境保护行政主管部门申报该工程的项目名称、施工场所和期限、可能产生的环境噪声值以及所采取的环境噪声污染防治措施的情况。

（3）在城市市区噪声敏感建筑物集中区域内，禁止夜间进行产生环境噪声污染的建筑施工作业，但抢修、抢险作业和因生产工艺上要求或者特殊需要必须连续作业的除外。

因特殊需要必须连续作业的,必须有县级以上人民政府或者其有关主管部门的证明。上述规定的夜间作业,必须公告附近居民。

(4)建设经过已有的噪声敏感建筑物集中区域的高速公路和城市高架、轻轨道路,有可能造成环境噪声污染的,应当设置声屏障或者采取其他有效的控制环境噪声污染的措施。噪声敏感建筑物是指医院、学校、机关、科研单位、住宅等需要保持安静的建筑物。噪声敏感建筑物集中区域是指医疗区、文教科研区和以机关或者居民住宅为主的区域。

(5)在已有的城市交通干线的两侧建设噪声敏感建筑物的,建设单位应当按照国家规定间隔一定距离,并采取减轻、避免交通噪声影响的措施。如果水利企业违反以上规定,污染环境造成他人损害的,受到环境污染危害的单位和个人,有权要求加害人排除危害;造成损失的,依法赔偿损失。

【案例 2-1】

某水利工程公司下属的混凝土搅拌站2005年投产使用,该站围墙与受害的四户村民的住房仅有几米距离。该站自投产以来一直昼夜施工,产生大量噪声、振动和粉尘,严重影响了四户村民的正常生产、生活,并使他们的房屋产生不同程度的损坏。后来,四户村民以该混凝土搅拌站所属的水利工程公司为被告,向人民法院提起了民事诉讼,请求法院判令被告停止侵害、赔偿损失。人民法院在审理过程中委托房屋安全鉴定站对受害人的房屋是否因噪声、振动损害而构成危房以及损害的程度进行了鉴定。一审、二审判决后,申请人不服提起再审,最后法院促使原告、被告双方在庭审中达成了调解协议。

问:对于环境侵权,需要注意什么?

解析:

对于环境侵权问题有两点需要注意:

第一,在环境侵权诉讼中,我国法律采取了“举证责任倒置”原则。《最高法院民事诉讼法意见》第七十四条规定:在诉讼中,当事人对自己提出的主张有责任提供证据,但在环境污染诉讼中对原告列出的侵权事实,被告否认的,由被告负责举证。《最高法院民事诉讼证据规定》第四条第三款规定:因环境污染引起的损害赔偿诉讼,由加害人就法律规定的免责事由及其行为与损害结果之间不存在因果关系承担举证责任。即原告只需证明污染单位存在污染行为及损害事实,而该损失是否是由于被告的排污行为引起的以及被告是否有合法的免责事由等证据则由被告举证。具体到本案,搅拌站必须证明其排污行为与受害人所遭受的损失之间不存在因果关系,如果搅拌站不能证明,就应承担诉讼的不利后果。

第二,采取行政调处也是解决环境纠纷进行维权的一条好途径。根据《环境保护法》的相关规定,当事人可以请求环保部门或其他依法行使环境监督管理权的部门对赔偿责任和赔偿金额的纠纷做出调解处理。这种“处理”是一种调解活动,是在查清事实、分清责任的基础上,通过调解方式解决纠纷,达成协议,它既不是行政裁决,也不是具有强制约束力的行政处理决定。如果当事人对这种行政处理决定不服,可以对方当事人为被告提起民事诉讼。相对于环境民事诉讼而言,这种解决方法具有及时、经济等优点,而且各级环保行政机关对于本地区的环境污染问题非常熟悉，有专门的技术人员和专业知识，有利于问题的解决。

(三)建筑物及地上物致人损害的侵权行为

建筑物或者其他设施以及建筑物上的搁置物、悬挂物发生倒塌、脱落、坠落造成他人损害的，其所有人或者管理人应当承担民事责任，但能够证明自己没有过错的除外。道路、桥梁、隧道等人工建造的构筑物因维护、管理瑕疵致人损害的，也适用上述规定，而且如果是因设计、施工缺陷造成损害的，由所有人、管理人与设计、施工者承担连带责任。

(四)地面施工致人损害的侵权行为

在公共场所、道旁或者通道上挖坑、修缮安装地下设施等，没有设置明显标志和采取安全措施造成他人损害的，施工者应当承担民事责任。

【案例2-2】

2002年5月8日，王某骑车回家经过一工地时，掉入没有设置明显标志和采取安全措施的坑中，造成骨折。王某于同年6月10日找到建设项目的发包人和承包人要求赔偿，两单位相互推诿，于是王某到法院起诉。

问：应该由谁承担责任？

解析：

本案例中施工人是承包人，由承包人承担民事责任。

【案例2-3】 夺命水坑

2009年7月，两个初中生到黄河边玩耍，在某公司疏浚河道后留下的砂坑内溺水身亡，孩子家长把河务部门、施工企业告到法院，要求经济赔偿。法院一审认为，在非行洪时期，黄河滩应视为允许人们进行活动的场所，河务部门在黄河滩上对开挖砂坑长时间不予平复，对进入黄河滩的人们特别是仅具有限制民事能力的未成年人来说，构成了一种潜在的危险，主观上存在一定的过错，客观上造成了致死人命的结果；施工企业在黄河河道内非法采砂形成砂坑，且未设置警示标志，存在明显过错，应承担相应的赔偿责任；孩子父母作为孩子的监护人，在其孩子放暑假期间未尽到教育、监护义务，对孩子的死亡应负一定的责任。因而，判决河务部门、施工企业承担40%的责任，孩子和监护人承担60%的责任。河务部门等不服一审判决提起上诉，二审终审判决：驳回上诉，维持原判。

问：施工企业在河道内采砂致人溺水身亡，需要承担赔偿责任吗？

解析：

2013年5月5日该案二审终于有了结果，结果是河务部门和施工企业败诉了。河务部门的上诉意见，“河道主管机关在主河道内从事挖河疏浚工作，是为了保证行洪的通畅，没有设置明显标志和采取安全措施防止他人损害的义务，事故应该由孩子和监护人承担全部责任”，没有被二审法院接受。法院最终认为：本案所涉事故发生地附近有采砂、水上餐饮等多种生产经营活动，人民群众日常活动较多，不同于一般意义上的黄河河道，有其地域上的特殊性。河务部门未在河滩的路口设置涉水安全警示标志,收取采砂费用、颁发采砂许可证后未尽到监管职责,承担相应赔偿责任;施工企业在其生产经营场所未设置明显的安全警示标志,造成受害人死亡,应承担一定的赔偿责任。

警示标志很重要,但仅有警示标志是不够的。有两种认识误区,一是认为在什么地方都没有设立警示标志的义务;二是认为只要设了警示标志就可以完全免责。实际上,在打官司时,在特殊的区域,只有警示标志是不够的。法官判定责任大小是视情节而定的,不但要看是否有足够多的警示标志,还要看有没有必要的救济工具和第一时间的救护措施。

二、违约责任

(一)违约责任的概念

1. 违约责任

违约责任是指合同当事人不履行合同或者履行合同不符合约定而应承担的民事责任。

违约责任源于违约行为。违约行为是指合同当事人不履行合同义务或者履行合同义务不符合约定条件的行为。如承包人违反合同约定拒不向发包人移交工程或施工资料的,原则上应认定为违约行为。违约行为根据不同标准可分为:

(1)单方违约与双方违约;

(2)预期违约与实际违约。

违约责任与侵权责任的主要区别是:

(1)侵权行为违反的是法定义务,违约行为违反的是约定义务;

(2)侵权行为侵犯的是绝对权,违约行为侵犯的是相对权;

(3)侵权责任包括财产责任和非财产责任,违约责任仅限于财产责任。违约责任实行严格责任原则。不管合同当事人主观上有无故意或过失,只要有违约行为即构成违约责任,只有存在法定或约定的免责事由的时候才可以免除违约责任。

2. 先期违约责任

《合同法》第一百零八条规定:当事人一方明确表示或者以自己的行为表明不履行合同义务的,对方可以在履行期限届满之前要求其承担违约责任。先期违约也叫预期违约,是指当事人一方在合同约定的期限届满之前,明示或默示其将来不能履行合同。先期违约的时间必须在合同有效成立后至合同履行期限截止前;违约必须是对根本性合同义务的违反,即导致合同目的落空。

(二)违约责任的承担方式

当事人一方不履行合同义务或者履行合同义务不符合约定的,应当承担继续履行、采取补救措施或者赔偿损失等违约责任。

1. 继续履行

继续履行是指在某合同当事人违反合同后,非违约方有权要求其依照合同约定继续履行合同,也称强制实际履行。《合同法》第一百零九条规定:当事人一方未支付价款或者报酬的,对方可以要求其支付价款或者报酬。

继续履行必须建立在能够并应该实际履行的基础上。《合同法》第一百一十条规定:

当事人一方不履行非金钱债务或者履行非金钱债务不符合约定的,对方可以要求履行,但有下列情形之一的除外:

(1)法律上或者事实上不能履行;

(2)债务的标的不适于强制履行或者履行费用过高;

(3)债权人在合理期限内未要求履行。

2. 采取补救措施

根据《合同法》第一百一十一条的规定,质量不符合约定的,应当按照当事人的约定承担违约责任。对违约责任没有约定或者约定不明确,或不能确定的,受损害方根据标的的性质以及损失的大小,可以合理选择要求对方承担修理、更换、重作、退货、减少价款或者报酬等违约责任。

3. 赔偿损失

当事人一方不履行合同义务或者履行合同义务不符合约定的,在履行义务或者采取补救措施后,对方还有其他损失的,应当赔偿损失。损失赔偿额应当相当于因违约所造成的损失,包括合同履行后可以获得的利益,但不得超过违反合同一方订立合同时预见到或者应当预见到的因违反合同可能造成的损失。

4. 违约责任的特殊承担方式

1)当事人双方都违约的情形

当事人双方都违反合同的,应当各自承担相应的责任。

2)因第三人原因违约的情形

当事人一方因第三人的原因造成违约的,应当向对方承担违约责任。当事人一方和第三人之间的纠纷,依照法律规定或者按照约定解决。

3)违约与侵权竞合的情形

因当事人一方的违约行为,侵害对方人身、财产权益的,受损害方有权选择依照合同法要求其承担违约责任或者依照其他法律要求其承担侵权责任。

(三)不可抗力及违约责任的免除

1. 不可抗力

不可抗力是指不能预见、不能避免并不能克服的客观情况。构成不可抗力需要具备以下三个条件:

(1)不能预见,即当事人无法知道事件是否发生、何时何地发生、发生的情况如何。在此,能否预见应以一般人的预见能力为标准加以判断。

(2)不能避免,是指即使当事人预见到了该事件的发生,也无法制止其发生。例如,尽管当事人收到了洪水的预报,但是也无法避免洪水的发生,这就是无法避免。

(3)不能克服,是指对于已经发生的事件,当事人无法通过自己的努力消除或减弱该事件的负面影响。例如,发生了地震,当事人无法将已完工程移离地震地区,只能任其垮塌。如果通过当事人的努力可以将损失避免,对于这部分损失而言,就不能认定为不可抗力。

我国法律并没有明确规定不可抗力的范围。不可抗力一般包括如下情况:

(1)自然事件,如地震、洪水、火山爆发、海啸等;

(2)社会事件,如战争、暴乱、骚乱、特定的政府行为等。

【案例2-4】 施工期间建材价格大幅上涨不属于当事人不可预见的情形(《最高人民法院司法观点集成》案例)

武汉绕城公路建设指挥部与中铁十八局集团第二工程有限公司建设工程施工合同纠纷上诉案(最高人民法院〔2007〕民一终字第81号民事判决书)。本案中,施工方二公司以施工期间建材价格大幅上涨为由,主张建设方指挥部进行涨幅超过5%的材料差价补偿。其依据是合同履行期间的客观情势发生重大变化,导致当事人权利义务显失平衡。一审法院适用情势变更原则判决指挥部补偿二公司材料差价损失。最高人民法院二审判决撤销了一审判决第二项有关指挥部补偿二公司材料差价损失的判项。

解析:

一、本案的争议焦点

本案的争议焦点之一是指挥部应否对二公司进行涨幅超过5%的材料差价补偿。最高人民法院认为,根据作为当事人《施工承包合同》组成部分的《合同通用条款》第70.1条约定,除非合同专用条款另有规定,凡是合同预期工期在24个月以上者,在合同执行期间,由于材料价格涨落因素应对合同价格进行调整。而在涉案工程武汉绕城公路东北段施工(15、16合同段)(招标文件项目专用本)"投标须知修改表"第11.6条约定,本合同在施工工期内不进行价格调整,投标人在报价时应将此因素考虑在内。从以上条款内容可以得出以下结论:公路建设工程工期在24个月以上的,由于材料价格涨落因素应对合同价格进行调整,但合同专用条款另有规定的除外。据此应当认定,本案当事人在合同中已经明确排除了因材料上涨而进行合同价款调整的可能。

我国《合同法》中未规定情势变更原则。《最高法院合同法解释二》第二十六条确立了该规则,规定:合同成立以后客观情况发生了当事人在订立合同时无法预见的、非不可抗力造成的不属于商业风险的重大变化,继续履行合同对于一方当事人明显不公平或者不能实现合同目的,当事人请求人民法院变更或者解除合同的,人民法院应当根据公平原则,并结合案件的实际情况确定是否变更或者解除。由于情势变更原则实质上赋予了法官较大的自由裁判权,在实践中有可能被滥用的危险,因此最高人民法院在《关于正确适用〈中华人民共和国合同法〉若干问题的解释(二)服务党和国家的工作大局的通知》(法〔2009〕165号)中,专门提到了关于第二十六条的适用问题,要求各级法院必须正确理解、慎重适用情势变更原则,如果根据案件的特殊情况,确需在个案中适用的,应当由高级人民法院审核,必要时应报请最高人民法院审核。所谓情势变更原则,是指合同有效成立后,因当事人不可预见的或不可归责于双方当事人原因的事情发生,导致合同的基础动摇或丧失,若继续维持合同原有效力有悖于诚实信用原则导致显失公平,则应允许变更合同内容或者解除合同的原则。建设工程施工合同属于特殊的承揽合同,受自然环境、社会环境、国家宏观政策调整的影响较大,合同履行的链条较长,当事人在签订合同时不可预见的情形更多,加之施工合同履行周期往往较长,时间因素在合同履行中具有非常重要的价值,在一个相对较长的履行周期中不确定性就会增大。实践中,情势变更与正常的商业风

险确实难以区分,但二者还是存在以下差异的:

(1)商业风险通常是应当预见到的,而情势的变更通常并不能够预见。

(2)二者在过失的有无方面不同,商业风险由于具有可预见性,故可以说当事人对此存有过失;而情势变更由于不具有可预见性,因而不存在过失问题。

(3)从外形来说,通常商业风险没有达到异常的程度,而情势变更往往是情势的变化特别异常。

(4)从结果来说,商业风险是能够由当事人自行承担的,通常当事人在缔结合同时也已将此种商业风险合理地计算在内并形成相应的合同价格,由一方当事人自行承担并不会发生不公平的后果。情势变更所要处理的问题,则是由于当事人缔约时不可预见的情势变更,仍然坚持严守契约,在结果上对一方当事人显失公平,另一方当事人可能不恰当地获取超常利益,有悖于诚信原则。例如,北京市高级人民法院《关于审理建设工程施工合同纠纷案件若干疑难问题的解答》第12条的规定可供参考:建设工程施工合同约定工程价款实行固定价结算,在实际履行过程中,钢材、木材、水泥、混凝土等对工程造价影响较大的主要建筑材料价格发生重大变化,超出了正常市场风险的范围,合同对建材价格变动风险负担有约定的,原则上依照其约定处理;没有约定或约定不明,该当事人要求调整工程价款的,可在市场风险范围和幅度之外酌情予以支持;具体数额可以委托鉴定机构参照施工地建设行政主管部门关于处理建材差价问题的意见予以确定。因一方当事人导致工期延误或建筑材料供应时间延误的,在此期间的建材差价部分工程款,由过错方予以承担。北京高级人民法院把±6%作为风险幅度调整标准,如果主要建筑材料价格变化在±6%以内的,属于正常的商业风险,合同约定的价款不再调整,变化超过±6%的,可以适用情势变更原则对工程价款作相应的调整。

本案的关键在于如何理解“不可预见”和“情势变更”。预见的主体为因情势变更而遭受不利的一方当事人;预见的内容为情势变更发生的可能性;预见的时间为合同缔结之时;预见的标准应采取主客观相统一的标准,即一个普通人在正常条件下是否能够预见。如果当事人在订立合同时已经预见或者应当预见,则不能产生“情势变更”的法律效果。就本案涉及的建设工程施工合同法律关系而言,建材价格的起伏涨落无疑应当是一个普通的建设工程施工合同承包方在确定投标价格时首先应当考虑到的重要因素,从本案案情看,经一审法院委托鉴定,二公司因材料价格上涨导致的差价损失幅度尚难达到情势变更原则所要消除的当事人之间权利义务显失平衡的严重程度,作为“预见”主体的二公司,不仅是“应当预见”的,而且其据此主张调整合同价款的主张也是有违诚信的。一审法院适用情势变更原则判决指挥部补偿二公司材料差价损失,依据不充分。

二、建议

就本案延伸来讲,对控制闭口价合同给水利企业带来的法律风险的建议如下:

(1)可在合同中添加如下条款:“为确保合同的顺利履行,避免因建材价格大幅度上涨或下跌给合同一方造成签约时无法预料的重大损失,本着公平原则,甲、乙双方约定:价格发生大幅变化的建筑材料是对工程造价产生较大影响的主要建筑材料,一般包括:①钢材、木材、水泥、混凝土、砂浆、砂子、碎石、保温材料、防水材料、面砖、石材、管材、管件、电线电缆、灯具、卫生洁具、散热器等。②单种材料合价占单位工程中分专业工程造价(如土建工程造价、装饰工程造价、安装工程造价等)的比例在1%及以上的材料。③工程所在市工程造价管理机构规定的其他主要材料种类。对运用于本合同的建筑材料价格或者人工费用的上涨或下跌幅度超过5%(具体比例双方可协商),如继续履行固定价格合同将导致当事人双方权利义务严重失衡或者显失公平的,属于发生了当事人双方签约时无法预见的客观情况,甲、乙双方应在政府指导价公布后10天内,按公布后的该建材指导价对原合同金额进行相应的追加或追减。”

(2)在一口价(闭口价)的合同中,不要使用“不管任何情形,合同总价不得调整”或“本合同以综合费用包干的方式一次包死,由乙方自负盈亏,不得调整”等表述,以免与该添加条款相矛盾。另外,在报价过程中,应以施工图为基础;在施工图未完成之前,尽可能不要以扩初图等为基础报价,因为在扩初图阶段,随着设计变更,图纸大多数情况下都会被修改,并且,有时改动非常大,若合同采用闭口价的方式,对设计变更不允许调价,则风险非常大。

2. 通知与减损

当事人一方因不可抗力不能履行合同的,应当及时通知对方,以减轻可能给对方造成的损失,并应当在合理期限内提供证明。

当事人一方违约后,对方应当采取适当措施防止损失扩大;没有采取适当措施致使损失扩大的,不得就扩大的损失要求赔偿。当事人因防止损失扩大而支出的合理费用,由违约方承担。

3. 违约责任的免除

在履行合同的过程中,因出现法定的免责条件或者合同约定的免责事由导致合同不履行的,合同债务人将被免除合同履行义务。

1)法定的免责

法定的免责是指出现了法律规定的特定情形,即使当事人违约也可以免除违约责任。《合同法》第一百一十七条规定:因不可抗力不能履行合同的,根据不可抗力的影响,部分或者全部免除责任,但法律另有规定的除外。当事人迟延履行后发生不可抗力的,不能免除责任。

2)约定的免责

合同中可以约定在一方违约的情况下免除其责任的条件,这个条款被称为免责条款。免责条款并非全部有效,侵犯对方人身权或财产权的免责条款是无效的。

【案例 2-5】

2008年,汶川某施工单位与建设单位签订了一个施工承包合同,合同中约定2008年10月31日竣工。2008年5月12日,汶川发生地震,使得在建的工程坍塌,导致施工单位没能按时交付工程。

问:这种情况下,施工单位没能按时交付工程是不是违约?

解析:

违约。尽管发生地震不是施工单位的过错,但是由于这个施工单位没能够按照合同的约定按时交付工程，即客观上存在违约的事实，即构成违约。但由于这个违约行为是由于不可抗力所导致，施工单位可以申请免除责任或者部分免除责任。免除其违约责任并不意味着其没有违约，因为只有首先确定为违约，确定为应该承担违约责任，才能谈得到违约责任的免除问题。

三、债权制度

(一)债的发生根据

债是按照合同的约定或者依照法律的规定，在当事人之间产生的特定的权利和义务关系。债因合同、不当得利、无因管理和侵权行为发生。

1. 合同

合同是平等主体的自然人、法人和其他组织之间设立、变更、终止民事权利义务关系的协议。当事人之间通过订立合同设立的以债权债务为内容的民事法律关系，称为合同之债。在建设工程合同关系中，承包人有请求发包人按照合同约定支付工程价款的权利，而发包人则相应地有按照合同约定向承包人支付工程价款的义务。

2. 不当得利

不当得利是指没有合法根据，取得不当利益，造成他人损失。当发生不当得利时，由于一方取得的利益没有法律或合同根据且给他人造成损害，在这种情况下，受损失一方依法有请求不当得利人返还其所得利益的权利，而不当得利人则依法负有返还义务。因不当得利所发生的债，称为不当得利之债。

3. 无因管理

无因管理是指没有法定的或者约定的义务，为避免他人利益受损失而进行管理或者服务的行为。无因管理发生后，管理人依法有权要求受益人偿付因其实施无因管理而支付的必要费用。由于无因管理而产生的债，称为无因管理之债。

【案例 2-6】

某砂石料场将应该发给某建筑公司的砂石料发给了某路桥公司，时隔 1 个月后砂石料场发现，向路桥公司索取这批砂石料。但是，路桥公司却以砂石料场要支付这些天的保管费用为归还砂石料的前提。

问：路桥公司的要求合理吗？

解析：

合理。路桥公司基于不当得利对砂石料场产生债务，应该将所得的砂石料归还给砂石料场；砂石料场基于路桥公司无因管理对其产生债务，应该向路桥公司支付砂石料的保管费用。

4. 侵权行为

侵权行为是指侵害他人财产或人身权利的违法行为。因侵权行为而产生的债，称为侵权行为之债。

(二)债的常见分类方式

1. 意定之债与法定之债

按照债的设定及其内容是否允许当事人以自由意思决定,债可以分为意定之债与法定之债。

意定之债是指债的发生及其内容由当事人依其意思决定的债。最常见的债就是合同之债。另外,单方允诺之债也属于意定之债。法定之债是指债的发生及其内容均由法律予以规定的债。不当得利之债、无因管理之债、侵权行为之债都属于法定之债。

2. 按份之债和连带之债

按份之债是指债的一方主体为多数人,各自按照一定的份额享有权利或者承担义务的债。

连带之债是指债的具有多数人的主体一方之间有连带关系的债,包括连带债权和连带债务(或连带责任)。《民法通则》第八十七条规定:债权人或者债务人一方人数为2人以上的,依照法律的规定或者当事人的约定,享有连带权利的每个债权人,都有权要求债务人履行义务;负有连带义务的每个债务人,都负有清偿全部债务的义务,履行了义务的人,有权要求其他负有连带义务的人偿付他应当承担的份额。连带之债既可因法律的直接规定而产生,也可因当事人之间的约定而产生。债权人可以向其中任何一个或者多个债务人请求履行任何比例债务,债务人不得以债务人之间对债务分担比例有约定而拒绝履行。

所谓连带责任,是指依照法律规定或者当事人的约定,两个或者两个以上当事人对其共同债务全部承担或部分承担,并能因此引起其内部债务关系的一种民事责任。当责任人为多人时,每个人都负有清偿全部债务的责任,各责任人相互间有连带关系。鉴于在建筑施工领域中总承包单位在施工组织管理、现场控制协调、资金及人材机调拨等方面的特殊地位和作用,国家法律和行政法规中对总包单位应该承担的法律责任也进行了特殊处理,总体表现为以加重总包责任为手段促进总包管理的规范化,并以法律条文的形式明确了施工总承包单位应该与其他单位承担连带责任的一些具体情形。

情形一:工程合法分包时,总承包单位和分包单位就分包工程对建设单位承担连带责任(主要指就分包工程施工质量、施工进度、安全生产等各方面向业主或者第三人承担连带责任)。值得注意的是,对于实践中非常普遍的业主指定分包工程,总包方是否还应承担连带责任尚存争议。一般认为,虽然由业主确定分包单位,但是与总承包方签订了分包合同的,或者分包工程属于总承包合同范围内的,或者总承包单位收取了总包管理费用的,同样应该属于总、分包单位就分包工程承担连带责任的情形。而在总包合同范围之外且由业主与分包单位直接签订施工合同(实际上为业主另行发包),总包单位至多收取总包配合费的分包工程,才由分包单位独力向业主承担责任。

具体法条如下:

(1)《合同法》第二百七十二条:发包人可以与总承包人订立建设工程合同,也可以分别与勘察人、设计人、施工人订立勘察、设计、施工承包合同。发包人不得将应当由一个承包人完成的建设工程肢解成若干部分发包给几个承包人。

总承包人或者勘察、设计、施工承包人经发包人同意,可以将自己承包的部分工作交由第三人完成。第三人就其完成的工作成果与总承包人或者勘察、设计、施工承包人向发包人承担连带责任。承包人不得将其承包的全部建设工程转包给第三人或者将其承包的全部建设工程肢解以后以分包的名义分别转包给第三人。

(2)《建筑法》第二十九条:建筑工程总承包单位可以将承包工程中的部分工程发包给具有相应资质条件的分包单位;但是,除总承包合同中约定的分包外,必须经建设单位认可。施工总承包的,建筑工程主体结构的施工必须由总承包单位自行完成。

建筑工程总承包单位按照总承包合同的约定对建设单位负责;分包单位按照分包合同的约定对总承包单位负责。总承包单位和分包单位就分包工程对建设单位承担连带责任。

禁止总承包单位将工程分包给不具备相应资质条件的单位。禁止分包单位将其承包的工程再分包。

(3)《建设工程质量管理条例》第二十七条:总承包单位依法将建设工程分包给其他单位的,分包单位应当按照分包合同的约定对其分包工程的质量向总承包单位负责,总承包单位与分包单位对分包工程的质量承担连带责任。

(4)《建设工程安全生产管理条例》第二十四条:建设工程实行施工总承包的,由总承包单位对施工现场的安全生产负总责。

总承包单位依法将建设工程分包给其他单位的,分包合同中应该明确各自的安全生产方面的权利、义务。总承包单位和分包单位对分包工程的安全生产承担连带责任。

情形二:转包及违法分包(主要指分包单位不具备施工资质、安全生产条件、用工主体资格等情况)时,总承包单位与接受转包单位、分包单位就工程质量不合格造成的损失承担连带赔偿责任;总承包单位还可能对分包单位的雇员承担人身损害赔偿或者工资支付方面的连带责任。

具体法条如下:

(1)《建筑法》第六十七条:承包单位将承包的工程转包的,或者违反本法规定进行分包的,责令改正,没收违法所得,并处罚款,可以责令停业整顿,降低资质等级;情节严重的,吊销资质证书。

承包单位有前款规定的违法行为的,对因转包工程或者违法分包的工程不符合规定的质量标准造成的损失,与接受转包或者分包的单位承担连带赔偿责任。

(2)《最高人民法院关于审理人身损害赔偿案件适用法律若干问题的解释》第十一条第二款:雇员在从事雇用活动中因安全生产事故遭受人身损害,发包人、分包人知道或者应当知道接受发包或者分包业务的雇主没有相应资质或者安全生产条件的,应当与雇主承担连带赔偿责任。

(3)《建设领域农民工工资支付管理暂行办法》第十二条:工程总承包企业不得将工程违反规定发包、分包给不具备用工主体资格的组织或个人,否则应承担清偿拖欠工资连带责任。

情形三:转让、出借资质时,对承揽工程质量不合格造成的损失与使用本企业名义的单位或者个人承担连带赔偿责任。

具体法条如下:

《建筑法》第六十六条：建筑施工企业转让、出借资质证书或者以其他方式允许他人以本企业的名义承揽工程的，责令改正，没收违法所得，并处罚款，可以责令停业整顿，降低资质等级；情节严重的，吊销资质证书。对因该项承揽工程不符合规定的质量标准造成的损失，建筑施工企业与使用本企业名义的单位或者个人承担连带赔偿责任。

情形四：设计、施工缺陷。

具体法条如下：

《最高人民法院关于审理人身损害赔偿案件适用法律若干问题的解释》第十六条：道路、桥梁、隧道等人工建造的构筑物因维护、管理瑕疵致人损害的，由所有人或者管理人承担赔偿责任，但能够证明自己没有过错的除外……因设计、施工缺陷造成损害的，由所有人、管理人与设计、施工者承担连带责任。

情形五：联合体承包，各承包方对承包合同的履行承担连带责任。

具体法条如下：

(1)《建筑法》第二十七条：大型建筑工程或者结构复杂的建筑工程，可以由两个以上的承包单位联合共同承包。共同承包的各方对承包合同的履行承担连带责任。

(2)《招标投标法》第三十一条：两个以上法人或者其他组织可以组成一个联合体，以一个投标人的身份共同投标。

联合体各方应当签订共同投标协议，明确约定各方拟承担的工作和责任，并将共同投标协议连同投标文件一并提交招标人。

联合体中标的，联合体各方应当共同与招标人签订合同，就中标项目向招标人承担连带责任。

情形六：对外提供担保时，若未在担保合同中明确约定担保方式或者约定不明，抑或直接在合同中约定连带责任担保的，就担保债务的履行承担连带责任。

具体法条如下：

(1)《担保法》第十八条第二款：连带责任保证的债务人在主合同规定的债务履行期届满没有履行债务的，债权人可以要求债务人履行债务，也可以要求保证人在其保证范围内承担保证责任。

(2)《担保法》第十九条：当事人对担保方式没有约定或者约定不明确的，按照连带责任保证承担保证责任。

【案例 2-7】 什么样的“还款承诺”才可信?

还款承诺书

本公司(长江实业有限公司)拖欠黄河建设公司贷款总计人民币 100 万元，付款期限应为 2010 年 2 月 2 日，因资金周转困难，本公司现承诺最迟于 2011 年 2 月 2 日偿还黄河建设公司全部贷款。

特此承诺。

法人代表：王旗云

签署日期：2010 年 3 月 1 日

问:该还款承诺书有什么缺陷?

解析:

类似这样的还款承诺书,非常普遍。有的是债务人的诚恳表达,有的是债务人碍于其他情况所做的一种姿态,不过是债务人采用的“拖字诀”,其实并无兑现承诺的初衷。从债权人的角度,不管债权人相信不相信对方,至少获得一个承诺,也算工作有个阶段性的进展,最起码可以续展诉讼时效,比没有承诺要好。

但该还款承诺书存在以下缺陷:

(1)债务人王旗云没有用个人名义或其他形式为公司的债务提供保证;王旗云如果不诚信,可能会通过转移资产、利用公司的有限责任特征等方式,逃避债务,也可能会利用所谓的“资金周转困难”名义,继续拖欠债务。

(2)没有为按时偿还债务提供激励、为逾期偿还债务制造违约成本。

为此,建议承诺书采取以下写法:

还款承诺书

本公司(长江实业有限公司)拖欠黄河建设公司贷款总计人民币100万元,付款期限应为2010年2月2日,因资金周转困难,本公司现承诺,最迟于2011年2月2日偿还黄河建设公司全部贷款。王旗云本人愿意以私人财产为公司此项债务提供连带责任保证。

承诺到期时如仍未按时还款,则按照违约部分每日1%支付违约金直到全部还清;届时如准时还款,黄河建设公司同意免除100万元债务中的8万元。

特此确认。

长江实业有限公司(盖章)　　黄河建设公司(盖章)

法人代表:王旗云　　法人代表:苏贞昌

签署日期:2010年3月1日

还有一点也非常重要,如果还款承诺或者还款协议是“分期还款”的方式,债务人分期偿还债务,这个时候,债权人一定要坚持在承诺书中增加一句:“如果任何一期还款逾期,则债权人有权要求一次性偿还全部欠款”。

(三)建设工程施工合同项下的债权可以转让

《合同法》第七十九条规定:债权人可以将合同的权利全部或者部分转让给第三人,但有下列情形之一的除外:

(1)根据合同性质不得转让;

(2)按照当事人约定不得转让;

(3)依照法律规定不得转让。

《合同法》第八十条规定:债权人转让权利的,应当通知债务人。未经通知,该转让对债务人不发生效力。债权人转让权利的通知不得撤销,但经受让人同意的除外。

《合同法》第八十一条规定:债权人转让权利的,受让人取得与债权有关的从权利,但该从权利专属于债权人自身的除外。

【案例2-8】

陕西西岳山庄有限公司与中建三局建发工程有限公司(简称建发公司)、中建三局第三建设工程有限责任公司(简称三公司)建设工程施工合同纠纷案。本案中,三公司欠建发公司债务。三公司与西岳山庄签订了施工合同,三公司履行了部分合同义务,取得了向西岳山庄请求支付相应工程款的权利,三公司将这部分债权转移给西岳山庄,并通过《债权转移通知书》告知了西岳山庄,西岳山庄接到通知书后,诉求主张三公司转让债权的行为无效。

问:西岳山庄主张三公司转让债权的诉求能得到法院支持吗?

解析:

本案中,三公司履行了部分合同义务,取得了向西岳山庄请求支付相应工程款的权利。转让行为发生时,三公司的此项债权已经形成,债权数额后被本案鉴定结论所确认。西岳山庄接到三公司的《债权转移通知书》后,并未对此提出异议,法律、法规也不禁止建设工程施工合同项下的债权转让,债权转让无须征得债务人同意。根据《合同法》第七十九条的规定,债权人可以将合同的权利全部或者部分转让给第三人,但根据合同性质不得转让的、按照当事人约定不得转让的和依照法律规定不得转让的除外。法律、法规并不禁止建设工程施工合同项下的债权转让,只要建设工程施工合同的当事人没有约定合同项下的债权不得转让,债权人向第三人转让债权并通知债务人的,债权转让合法有效,债权人无须就债权转让事项征得债务人同意。根据《合同法》第八十条、第八十一条的规定,确认涉案债权转让合法有效,建发公司因此受让三公司对西岳山庄的债权及从权利。西岳山庄虽然主张涉案债权依法不得转让,但并未提供相关法律依据,其主张三公司转让债权的行为无效。

(四)代位权

1. 债权人行使代位权的法律规定

《合同法》第七十三条规定:因债务人怠于行使到期债权,对债权人造成损害的,债权人可以向人民法院请求以自己的名义代位行使债务人的债权,但该债权专属于债务人自身的除外。代位权的行使范围以债权人的债权为限。债权人行使代位权的必要费用,由债务人负担。

关于债权,债权人只能向债务人请求履行,原则上是不涉及第三人的。但是,当债务人与第三人的行为危害到债权人的利益时,法律规定允许债权人对债务人与第三人的行为行使一定权利,以排除对其债权的危害。

2. 代位权行使的条件

根据《最高人民法院关于适用〈中华人民共和国合同法〉若干问题的解释(一)》第十一条规定,债权人提起代位权诉讼,应当符合下列条件:

(1)债权人对债务人的债权合法。债权人与债务人之间的债权债务关系必须合法存在,如果合同未成立、合同被宣告无效或者合同被撤销,或者合同关系已经被解除,则不存在行使代位权的可能。另外，债权人对债务人的债权还应该是确定的。这里所指的确定是，债务人对于债权的存在及其内容并无异议，或者该债权经过了法院或者仲裁机构裁判后所作的确定。

(2)债务人怠于行使其到期债权，对债权人造成损害。对于如何认定“债务人怠于行使其到期债权”，《最高人民法院关于适用〈中华人民共和国合同法〉若干问题的解释(一)》第十三条规定，“债务人怠于行使其到期债权，对债权人造成损害的”，是指债务人不履行其对债权人的到期债务，又不以诉讼方式或者仲裁方式向其债务人主张其享有的具有金钱给付内容的到期债权，致使债权人的到期债权未能实现。因此，债务人怠于行使到期债权是有客观明确的标准，即债务人不以诉讼方式或者仲裁方式向次债务人主张到期债权。此外，债务人怠于行使对次债务人的到期债权与债务人不能清偿自己对债权人的到期债务之间具有因果关系。

(3)债务人的债权已到期。债务人的债权已到期是债务人可以对次债务人行使债权的条件，而债权人的代位权是代位行使本属于债务人的债权。

(4)债务人的债权不是专属于债务人自身的债权。至于什么是专属于债务人的权利，《最高人民法院关于适用〈中华人民共和国合同法〉若干问题的解释(一)》第十二条规定，基于扶养关系、抚养关系、赡养关系、继承关系产生的给付请求权和劳动报酬、退休金、养老金、抚恤金、安置费、人寿保险、人身伤害赔偿请求权等权利。上述司法解释列举的专属于债务人的权利，都带有人身性质，且关系到债务人的基本生存条件，不应由债权人代位行使。

3. 代位权行使的效力

在债务链中，如果原债务人的债务人向原债务人履行债务，原债务人拒绝受领，则债权人有权代原债务人受领。但在接受之后，应当将该财产交给原债务人，而不能直接独占财产。然后，再由原债务人向债权人履行其债务。如原债务人不主动履行债务，债权人可请求强制履行受偿。

【案例 2-9】

2006 年 1 月，某水利集团公司与范某(该公司职员)签订内部承包协议，约定范某承包该公司第一项目部并作为项目经理，向公司上缴管理费，其所联系的工程以公司名义签订合同但由范某组织实施。2006 年 5 月 10 日，某灌溉管理局就渠道项目施工招标，范某代表公司投标并中标，中标价 2 800 万元，范某次日以公司委托代理人身份与灌溉管理局签订施工合同，工期 330 天。2007 年 12 月 20 日，工程竣工验收合格并交付使用。因由部分设计变更，灌溉管理局与水利集团公司双方对结算总价款发生争议，后双方就结算事宜达成和解(公司总部另外派的人，范某未参与)，结果总价款相比原中标价少了约 260 万元。但是，灌溉管理局并未支付剩余结算款。水利集团公司也未把有关款项打到范某的项目账户上。2010 年 6 月，范某以水利集团公司怠于行使对灌溉管理局到期债权而损害其应得款项为由，以灌溉管理局为被告，代位水利集团公司请求法院判令灌溉管理局支付剩余工程款及利息 280 万元，提起代位权诉讼。

问：范某提起代位权诉讼会得到支持吗？

解析：

范某提起代位权诉讼要得到支持，应当符合四个条件：一是范某对水利集团公司的债权合法；二是水利集团公司怠于行使对灌溉管理局的到期债权，对范某造成损害；三是范某对水利集团公司的债权已到期；四是水利集团公司对灌溉管理局的债权不是专属于水利集团公司自身的债权。经两级法院判决认定，范某代位权诉讼的第一项条件成立，即范某基于内部合同对水利集团公司的债权合法成立；第三项条件成立，即根据承包合同，水利集团公司尚有对范某未付款项；第四项条件成立，即水利集团公司对灌溉管理局的债权（如有），不是具有人身性质等专属权利；但是，第二项条件不具备，因为尽管设计变更增加了280万元，但根据监理工程师认可的水利集团公司实际完成工程量、灌溉管理局向水利集团公司实际付款金额，发现灌溉管理局已经超付工程款，水利集团公司对灌溉管理局不享有到期债权。因此，范某代位权诉讼请求被驳回。

四、承担民事责任的主体

《中华人民共和国民法通则》于1987年1月1日起施行，共分为九章，一百五十六条，规范调整的是以权利义务为内容的民事法律关系。

民事法律关系包括主体、客体和内容三个要素。民事法律关系主体是指民事法律关系中享受权利、承担义务的当事人和参与者，包括自然人、法人和其他组织。民事法律关系客体是指民事法律关系之间权利和义务所指向的对象，包括财（如建设资金）、物（如施工机械）、行为（如企业对员工的培训）、非物质财富（如建筑工程预算软件）。民事法律关系内容是指民事主体之间基于民事法律关系客体所形成的民事权利和民事义务。

（一）自然人

自然人不仅包括公民，还包括外国人和无国籍人。我国《宪法》规定，凡具有中华人民共和国国籍的人都是中华人民共和国公民。不具有中华人民共和国国籍的人不是我国的公民，但是依然属于自然人的范畴。

自然人作为民事主体的一种，能否通过自己的行为取得民事权利、承担民事义务，取决于其是否具有民事行为能力。所谓民事行为能力，是指民事主体通过自己的行为取得民事权利、承担民事义务的资格。民事行为能力分为完全民事行为能力、限制民事行为能力和无民事行为能力三种。

18周岁以上的公民是成年人，具有完全民事行为能力，可以独立进行民事活动，是完全民事行为能力人。16周岁以上不满18周岁的公民，以自己的劳动收入为主要生活来源的，视为完全民事行为能力人。

10周岁以上的未成年人是限制民事行为能力人，可以进行与他的年龄、智力相适应的民事活动；其他民事活动由他的法定代理人代理，或者征得他的法定代理人的同意。不能完全辨认自己行为的精神病人是限制民事行为能力人，可以进行与他的精神健康状况相适应的民事活动；其他民事活动由他的法定代理人代理，或者征得他的法定代理人的同意。

不满10周岁的未成年人是无民事行为能力人，由他的法定代理人代理民事活动。不能辨认自己行为的精神病人是无民事行为能力人，由他的法定代理人代理民事活动。

（二）法人

《民法通则》把法人分为企业法人和非企业法人两大类。企业法人是指以营利为目的的法人，是法人中数量最大的一种。非企业法人是指不直接从事生产和经营活动的法人，以国家管理和非经营性的社会活动为其内容的法人。非企业法人可分为机关法人、事业单位法人和社会团体法人，如建设行政主管部门、学校、消费者协会等。

（三）其他组织

根据《最高人民法院关于适用〈中华人民共和国民事诉讼法〉若干问题的意见》第40条的规定，其他组织是指合法成立、有一定的组织机构和财产，但又不具备法人资格的组织。包括：

（1）依法登记领取营业执照的私营独资企业、合伙组织；

（2）依法登记领取营业执照的合伙型联营企业；

（3）依法登记领取营业执照的中外合作经营企业、外资企业；

（4）经民政部门核准登记领取社会团体登记证的社会团体；

（5）法人依法设立并领取营业执照的分支机构（各类公司的分公司等）；

（6）中国人民银行、各专业银行设在各地的分支机构；

（7）中国人民保险公司设在各地的分支机构；

（8）经核准登记领取营业执照的乡镇、街道、村办企业；

（9）符合本条规定条件的其他组织。

五、承担民事责任的方式

（一）停止侵害

侵害人终止其正在进行或者延续的损害他人合法权益的行为。

（二）排除妨碍

侵害人排除由其行为引起的妨碍他人权利正常行使和利益实现的客观事实状态。

（三）消除危险

侵害人消除由其行为对他人的人身、财产安全造成的潜在威胁。

（四）返还财产

侵害人将其非法占有或者获得的财产转移给所有人或者权利人。返还的财产包括三种情形：

（1）因不当得利所获得的财产；

（2）民事行为被确认无效或者被撤销而应当返还的财产；

（3）非法侵占他人的财产。

（五）恢复原状

恢复原状是指使受害人的财产恢复到受侵害之前的状态。恢复原状有两个前提条件：财产恢复的可能性与财产恢复的必要性。

（六）修理、重作、更换

修理、重作、更换主要适用于违反合同质量条款的民事责任形式。修理是指使受损害的财产或者不符合合同约定质量的标的物具有应当具备的功能、质量。重作是指重新加工、制作标的物。更换是指以符合质量要求的标的物替代已交付的质量不符合要求的标的物。

(七)赔偿损失

赔偿损失是指行为人因违反民事义务致人损害,应以财产赔偿受害人所受的损失。对于违约责任,赔偿额应相当于对方因违约造成的损失。对于侵权责任,包括对财产损失和精神损失的赔偿。

(八)支付违约金

支付违约金是指当事人完全不履行或不适当履行债务时,必须按约定给付对方的一定数额的金钱或者金钱以外的其他财产。

(九)消除影响、恢复名誉

消除影响是指加害人在其不良影响所及范围内消除对受害人不利后果的民事责任。恢复名誉是指加害人在其侵权后果所及范围内使受害人的名誉恢复到未曾受损害的状态。

(十)赔礼道歉

赔礼道歉是指加害人以口头或者书面的方式向受害人承认过错、表示歉意。赔礼道歉一般应当公开进行,否则不足以消除影响。但是,受害人不要求公开进行的,也可以秘密进行。由法院判决加害人承担赔礼道歉责任的,赔礼道歉的内容应经法院审查同意。

以上承担民事责任的方式,可以单独适用,也可以合并适用。

在上述 10 种民事责任承担方式中,除修理、重作、更换和支付违约金仅适用于违约责任外,其余 8 种均可适用于侵权责任。除此之外,法院在审理民事案件时,还可以予以训诫、责令具结悔过、收缴进行非法活动的财物和非法所得,并可以依法处以罚款和拘留。

第二节　代理法律风险

代理是指代理人以被代理人的名义,在代理权限范围内与第三人为法律行为,其法律后果直接由被代理人承受的民事法律制度。自然人和法人均可成为代理人,但法律对代理人资格有特别规定的除外。例如,《招标投标法》中规定,招标投标活动中的招标代理机构应当依法设立,并具备法律规定的条件。

一、代理的分类

代理包括委托代理、法定代理和指定代理。

(一)委托代理

委托代理是代理人根据被代理人授权而进行的代理。在工程建设领域,通过委托代理实施民事法律行为的情形较为常见。委托代理可以用书面形式,也可以用口头形式。法律规定用书面形式的,应当用书面形式。书面委托代理的授权委托书应当载明下列事项并由委托人签字或者盖章:代理人的姓名或者名称,代理事项、权限和期间。

（二）法定代理

法定代理是根据法律的直接规定而产生的代理。《民法通则》第十四条规定：无民事行为能力人、限制民事行为能力人的监护人是他们的法定代理人。法定代理不同于委托代理，属于全权代理，法定代理人原则上应代理被代理人的有关财产方面的一切民事法律行为和其他允许代理的行为。

（三）指定代理

指定代理是根据人民法院或者有关机关的指定而产生的代理。例如，根据《最高人民法院关于适用〈中华人民共和国民事诉讼法〉若干问题的意见》第67条的规定，在诉讼中，如果无民事行为能力人、限制民事行为能力人事先没有确定监护人，有监护资格的人又协商不成的，由人民法院在他们之间指定诉讼中的法定代理人。

二、代理人与被代理人的责任承担

（一）不明确的责任承担

委托书授权不明的，被代理人应当向第三人承担民事责任，代理人负连带责任。

（二）无权代理的责任承担

没有代理权、超越代理权或者代理权终止后的行为，只有经过被代理人的追认，被代理人才承担民事责任。未经追认的行为，由行为人承担民事责任。本人知道他人以本人名义实施民事行为而不作否认表示的，视为同意。第三人知道行为人没有代理权、超越代理权或者代理权已终止还与行为人实施民事行为给他人造成损害的，由第三人和行为人负连带责任。

（三）代理人不履行职责的责任承担

代理人不履行职责而给被代理人造成损害的，应当承担民事责任。代理人和第三人串通，损害被代理人的利益的，由代理人和第三人负连带责任。

【案例2-10】

海某是某监理公司派出的总监理工程师，由于工作的需要，海某长年住在工地，长时间的接触使得海某与工地施工单位的人员建立了私交。一天，施工单位的项目负责人找到海某，要求对多列的工程量予以认可。海某碍于关系签字同意。后建设单位发现，要求监理公司和施工企业予以赔偿。

问：这个要求合理吗？

解析：

合理。因为工程监理单位接受建设单位的委托，代表建设单位进行项目管理，就是建设单位的代理人。海某是监理公司派出的监理人员，工程监理单位应对其行为负责。海某与施工单位串通谋取非法利益，工程监理单位和施工单位要为此承担连带责任。

（四）代理事项违法的责任承担

代理人知道被委托代理的事项违法仍然进行代理活动的，或者被代理人知道代理人的代理行为违法不表示反对的，由被代理人和代理人负连带责任。

(五)转托他人代理的责任承担

委托代理人为被代理人的利益需要转托他人代理的，应当事先取得被代理人的同意。事先没有取得被代理人同意的，应当在事后及时告诉被代理人，如果被代理人不同意，由代理人对自己所转托的人的行为负民事责任，但在紧急情况下，为了保护被代理人的利益而转托他人代理的除外。

(六)代理的终止

有下列情形之一的，法定代理或者指定代理终止：

(1)被代理人取得或者恢复民事行为能力；

(2)被代理人或者代理人死亡；

(3)代理人丧失民事行为能力；

(4)指定代理的人民法院或者指定单位取消指定；

(5)由其他原因引起的被代理人和代理人之间的监护关系消灭。

有下列情形之一的，委托代理终止：

(1)代理期间届满或者代理事务完成；

(2)被代理人取消委托或者代理人辞去委托；

(3)代理人死亡；

(4)代理人丧失民事行为能力；

(5)作为被代理人或者代理人的法人终止。

【案例 2-11】

张某是甲建筑公司的法人代表，某日委托员工李某去乙公司购买两台挖掘机。张某在李某与乙公司签订合同之前突然去世，但李某并不知晓，按照授权与乙公司签订了购买合同。后甲公司认为张某在李某与乙公司签订合同之前就已死亡，李某的代理行为无效。

问：这种说法正确吗？

解析：

不正确。《民法通则》中仅仅规定了代理人死亡会导致委托代理的终止，而没有规定被代理人死亡也会导致委托代理的终止。《最高人民法院关于贯彻执行〈中华人民共和国民法通则〉若干问题的意见(试行)》规定了四种情况下，被代理人死亡的，委托代理人实施的代理行为有效：

(1)代理人不知道被代理人死亡的；

(2)被代理人的继承人均予承认的；

(3)被代理人与代理人约定到代理事项完成时代理权终止的；

(4)在被代理人死亡前已经进行，而在被代理人死亡后为了被代理人的利益继续完成的。

本案符合(1)，李某的代理行为有效。

三、表见代理风险

表见代理是指虽无代理权，但表面上有足以使人相信有代理权而须由被代理人负授权之责的代理。《合同法》第四十九条规定：行为人没有代理权、超越代理权或者代理权终止后以被代理人名义订立合同，相对人有理由相信行为人有代理权的，该代理行为有效。这个条款中的代理就是表见代理。该条规定在于保护善意相对人的合法权益，如果相对人知道行为人没有代理权而与之实施民事法律行为给他人造成损害的，就适用于《民法通则》第六十六条的规定，由相对人和行为人负连带责任。

在项目承包责任制中项目经理最易发生“表见代理风险”。

我国建筑业推行项目经理承包责任制以来，对搞活水利企业的生产经营模式、提高工程建设管理水平起到了积极的作用。但在项目经理承包责任制充分发挥项目经理的主观能动性、给水利企业带来较大经济效益的同时，也存在着很多问题。因为项目经理承包责任制过于依赖项目经理的个人能力，当项目经理失职、违规甚至违法时，水利企业往往面临极大的法律风险和经营风险。比如：

（1）有的项目经理没有工程承揽经验，缺乏融资能力和财务掌控能力，项目部也根本无力配备精干的预决算人才和法律人才，在承揽工程时，过于相信自己有限的经验和所谓的社会关系资源，为承接工程而过分让步，结果出现无力垫资、项目亏损、迟迟不能结算，不能及时拿回应得工程款等问题，由水利企业最后承担责任。

（2）有的项目经理承包经营水利企业的分公司，不用心经营，不仅自己承接的工程管理混乱、纠纷不断，而且为了赚取管理费，还随意允许没有资产和信用的个体借用公司的资质承接工程，结果不仅导致分公司资不抵债，还祸及总公司。

（3）有的项目经理缺乏风险意识，事前不进行项目调查，不审查项目的真实性和合法性，为承接工程支付了巨额投标保证金或介绍费等，结果因为项目本身存在种种问题，最终项目被证明虚假或中途被叫停，使公司遭受巨大的经济损失。

（4）有的项目经理拒付、拖欠民工工资后逃之夭夭，造成民工到企业、政府集体上访，不仅给企业造成损失，还给企业造成极大的负面影响。

（5）有的项目经理擅自挪用、转移工程款，拆东墙补西墙，到处赊账，造成工程亏损，借以逃避各种债务和应缴税费，企业不仅损失管理费，还要承担债务。

（6）有的项目经理只凭热情和经验做工程，不仅缺乏基本的合同意识，更普遍缺乏签证和索赔意识，导致丧失签证索赔的最好时机，甚至丧失签证索赔权利，造成企业损失。

（7）有的项目经理管理能力有限，缺乏质量、安全意识，项目部管理混乱，成本和材料失控、重要工程资料严重缺失、工程不合格、产生安全事故，导致发生纠纷时不能举证，工程款的收取受到影响，甚至产生项目亏损、企业社会形象及资质等级受到影响等严重后果。

（8）有的项目经理随意允许没有资质的人员借用公司资质，或非法转包、违法分包工程，事后又不履行对分包商的监督管理义务，导致分包工程出现质量、安全事故或因此造成工期的拖延，导致企业遭到索赔，面临极大的法律风险。

（9）有的项目经理承包经营的分公司为了少给总公司交管理费，不惜串通业主签订阴阳合同，一份以总公司名义盖章，总承包价款较少、工程逾期的违约责任较低；另一份则以分公司名义盖章，总承包价款较高、工程逾期的违约责任较高，导致总公司不仅没收到或收足应得的管理费，还让总公司处于不可预料和不可控制的法律风险之中。

(10)有的项目经理好逸恶劳，个别的沾染赌博、酗酒、吸毒等恶习，有时甚至以项目部或公司名义借高利贷，最后无力偿还，导致公司被债主起诉。

针对以上情况，有下面一些做法可供参考：

(1)精心选择项目经理。不仅要看其能力、实力和品德，更要以动态的眼光来关注他们。有些承包人起初兢兢业业，但思想容易变化，甚至染上赌博、吸毒等恶习。

(2)完善公司制度，对公章、合同章、财务专用章、企业证照、法人委托书等的使用要建立严格的制度。公章由公司专人保管，如经理人需要使用可由保管人陪同。由于项目部印章具有不需备案、易于伪造或私自印刻等特点，因此在项目施工过程中其制作与使用应格外慎重。

(3)对项目经理权限进行适当的规范与限制。

①明确授权。在开工前，以授权委托书的方式明确项目经理的授权事项、授权范围和授权期限，并将该授权委托书作为合同附件或在施工开始前向发包人和已确定的分包商及材料供应单位送达，保留其签收记录。比如，公司可以与发包人达成一个书面协议，在协议中明确约定发包人支付多少工程款或材料款前必须告知公司，并定期提供相关材料。公司对项目经理超越职权、滥用职权的行为，要制定严格的责任追究制度，以达到威慑效果，防止公司风险随时产生的可能。

②授权排除。在对项目经理的授权中，将不希望或不适宜由其决定的事项加以明确排除，包括合同修改与变更、重大施工技术方案的变更、重大分包事项、重大材料及设备采购、重大财务事项(如接受发包方付款等)以及对外提供担保等。

(4)加强合同管理，实行风险抵押承包制度。项目承包管理不应仅仅流于形式，项目承包合同应明确约定双方的权利义务、债权债务关系、承包方式、工程结算方式、违约责任等。很多案例表明，项目经理甚至在工程结束后的很长时间内仍以水利企业名义给材料商、分包商等出具欠条。

对项目经理应激励与约束并重。一方面，让项目经理为其承包的工程提供一定的担保，可以是交纳保证金，也可以是物的担保，强化其风险意识，从而有效地约束项目经理的行为，同时减少企业在发生纠纷时的实际损失；另一方面，建立企业内部的信用评估机制，对信用记录良好的项目经理，给予其承包项目上的优惠政策，鼓励项目经理将短期利益与长远利益相结合、将个人利益与企业利益相结合。

(5)加强工程资金管理。规定工程款必须进企业账户，再由企业进行妥善分配使用，根据工程进度进行合理划拨，控制好项目经理的资金使用权。企业在与业主签订施工合同时，可以约定“发包人应将工程款付至承包人在协议书中所指定的银行账户，未经承包人书面授权，不得支付现金或付至其他账户，否则承包人有权不予认可。承包人有权变更收款账户，但须提前出具书面通知”。

(6)不仅要加强项目经理的风险管理，更要加强分公司的风险管理。因为与项目部相比，分公司具有更大的自主经营的空间，一旦闯祸，损失将更为巨大。

【案例 2-12】

甲水利企业项目经理王某以公司名义对外承包工程，甲公司在与其签订的承包合同中约定：王某每年向该公司交纳管理费 8 万元，不得以公司名义产生任何债务。后王某因承接某工程项目需要大量钢材，于是王某与某贸易公司签订了总价款为 200 万元的钢材购销合同，王某在收到全部钢材后未支付相应款项，而是以甲企业项目部名义出具了一份加盖项目部章的欠条。贸易公司在多次催要材料款无果后，将甲企业诉至法院，要求支付 200 万元钢材款。

问：法院会支持贸易公司的诉求吗？

解析：

法律规定法人对其非依法设立的分支机构，或者虽依法设立，但没有领取营业执照的分支机构的行为承担直接责任；内部承包的，发包人对承包人的行为负责。法院认为王某系甲水利企业工程项目部的项目经理，有权代表甲企业处理项目施工过程中的全部事务，其以项目部名义出具并加盖项目部章欠条的行为构成“表见代理”，对甲企业具有法律效力，贸易公司有理由相信王某是代表甲企业向其购买钢材的。法院最终判决甲水利企业向该贸易公司支付 200 万元。

【案例 2-13】

某园林公司与业主签订一份工程施工合同，合同约定承包方式为包工包料。在施工过程中，项目经理张某将工程劳务部分全部交给包工头秦某的农民施工队施工。工程完工后，张某将劳务工程款如数支付给了秦某，但是秦某却并未支付给民工，而是自己拿着钱跑了。春节将至，民工找不到秦某，就到园林公司闹事，要求支付民工工资合计 120 万元。园林公司认为自己已经全额支付了劳务工程款，不存在任何付款义务，遂拒绝支付。于是民工集体到政府上访，在法律和中央政策等各个层面对民工工资予以重点保护的情况下，当地政府干预，派出所出动，园林公司无奈之下不得不再次支付民工工资。

问：农民工用工风险在建筑行业比比皆是，应如何避免呢？

解析：

法律对挂靠的连带责任有明确规定：自然人、个体工商户、个人合伙或私营企业挂靠其他企业法人（公司）并以其他企业法人（公司）的名义从事生产经营活动的，该自然人、个体工商户、个人合伙或私营企业与其挂靠的企业法人（公司）对其债务人承担连带责任。

《关于确立劳动关系有关事项的通知》（劳社部发〔2005〕12 号）第四条规定，建筑施工、矿山企业等用人单位将工程（业务）或经营权发包给不具备用工主体资格的组织或自然人，对该组织或自然人招用的劳动者，由具备用工主体资格的发包方承担用工主体责任。当承包人是没有工商登记的包工头时，则认定为农民工与分包人成立事实劳动关系，负直接用工主体责任；当承包人是有工商登记的法人时，应当由承包人承担用工主体责任。

违法分包的,在合同被认定为无效的情形下,违法分包人对承包人的债务是否需要承担责任,承担什么样的责任,这是实践中有诸多争议的焦点问题,有两种主要观点。第一种观点是:根据合同相对性原则,由承包人自己承担责任,违法分包人不承担责任;第二种观点是:违法分包的合同被认定为无效后,在满足一定条件的情形下,违法分包人应当对承包人的债务承担责任。第二种观点已成为当前法院系统审判此类案件的主流观点。其主要目的一是遏制当前建筑施工领域屡禁不止的违法分包和转包的行为,促使施工单位回到依法经营的轨道上来;二是更好地保护债权人的利益,以促进市场繁荣,维护交易安全。

本案中尽管园林公司就向民工再次支付的工资可以向秦某追索,但是难度之大可想而知。为避免用工风险和工伤赔偿等问题,水利企业应当根除将工程大包或违法分包的观念,依法进行劳务分包或招聘农民工自行组织班组施工。

目前,很多项目的协作队伍(大多数是包工头)由于自己实力不强、单价偏低、管理不当等,致使自己没有效益,因此就携款逃跑或是欠下无数的债务(包括材料款、设备租赁款、农民工工资等),这势必引发纠纷。多起案例表明,诉讼的结果基本上是判决由发包方对其债务承担连带责任。由于协作队伍(包工头)是无任何经济实力的自然人或是挂靠别的公司,发包方追偿的预期也基本上是要落空的。从现实来看,发包方如果想通过违法分包、转包来提高效益或降低风险是根本不可能的,而不可预知、不可控制的风险却加大了。

从国家现行的法律、法规、国务院关于解决农民工问题的意见和司法实践来看,针对施工单位的用工和分包问题,应坚决杜绝包工头承包工程,并逐步规范到以下几个轨道上来:

(1)专业分包。必须是业主明示同意的,将非主体工程分包给有资质的承包人的。

(2)劳务分包。劳务承包人应当是具备劳务资质、经登记领取营业执照的法人,此时才是真正意义的劳务分包。最好不要为了节省施工成本,直接将工程大包给资信差的包工头。如果交由包工头施工,不能图省事,应严格监督农民工工资是否实际发放到位,也可以采取直接将农民工工资发放到个人的方法。

(3)劳动合同。施工单位直接聘用农民工,依法签订有期限的劳动合同,将其纳入本单位的员工管理中来。

第三节　诉讼时效风险

有一句格言:“法律只帮助警醒的人”,阐述的就是诉讼时效制度的法律思维,意思是当事人应当积极主动地保护自己的权利,不能懈怠,否则要承担对自己不利的后果。

一、四类诉讼时效期间

诉讼时效是指权利人在法定期间内,不行使权利即丧失请求人民法院保护的权利。

（一）普通诉讼时效

向人民法院请求保护民事权利的诉讼时效期间为2年，法律另有规定的除外，但最长不超过20年。这样的时效规定，适用于绝大多数民事纠纷和商业纠纷。

（二）短期诉讼时效

下列诉讼时效期间为1年：身体受到伤害要求赔偿的，延付或拒付租金的，出售质量不合格的商品未声明的，寄存财物被丢失或损毁的。

（三）特殊诉讼时效

特殊诉讼时效不是由民法规定的，而是由特别法规定的诉讼时效。例如，《合同法》第一百二十九条规定，国际货物买卖合同和技术进出口合同争议的时效为4年。《海商法》第二百五十七条规定，就海上货物运输向承运人要求赔偿的请求权，时效期间为1年。《劳动争议调解仲裁法》规定，劳动争议案件申请仲裁的时效为1年。

（四）权利的最长保护期限

诉讼时效期间从知道或应当知道权利被侵害时起计算。但是，从权利被侵害之日起超过20年的，人民法院不予保护。

诉讼时效制度有一个特征，叫"告诉才处理"。超过诉讼时效期间，在法律上发生的效力是权利人的胜诉权消灭，即丧失请求法院保护的权利。超过诉讼时效期间权利人起诉，如果符合民事诉讼法规定的起诉条件，法院仍然应当受理。但是，如果法院经受理后查明无中止、中断、延长事由的，判决驳回诉讼请求。

应注意的是，超过诉讼时效期间，权利人虽然丧失胜诉权，但是实体权利本身并不消灭。根据《民法通则》第一百三十八条的规定，超过诉讼时效期间，当事人自愿履行的，不受诉讼时效限制。《最高人民法院关于贯彻执行〈中华人民共和国民法通则〉若干问题的意见（试行）》第171条则进一步规定，过了诉讼时效期间，义务人履行义务后又以超过诉讼时效为由反悔的，不予支持。

【案例2-14】

2002年4月25日，农民刘某进城务工，在其同乡介绍下到某安装公司承建的某工程工地做电工。4月29日，刘某在活动脚手架上工作时不慎摔在地上，造成左手骨折，并当即被送往医院手术。在随后的住院治疗中，电工组承包负责人根据安装公司的要求派人对刘某进行护理，并承担了全部医药费、住院费、手术费、伙食费等。事故发生后，安装公司未向劳动保障行政部门申请认定刘某因工负伤，也未向劳动鉴定部门申请鉴定刘某伤残程度。2002年8月1日，刘某出院后不久，与其亲属一道与安装公司及电工组承包负责人进行协商，并最终就刘某负伤的补偿问题达成协议。协议约定：

（1）由安装公司及电工组承包负责人共同支付刘某工伤补偿费10 000元（不含已支付的医药费、住院费、手术费、伙食费等）。

（2）刘某与安装公司的关系就此了断，今后再无任何关系。

……

2002年8月10日，安装公司按照协议一次性将10 000元补偿款支付给刘某。

2003年12月6日，刘某在其委托代理人的陪同下向劳动争议仲裁委员会递交了申

诉材料,请求:

(1)确认2002年8月其与安装公司及承包负责人签订的协议书无效。

(2)安装公司承担其工伤赔偿责任。劳动争议仲裁委员会通过立案阶段的审查,认为刘某的第(1)项申诉请求不属于劳动争议仲裁的受理范围(受理范围:因确认劳动关系发生的争议;因订立、履行、变更、解除和终止劳动合同发生的争议;因除名、辞退和辞职、离职发生的争议;因工作时间、休息休假、社会保险、福利、培训以及劳动保护发生的争议;因劳动报酬、工伤医疗费、经济补偿或者赔偿金等发生的争议等),第(2)项申诉请求已超过劳动争议仲裁的申诉时效,故对刘某作出不予受理的决定。

问:劳动争议的申诉时效从什么时候开始计算?

解析:

在处理工伤待遇争议时,常常会遇到用人单位与劳动者在所订"工伤协议"里约定"一次性解决"的条款,而且解决的待遇与规定应得的待遇相比要低得多。这些条款不能对抗劳动者依政府文件规定而对其伤残待遇提出的主张。如果该约定签订即构成了法律上劳动者应当知道自己的权益受到侵害,此时劳动争议的申诉时效就应当开始计算了。

《劳动争议调节仲裁法》第二十七条规定:劳动争议申请仲裁的时效期限为1年。《劳动法》第八十二条规定:提出仲裁要求的一方应当自劳动争议发生之日起60日内向劳动争议仲裁委员会提出书面申请。《劳动争议调节仲裁法》是2008年5月实施,《劳动法》是1995年1月实施,根据新法优于旧法的原则,《劳动法》的这条规定已经不适用,现在执行"劳动争议申请仲裁的时效期限为1年"。

【案例2-15】

2008年2月,工程公司一位员工小刘因公加班10个工作日,工程公司没有支付加班费,小刘2011年4月1日离职,离职时与公司签署了"与企业没有争议"的文件。2012年3月1日,小刘向工程公司索要2008年的加班费,公司认为小刘离职时双方已签订了"与企业没有无争议"的文件,遂拒绝。

问:工程公司的理由成立吗?

解析:

不成立。企业拖欠员工的加班费,无论发生在什么时候,员工都有权在离职之日起1年之内索要。即便是员工离职时曾经签署过"与企业没有争议"的文件,但只要文件中没有明确涉及这笔加班费的处理,员工就仍然有权索要。

加班费是劳资争议的一个重点领域,因为月薪是相对固定的,比较容易核算和证明,而加班通常是不固定的,需要用证据去认定是否存在。加班应当征得劳动者的同意,但实际上,因为劳资双方交易地位的不平等,很多企业都是单方决定,要求劳动者必须执行的,员工为了保住工作,很难直接拒绝和对抗企业的加班决定。不过,即使员工对企业的某些作为暂时忍让,不等于员工就自愿放弃了自己的权利,到了离职之日,应当向企业主张自己的权利。有时候,加班是由"企业直接作证"证明的,比如在很多中小企业中流行的"六天工作制”，企业明确规定“本公司员工每周工作六天，并且没有工资之外的额外报酬”，或者规定“本公司实行每周六天工作制，周六工作的加班费已经包含在工资之内，不另支付”，这些都可以直接拿来做员工“长期加班”的证据。因为法定是五天工作制，企业无权更改法律规定，所以企业规定六天工作制是无效的，企业硬性规定六天，多出来的一天，就是加班。至于企业申请综合工时制等情况属于另外的法律规定范畴，另当别论。工资的定义是正常劳动情况下的劳动报酬，有的企业规定“加班费包含在工资之内”、“工资当中包括加班费、竞业禁止补偿金、社会保险”等，是改变了工资的定义，都是无效的。至于计算加班费的基数，就是正常劳动情况下的日工资，根据加班时段的不同，分为 1.5 倍、2 倍和 3 倍，休息日加班的只给付对应倍数的加班费即可，比如日工资 100 元的员工在法定节假日或者年假日工作，都能得到 300 元的薪水。

但加班费“秋后算账”也有例外的情况，不适用离职后 1 年的诉讼时效，这种情况是企业在加班发生之时，就要明确书面通知员工“不支付加班费”，那么，员工就应该在收到通知后的 1 年内提起诉讼，不能等待离职的时候再处理。不过，这种情况很少发生，因为企业既要求加班又明确不支付报酬的书面通知很少见，更何况，企业即使有这样的书面通知，但员工也有可能事后拒绝承认见到过，这个时候企业又要承担证明“通知已经送达”的举证责任，也有很大责任风险。

【案例 2-16】

某工程设计院与建设单位签订了一个勘察设计合同。合同中约定设计院 2005 年 8 月 28 日前完成并提交设计报告，建设单位最迟于 2005 年 9 月 8 日向设计院支付全部勘察设计费。设计院如期完成设计任务并经建设单位验收符合合同要求，但是建设单位迟迟不予支付工程款。由于设计院外揽设计任务很多，加上院长与建设单位的领导私人关系很好，设计院也就一直没有去催要这笔款项。直到 2010 年 5 月，由于资金紧张，设计院向建设单位催要这笔工程款，但是建设单位拒绝支付。于是，2010 年 6 月，设计院提起诉讼。法院没有支持设计院诉求。

问：为什么法院不支持设计院诉求？

解析：

设计院的诉讼时效期间始于 2005 年 9 月 9 日，诉讼时效期间为 2 年，应截止于 2007 年 9 月 8 日。而设计院怠于行使权利，在诉讼时效期间并没有主张自己的权利，其胜诉权已经消灭，因此建设单位尽管应该支付这笔设计费，但是可以不予支付。

二、诉讼时效期间的起算

诉讼时效期间从知道或者应当知道权利被侵害时起计算。在下列情况下，诉讼时效期间的计算方法是：

（1）附延缓条件的债权，从条件成就之时开始计算，但如果还定有履行期限，则从履行期限届满之时起开始计算。

（2）附起始期的债权，从起始期到来之时开始计算，但如果还定有履行期限，则从履行期限届满之时起开始计算。

(3)未定有履行期限的债权,从权利成立之时开始计算;定有履行期限的债权,从履行期限届满之时开始计算。比如2001年5月某房地产开发公司向黄河系统一家单位借款100万元,借贷双方对还款期限没有约定产生诉讼时效如何计算的问题。对于此种情况,我国《民法通则》和《合同法》都规定,履行期限不明确的,债务人可以随时向债权人履行义务,债权人也可以随时要求债务人履行义务,但应当给对方必要的准备时间。另外,《最高人民法院关于债务人在约定的期限届满后未履行债务而出具没有还款日期的欠款条诉讼时效期间应从何时开始计算问题的批复》规定,双方当事人原约定,供方交货后,需方立即付款。需方收货后无款可付,经供方同意写了没有还款日期的欠款条。根据《民法通则》第一百四十条的规定,对此应认定诉讼时效中断。如果供方在诉讼时效中断后一直未主张权利,诉讼时效期间应从供方收到需方所写欠款条之日的第2天开始重新计算。因此,没有约定还款日期的借款合同的诉讼时效期间应从出借人向借款人主张还款权利的第二天开始起算。但是,根据《民法通则》第一百三十七条的规定,如果出借人在借款关系发生之日起20年后才向人民法院起诉,要求借款人归还借款的,人民法院不予保护。

另外,对于分期履行的法律义务,诉讼时效期间也是分期计算的,比如甲公司每月应当向乙公司支付设备租赁费,但2007~2010年,甲公司一直拖欠未付,如果乙公司在2010年起诉的话,从起诉之日起回溯两年,是没有超过诉讼时效的诉求范围,两年之前的各期租赁费就丧失了胜诉的权利。

【案例2-17】 超过诉讼时效有理也要败诉

李某是一家建材供应商店的老板,刘某是某水利建筑公司的采购员。2007年1月起刘某连续两年从李某处购买水泥,每次都是打个欠条,欠条上面的字样都是相同的:某年某月某日,取走水泥多少吨。所有欠条上都没有写明还款日期。2011年2月2日,李某向刘某追讨所欠的材料费用,刘某以超过了诉讼时效为由拒绝偿还。

问:刘某的理由成立吗?

解析:

理由成立。因为该案例的诉讼时效期间是2年,诉讼时效始于当事人知道或者应当知道自己的权益受到侵害。在本案中由于没有约定履行期限,诉讼时效从债权成立之日起计算,即出具欠条之日起计算。

【案例2-18】 "借条"和"欠条"诉讼时效起算点的计算

借条1:今借现金50万元,2010年1月1日偿还。

欠条1:今欠现金50万元,2010年1月1日偿还。

借条2:今借现金50万元。借款日期2008年8月8日。

欠条2:今欠现金50万元。欠款日期2008年8月8日。

问:以上"借条"和"欠条"诉讼时效起算点应如何计算?

解析：

“借条”和“欠条”是不同的，借条是一种借款合同，欠条是一种债权凭证，二者在诉讼时效起算点计算上不同。

借条1和欠条1都明确约定了偿还的日期是2010年1月1日，因此两年诉讼时效的起算点都是从偿还日期2010年1月1日开始计算的。

借条2和欠条2都没有约定偿还债务的期限，认定两年诉讼时效的起算点就复杂一些。其中，欠条2相对容易。因为欠款本身就应该承担立即还款的责任。所以，除非是债权人给出明确的还款时间或者宽限期限，否则，欠款之日就是应当还款之日，欠条2的诉讼时效起算点就是2008年8月8日。借条2认定两年诉讼时效的起算点就要复杂一些，因为借条2是一种借款合同，签订合同之时，并没有发生对方不履行的情况，到了履行的日期，守约方才知道或者应当知道对方违约不履行，所以诉讼时效起算点不是签订合同的日期，而应该是履行合同的日期。借款发生在2008年8月8日，但两年的诉讼时效不是从这一天起算的，因为借条2没有约定还款期限，债权人可以随时主张债务人履行还款义务，只要给债务人预留合理的准备时间。债权人的主张，可以向债务人提出，也可以直接向法院提出。如果债权人要求债务人还钱，债务人不肯，这个时候债权人知道自己的权利受到侵害，从这一天开始两年的诉讼时效开始计算。理论上虽然是这样，但其中蕴含了一个风险，如果债务人否认债权人曾经提出过还款要求的话，债权人就要承担举证责任，证明自己是在哪一天通知过对方还款的。如果起诉的日期发生在2010年8月8日之前，债权人倒没有什么风险，因为以诉讼日期为准，也没有超过诉讼时效的两年期限；如果起诉的日期已经超过了2010年8月8日，而债权人又拿不出证据证明自己曾经提出过还款要求的话，那么，债权人的诉讼请求就因为超过诉讼时效而丧失了胜诉权。

(4)对于人身伤害而发生的损害赔偿请求权，伤害明显的，从受伤害之日起算；伤害当时未曾发现，后经检查确诊并能证明是由侵害引起的，从伤势确诊之日起算。

【案例2-19】 尘肺病索赔案农民工二审败诉

2002年2月，N县贫困山区农民张某与其他4名同乡经人介绍，到S市诚信公司从事爆破工作，在遮天蔽日的粉尘环境下工作，没有必要的劳动保护措施和防尘措施，也没有劳动合同，但一年可以挣到两万多元的“高工资”。2010年1月，张某和许多工友因身体不适等相继离开诚信公司。在回乡务农期间，张某到医院检查被诊断为矽肺三期。2012年6月，张某和几个同乡到所在地政府反映情况。有关部门迅速组建了由律师和政府工作人员组成的临时小组，同年7月，一行人从N县赶往S市申请确认劳动关系。张某等人被以超过仲裁时效为由驳回仲裁请求。不服仲裁结果的农民工们向法院提起诉讼。

2012年10月22日，张某等人的案子在S市D区人民法院合并审理。张某请求法院“确认和诚信公司从2008年11月24日至今存在劳动关系”。一审法院审理后认为，张某虽无证据证明其与被告诚信公司每年签订一次劳动合同，但被告在庭审中承认其与原告从2008年11月24日至2011年1月存在劳动关系。同时，为确认劳动关系而提起的诉讼属确认之诉，不适用诉讼时效的规定。因此，支持了张某要求确认在此期间双方存在劳动关系的诉讼请求。

一审法院宣判后，诚信公司不服，上诉至S市中级人民法院。2013年3月22日，此案开庭。二审法院认为，劳动争议申请仲裁的时效期间为1年，仲裁时效期间从当事人知道或者应当知道其权利被侵害之日起计算。张某自认于2010年1月离开诚信公司，并当庭陈述其在离开诚信公司时口头通知诚信公司因患职业病需停工治疗。但张某在离开诚信公司后，诚信公司未给其发放工资，也没有给予相应的工伤待遇，且诚信公司认为双方已解除劳动合同关系。因此，自2010年1月起，张某就应当知道其权利受到侵害，即为劳动争议发生之日，张某等人直到2012年7月才提起仲裁申请，已超过法定仲裁时效期限。2013年5月13日，二审法院下达判决：撤销S市某区法院的民事判决，以超过法定劳动仲裁期限为由，驳回了张某等5名尘肺病患者的请求。败诉意味着张某等人的工伤认定无法继续进行，没有工伤认定就无法进行劳动能力鉴定，就不能获得工伤待遇，更无法向企业提出赔偿。张某等人申请了再审。对此，有律师认为，"知道或者应当知道其权利被侵害之日起计算"的界定，在劳动争议案件中常常成为争论的焦点。职业病具有潜伏期，如果简单地等同于其他劳动争议，受仲裁时效限制，有失公允。

三、诉讼时效的中止和中断

（一）诉讼时效中止

《民法通则》第一百三十九条规定，在诉讼时效期间的最后六个月内因不可抗力或者其他障碍不能行使请求权的，诉讼时效中止。从中止时效的原因消除之日起，诉讼时效期间继续计算。

其中，不可抗力是指不能预见、不能避免并不能克服的客观情况；其他障碍，根据《最高人民法院关于贯彻执行〈中华人民共和国民法通则〉若干问题的意见（试行）》第172条的规定，主要是指在诉讼时效期间的最后6个月内，权利被侵害的无民事行为能力人、限制民事行为能力人没有法定代理人，或者法定代理人死亡、丧失代理权，或者法定代理人本人丧失行为能力的。

【案例2-20】

2003年3月1日，某水利工程局与某商品混凝土公司签订了商品混凝土购买合同，合同中约定商品混凝土公司于2003年4月12日将500 m^3 混凝土运至水利工程局的施工现场，商品混凝土到后三天内水利工程局支付货款。商品混凝土公司如约将混凝土运至水利工程局的施工现场，但是，水利工程局却一直没有支付商品混凝土款。2003年7月4日，商品混凝土公司计划起诉，但是，由于当地2003年7月4日到8月20日连发洪灾，交通中断，使得起诉耽搁，直到2005年8月20日，商品混凝土公司才正式提起诉讼。但是，法院却以超过了诉讼时效期间为由对其请求不予支持。商品混凝土公司认为，由于不可抗力的原因使诉讼时效中止，目前还没有超过诉讼时效。

问：商品混凝土公司的观点正确吗？

解析：

不正确。由于不可抗力导致无法进行诉讼的事由必须是发生在诉讼时效期间的最后6个月才能导致诉讼时效中止。本案不符合这个条件，不能导致诉讼时效中止。

（二）诉讼时效中断

《民法通则》第一百四十条规定，诉讼时效因提起诉讼、当事人一方提出要求或者同意履行义务而中断，从中断时起，诉讼时效期间重新计算。诉讼时效中断就是重新计算，就是之前的时效全部推倒不算，中断决不是暂停，暂停另有中止制度。例如，借条或者借款合同约定的偿还日期是2010年1月1日，从这一天开始，应该计算两年的诉讼时效。假设2010年5月1日债权人给债务人一份"催款通知"，债务人在"催款通知"上签字盖章，那么，从2010年5月1日开始，两年的诉讼时效重新计算，以此类推，但最长不超过20年。

诉讼时效超期的，如果债务人重新认可了债务，则诉讼时效也重新计算。比如欠条约定的偿还日期是2005年5月1日，债务人在约定的期限没有履行义务，到了2010年1月1日，债权人才送来一份"催款通知"，这个时候其实已经超过两年的诉讼时效了，债权人已经丧失了胜诉权，但假设此时债务人又在"催款通知"上签字盖章了，就是对其债务的重新确认，那么，诉讼时效从这一天开始重新计算。

根据《最高人民法院关于审理民事案件适用诉讼时效制度若干问题的规定》，具有下列情形之一的，应当认定为民法通则第一百四十条规定的"当事人一方提出要求"，产生时效中断的效力：

（1）当事人一方直接向对方当事人送交主张权利文书，对方当事人在文书上签字、盖章或者虽未签字、盖章但能够以其他方式证明该文书到达对方当事人的；

（2）当事人一方以发送信件或者数据电文方式主张权利，信件或者数据电文到达或者应当到达对方当事人的；

（3）当事人一方为金融机构，依照法律规定或者当事人约定从对方当事人账户中扣除欠款本息的；

（4）当事人一方下落不明，对方当事人在国家级或者下落不明的当事人一方住所地的省级有影响的媒体上刊登具有主张权利内容的公告的，但法律和司法解释另有特别规定的，适用其规定。

实践中有下面一些做法，可以参考引用：

（1）以发送信件或者数据电文方式主张权利，产生时效中断的效力，如工程竣工后或工程中间停工的，应尽早向建设单位或监理单位提出结算报告，对于履行债务的请求，应争取对方有关工作人员签名、盖章，并签署日期。对于债务人不予接洽或拒绝签字盖章的，应及时将要求该单位履行债务的书面文件制作一式数份，自存至少一份备查后，将该文件以电报的形式或其他妥善的方式将请求履行债务的要求通知对方。通过权利人数次发函、对账，以及数次赴义务人所在地主张权利的出差行为，可以形成一个证据链，能够证明诉讼时效连续中断，诉讼时效未完成。

(2)公证催收债务应认定诉讼时效中断。

(3)权利人在特定媒体发布有催收内容的债权转让公告或通知可构成诉讼时效中断,在自己的网站、主页发布催收公告不具有诉讼时效中断的效力。

(4)企业法人被吊销营业执照后,签收债权人催收欠款通知的行为具有诉讼时效中断的效力。

(5)债权人不知债务人法定代表人变更,向原法定代表人主张权利的,应视为债权人向债务人主张了权利。

(6)权利人向义务人的上级主管部门、与义务人为同一法定代表人的关联企业主张权利的,具有诉讼时效中断的效力。

(7)经过合法公证的证人证言具有证明力。债权人有证据证明其在诉讼时效期间向债务人主张权利,诉讼时效期间未经过的,法院对其权利进行保护。

商业交往中,催款函是最常见的诉讼时效中断方式,比如银行就有明确的规定,逾期还款的,必须定期发出“催款通知”,无论债务人偿付能力如何,都不能丧失诉讼时效,所以要不断“引起中断”,两年两年地续展时效。

根据《最高人民法院关于贯彻执行〈中华人民共和国民法通则〉若干问题的意见(试行)》的有关规定,债权人除了向债务人本人直接主张权利,向债务保证人、债务人的代理人或者财产代管人主张权利的,也可导致诉讼时效中断。

诉讼时效中断的情形是否发生,是原告也就是债权人的举证责任,也是败诉风险。所以,关于中断证据的博弈,经常是双方交锋最尖锐的领域。失信企业的经理人也有法律思维能力,债权人催款的时候,他们也接待,但绝对不肯为债权人出具可以证明诉讼时效中断的书面文件,以便为自己将来抵赖保留主动权。所以,企业经理人必须学习诉讼时效和证据规则的规范原理,一方面加强事先控制,约定送达条款;另一方面要注意制作适当证据。

也有一些债权债务法律关系是不存在诉讼时效问题的,比如公司股东在入股协议和公司章程中都确认认缴注册资本若干,但之后并没有实际缴付,一直持续了四五年,在这些情况下,这位股东对公司欠下的“认缴注册资本之债”就处于持续状态,公司或者其他股东可以起诉这位失信股东,他不能以已经超过两年诉讼时效为理由,抗辩自己无须再履行出资义务。

诉讼时效中止、中断均可适用于普通诉讼时效期间和特别诉讼时效期间,但是不适用于最长诉讼时效期间。

【案例2-21】

甲公司与乙公司于1990年7月10日签订一份合同,约定由甲向乙供应一套设备并负责送货、安装,货款总额300万元。同年10年10日,甲公司将设备运抵乙方,设备安装后,调试运转正常。乙公司即付货款280万元,双方同意剩余20万元待设备运转3个月后如无质量问题再行支付。3个月后,乙未向甲提出质量问题,甲去函要求乙支付余款20万元。乙以目前尚不能肯定设备有无质量问题为由,要求再等3个月。甲未允,去函要求乙方至迟于1991年2月10日前结清全部货款及迟延利息。乙未答复。此后3年内,双方未再就此事交涉。1994年5月,甲公司清理合同时发现乙公司尚欠其20万元设备款,遂派人至乙公司追讨,经双方协商,于1994年5月30日达成书面协议,乙公司同意于1994年6月30日前付清所欠货款。至6月30日,乙公司仍未付清此款。甲公司遂起诉于法院。

问:(1)甲乙于1990年7月10日所签买卖合同的诉讼时效应截止于何时?

(2)设乙公司在1991年3月10日发现设备有质量问题,能否要求甲公司承担违约责任?为什么?

(3)一种意见认为,本案诉讼时效已过,乙公司有权拒付余款20万元,这是否对?为什么?

(4)如何看待甲乙双方于1994年5月30日达成的协议?

解析:

(1)1993年2月10日。合同当事人明确约定了余款20万元的还款日期,即1991年1月10日,后来债权人甲又去函要求乙方至迟于1991年2月10日前结清全部货款及迟延利息,这意味着债权人规定了1个月的宽限期,诉讼时效期间应该从这一天开始计算。依据《民法通则》第一百三十五条规定诉讼时效期间为2年,故截止于1993年2月10日。

(2)不能。因为双方有明确约定的质量异议期间,乙方未在约定期间提出书面异议,依照《合同法》第一百五十八条第一款的规定,在约定的验货期间内买受人怠于通知质量不符合约定的,视为质量合格。

(3)不对。因为甲乙双方签订了新的协议,乙放弃了时效利益。

(4)由于民事主体有权处分其实体权利,甲乙双方签订的新的协议是合法有效的;新协议的诉讼时效应从1994年6月30日起算。

四、法律关于建筑施工领域的诉讼时效规定

建设工程施工合同的承包人工程款债权属于普通债权,应适用2年的普通诉讼时效,即自承包人知道或者应当知道权利被侵害之日起2年。

(1)追索工程款、勘察费、设计费,仲裁时效和诉讼时效期间均为2年,从工程竣工之日起计算,双方对付款时间有约定的,从约定的付款期限届满之日起计算。

(2)工程因建设单位的原因中途停工的,仲裁时效和诉讼时效期间应当从工程停工之日起计算。

①发包人和承包人双方达成结算协议,工程款数额已经确定的,应根据结算协议和还款协议约定的履行期限,自协议约定的付款期限届满的次日起计算诉讼时效。当事人约定同一债务分期履行的,诉讼时效期间从最后一期履行期限届满之日起计算。

②发包人和承包人就工程款已经达成结算,但未约定付款时间和约定不明的,如承包人在催讨工程款未给发包人宽限期,从承包人第一次催讨欠款的次日开始计算诉讼时效;如承包人给发包人宽限期,从宽限期届满的次日起开始计算诉讼时效;如发包人在承包人主张权利明确拒绝履行,应从其拒绝履行的次日开始计算诉讼时效;如承包人未主张过权利,发包人也未拒绝履行债务,诉讼时效则应不存在起算的问题,但要受20年最长权利保

护期间的限制。

(3)工程竣工或工程中途停工,水利企业应当积极主张权利。实践中,水利企业提出工程竣工结算报告或对停工工程提出中间工程竣工结算报告,系施工单位向建设单位主张权利的基本方式,可引起诉讼时效的中断。

(4)追索材料款、劳务款,仲裁时效和诉讼时效期间也为2年,从双方约定的付款期限届满之日起计算,没有约定期限的,从购方验收之日起计算,或从劳务工作完成之日起计算。

(5)出售质量不合格的商品未声明,租用建筑材料或机器设备的,仲裁时效和诉讼时效期间均为1年,从商品售出之日和应付租金之日起计算。

(6)建设工程价款优先受偿权的期限自竣工或约定竣工之日起6个月。

第四节 合同法律风险

一、常用合同法基本知识

(一)工程合同管理的主要依据是《合同法》

《合同法》自1999年10月1日起施行,分总则和分则两部分。总则部分分为八章,共一百二十九条,分别对合同的订立、合同的效力、合同的履行、合同的变更和转让、合同的权利义务终止、违约责任作出了规定,是共性规定。分则分为十五章,是针对十五种有名合同的规定,分别是买卖合同,供用电、水、气、热力合同,赠与合同,借款合同,租赁合同,融资租赁合同,承揽合同,建设工程合同,运输合同,技术合同,保管合同,仓储合同,委托合同,行纪合同和居间合同。

(二)合同分类

1. 要式合同与不要式合同

根据合同的成立是否必须采取一定的形式为标准,可以将合同划分为要式合同与不要式合同。要式合同是必须采取法定形式的合同,如中外合资经营合同经双方当事人签字盖章后必须经过政府主管部门批准后才成立,此“批准”即为法定形式。不要式合同不要求采取特定形式,当事人可以选择合同形式。在合同实践中,以不要式合同居多。

区别要式合同与不要式合同的意义在于:某些要式合同如果不具备法律、行政法规要求的形式,可能不产生合同效力。

2. 双务合同与单务合同

依合同当事人之间是否互负义务,合同可以分为双务合同与单务合同。双务合同是当事人之间互相承担义务,或者说,当事人均承担义务的合同,如买卖合同。单务合同是只有一方当事人承担给付义务,另一方不承担义务只享有权利的合同,如赠与合同。

区分双务合同与单务合同的意义在于:单务合同不适用同时履行抗辩权,而双务合同适用;单务合同下,履行合同的风险全部由承担义务的一方负担,而双务合同下则由双方共担风险。建设工程施工合同属于双务合同。

3. 有偿合同与无偿合同

依合同当事人之间权利义务是否存在对价关系，可以将合同分为有偿合同与无偿合同。有偿合同是当事人一方享有合同规定的权益，须向另一方付出相应代价的合同。有偿合同是常见的合同形式，诸如买卖、租赁、运输、承揽等，水利、交通建设工程施工合同属于有偿合同。无偿合同是一方当事人享有合同规定权益，但无须向另一方付出相应对价的合同，例如无偿借用合同。

区分有偿合同与无偿合同的意义在于：无偿合同下，无偿付出的一方一般承担较低程度的注意义务，而在有偿合同下则要承担较高程度的注意义务；无偿合同对当事人的行为能力要求比有偿合同低，甚至无民事行为能力人也能签订无偿合同，有偿合同则要求当事人具有相应行为能力。

4. 有名合同与无名合同

根据法律是否赋予特定合同名称并设有专门规范，合同可以分为有名合同与无名合同。有名合同也称典型合同，是法律对某类合同赋予专门名称，并设定专门规范的合同，如《合同法》分则所规定的15类合同。无名合同也称非典型合同，是法律上未规定专门名称和专门规则的合同。根据合同自由原则，只要不违反法律、行政法规强制性规定，不违背社会公共利益和公德，不侵害他人利益，允许当事人根据自身意愿订立任何形式合同。无名合同是合同实践的常态。

区分有名合同和无名合同的意义主要在于适用的法律规则不同。对于有名合同，除适用合同法一般规则外，还应直接适用该类合同的专门规定；对于无名合同，就适用合同法一般规则。

（三）合同的要约和承诺

1. 要约

要约是希望和他人订立合同的意思表示，该意思表示应当内容具体、确定，并表明经受要约人承诺，要约人即受该意思表示约束。

1）要约的构成要件

（1）要约是由特定人作出的意思表示，无法确定要约人的要约就不能称得上要约。例如，某承包商在街头见到一张出售建筑材料的广告，但是广告上面并没有材料供应商的姓名、地址和联系方式，不能签订购买材料的合同。

（2）要约必须具有订立合同的意思表示，没有订立合同意图的意思表示也不能称得上是要约。例如，某承包商与某材料供应商聚会，交谈之中，材料供应商向承包商介绍了自己目前存有大量的建筑材料，并对该批材料的性能进行了详细的描述，但因为材料供应商并没有将这批材料出售给承包商的意图，不能认为是要约。

（3）要约必须向要约人希望与之订立合同的受要约人发出，受要约人错误的要约也不能称得上是要约。例如，某投标人计划对某开发商的建设项目进行投标，但是在投递标书的时候却误将标书送给了另一个开发商。尽管要约已经发出，但是由于该受要约人不是要约人希望与之签订合同的受要约人，因此该要约不发生法律效力。

（4）要约的内容必须具体明确。内容不明确的要约不能称得上是要约，而仅能视为要约邀请。如果受要约人对之进行了补充修改而作出了承诺，视为受要约人对要约的内容进行了实质性变更,其承诺不是承诺。

2)要约的生效

《合同法》第十六条规定:要约到达受要约人时生效。要约可以以书面形式作出,也可以以口头对话形式作出。除法律明确规定外,要约人可以视具体情况自主选择要约的形式。口头形式的要约自受要约人了解要约内容时发生效力;书面形式的要约自到达受要约人时发生效力;采用数据电文形式的要约,收件人指定特定系统接收电文的,自该数据电文进入该特定系统的时间(视为到达时间),该要约发生效力;收件人未指定特定系统接收电文的,自该数据电文进入收件人任何系统的首次时间视为到达时间,该要约发生效力。

3)要约的撤回与要约的撤销

要约的撤回指在要约发生法律效力之前,要约人使其不发生法律效力而取消要约的行为。《合同法》第十七条规定:要约可以撤回。撤回要约的通知应当在要约到达受要约人之前或者与要约同时到达受要约人。

要约的撤销指在要约发生法律效力之后,要约人使其丧失法律效力而取消要约的行为。《合同法》第十八条规定:要约可以撤销。撤销要约的通知应当在受要约人发出承诺通知之前到达受要约人。

为了保护当事人的利益,《合同法》第十九条规定:有下列情形之一的,要约失效:

(1)要约人确定了承诺期限或者以其他形式明示要约不可撤销;

(2)受要约人有理由认为要约是不可撤销的,并已经为履行合同作了准备工作。

要约的撤回与要约的撤销都是否定了已经发出去的要约。其区别在于:要约的撤回发生在要约生效之前,而要约的撤销则发生在要约生效之后。

4)要约的失效

有下列情形之一的,要约失效:

(1)拒绝要约的通知到达要约人。收到拒绝要约的通知后,要约失效,即使之后再次收到受要约人同意要约的意思表示,要约人也可以自由选择是否接受。

(2)要约人依法撤销要约 。依法撤销要约后,即使此时受要约人作出了承诺,要约人也可以拒绝接受。

(3)承诺期限届满,受要约人未作出承诺。超过承诺期限的承诺涉及承诺超期和承诺延误的知识,后面“承诺”中会详细说明。

(4)受要约人对要约的内容作出实质性变更。实质性变更是指使要约的内容产生实质性变化的变更。实质性变更,已经不是要约人的意思表示,要约人可以不受该意思表示约束。

5)要约邀请

要约邀请是希望他人向自己发出要约的意思表示。寄送的价目表、拍卖公告、招标公告、招股说明书、商业广告等为要约邀请。但是,如果商业广告的内容符合要约规定的,视为要约。行为人撤回其要约邀请,只要没给善意相对人造成信赖利益的损失,不承担法律责任。

【案例 2-22】

某钢厂向多家水利施工企业发出了一份本厂所生产的各种型号钢筋的广告。
问:该广告是要约还是要约邀请?

解析:

需要根据具体的条件确定。如果该广告上仅仅写明了各种型号钢筋的价格而没有其他的内容,则该广告属于要约邀请。而如果该广告的内容不仅仅包含各种型号钢筋的性能,同时还包括合同的一般条款,也即只要水利施工企业同意,双方就可以按照该广告上面的内容完成钢筋的采购,则该广告就不再视为要约邀请了,而应视为要约。

2. 承诺

承诺是受要约人同意要约的意思表示。承诺应当以通知的方式作出,但根据交易习惯或者要约表明可以通过行为作出承诺的除外。

1)承诺的构成要件

(1)承诺必须由受要约人作出。作出承诺的可以是受要约人本人,也可以是其授权代理人。受要约人以外的任何第三人即使知道要约的内容并就此作出同意的意思表示,也不能认为是承诺。

(2)承诺必须向要约人作出。承诺只能向要约人本人或其授权代理人作出,具有绝对的特定性,否则不为承诺。

(3)承诺的内容必须与要约的内容一致。若受要约人对要约的内容作出实质性变更,则不为承诺,而视为新要约。实质性变更包括合同标的、质量、数量、价款或酬金、履行期限、履行地点和方式、违约责任和争议解决办法等的变更。若承诺对要约的内容作出非实质性变更的,除要约人及时表示反对或者要约表明承诺不得对要约的内容作出任何变更的以外,该承诺有效,合同的内容以承诺的内容为准。

(4)承诺应在有效期内作出。若要约指定了有效期,则应在该有效期内作出承诺;若要约未指定有效期,则应在合理期限内作出承诺。要约以信件或者电报作出的,承诺期限自信件载明的日期或者电报交发之日开始计算。信件未载明日期的,自投寄该信件的邮戳日期开始计算。要约以电话、传真等快速通信方式作出的,承诺期限自要约到达受要约人时开始计算。

2)承诺的生效

(1)承诺生效时刻的确认。承诺应当在要约确定的期限内到达要约人。承诺不需要通知的,根据交易习惯或者要约的要求作出承诺的行为时生效。采用数据电文形式订立合同的,收件人指定特定系统接收数据电文的,该数据电文进入该特定系统的时间,视为到达时间;未指定特定系统的,该数据电文进入收件人的任何系统的首次时间,视为到达时间。承诺生效时合同成立。

(2)承诺期限的计算。要约以信件或者电报作出的,承诺期限自信件载明的日期或者电报交发之日开始计算。信件未载明日期的,自投寄该信件的邮戳日期开始计算。要约以电话、传真等快速通信方式作出的,承诺期限自要约到达受要约人时开始计算。要约没有确定承诺期限的,承诺应当依照下列规定到达:

①要约以对话方式作出的,应当即时作出承诺,但当事人另有约定的除外;

②要约以非对话方式作出的,承诺应当在合理期限内到达。

3)承诺的撤回

承诺的撤回是指承诺发出之后,生效之前,承诺人阻止承诺发生法律效力的行为。《合同法》第二十七条规定:承诺可以撤回。撤回承诺的通知应当在承诺通知到达要约人之前或者与承诺通知同时到达要约人。需要注意的是,要约可以撤回,也可以撤销。但是,承诺却只可以撤回,而不可以撤销。

4)承诺超期与承诺延误

承诺超期是指受要约人主观上超过承诺期限而发出承诺,导致承诺迟延到达要约人。《合同法》第二十八条规定:受要约人超过承诺期限发出承诺的,除要约人及时通知受要约人该承诺有效的以外,为新要约。承诺延误是指受要约人发出的承诺由于外界原因而延迟到达要约人。《合同法》第二十九条规定:受要约人在承诺期限内发出承诺,按照通常情形能够及时到达要约人,但因其他原因承诺到达要约人时超过承诺期限的,除要约人及时通知受要约人因承诺超过期限不接受该承诺的以外,该承诺有效。

(四)合同的形式

当事人订立合同,有口头形式、书面形式和其他形式。法律、行政法规规定采用书面形式的,应当采用书面形式。

1. 口头形式

口头形式合同是当事人以直接对话方式订立的合同。口头合同在现实生活中广泛应用,凡当事人无约定或法律未规定特定形式的合同,均可采取口头形式。

合同采用口头形式的优点是简便易行,缺点是发生纠纷时难以取证,难以分清责任。所以,口头合同一般适用于即时结清的小额合同,对于不能即时结清或数额较大的合同,为保证交易安全,一般不采用口头合同。

2. 书面形式

书面形式是指合同书、信件和数据电文(包括电报、电传、传真、电子数据交换和电子邮件)等可以有形地表现所载内容的形式。

书面形式合同的优点是明确记载了权利义务,便于履行,发生纠纷时易于举证和分清责任;缺点是订立过程比较复杂。

3. 其他形式

其他形式是指口头形式、书面形式之外的合同形式,即行为推定形式。

二、合同法律风险

合同法律风险可以分为合同签订的法律风险、合同履行的法律风险、合同变更中的法律风险、合同解除的法律风险和合同担保的法律风险。

(一)合同签订的法律风险

1.缔约过失责任

缔约过失责任是指在订立合同过程中,一方因违背诚实信用原则所要求的义务而致使另一方信赖利益遭受损失,依法应承担的民事责任。

1)构成缔约过失责任的条件

(1)该责任发生在订立合同的过程中。这是违约责任与缔约过失责任的根本区别。只有合同尚未生效,或者虽已生效但被确认无效或被撤销时,才可能发生缔约过失责任。

(2)当事人违反了诚实信用原则所要求的义务。由于合同未成立,因此当事人并不承担合同义务。但是,在订约阶段,依据诚实信用原则,当事人负有保密、诚实等法定义务,这种义务也称前合同义务。

(3)受害方的信赖利益遭受损失。所谓信赖利益损失,是指一方实施某种行为(如订约建议)后,另一方对此产生信赖(如相信对方与自己立约),并为此发生了费用,后因前者违反诚实信用原则导致合同未成立或者无效,该费用未得到补偿而受到的损失。

2)缔约过失责任的情形

《合同法》第四十二条规定了缔约过失责任的三种情形:

(1)假借订立合同,恶意进行磋商。恶意磋商是在缺乏订立合同真实意愿情况下以订立合同为名目与他人磋商。其真实目的可能是破坏对方与第三方订立合同,也可能是贻误竞争对手商机等。

(2)故意隐瞒与订立合同有关的重要事实或者提供虚假情况。依诚实信用原则,缔约当事人负有如实告知义务,主要包括:告知自身财务状况和履约能力,告知标的物真实状况(包括瑕疵、性能、使用方法等)。若违反此项义务,即构成欺诈;若因此致对方受到损害,应负缔约过失责任。

(3)其他违背诚实信用原则的行为。主要情形有:违反有效要约和要约邀请,违反初步协议,未尽保护、照顾、通知、保密等附随义务,违反强制缔约义务。例如,某水利工程施工承包项目招标,要求参加投标企业必须是水利水电一级企业。某水利施工企业是水利水电二级资质,为投标中标借用了一家资质条件合格企业的资质,以后者名义参加投标,并依招标文件要求的时间、地点递交了投标保证金。在评标期间,评标委员会发现了该情况,即以招标文件相关内容为依据,没收了该投标人的投标保证金。该企业行为就属于故意隐瞒与订立合同有关的重要事实或者提供虚假情况,其投标保证金被没收属于承担缔约过失责任。

【案例 2-23】

甲公司于6月5日以传真方式向乙公司求购一台装载机,要求"立即回复"。乙公司当日回复"收到传真"。6月10日,甲公司打电话催问,乙公司表示同意按甲公司报价出售,要甲公司于6月15日签订合同书。6月15日,甲公司前往签约,乙公司要求加价,未获同意,乙公司遂拒绝签约。

问:合同成立吗?哪个公司应承担缔约过失责任?

解析：

双方在缔约过程中同意签订合同书，后来未能签订，故合同尚未成立。但缔约失败的过错在乙公司，乙公司出尔反尔，违反诚信原则，导致合同不成立，属于恶意磋商，理应承担缔约过失责任。

2. 未依法审查合同主体的法律风险

在签订合同时，必须对合同交易主体的真实身份有准确的了解，审查确认其真实性、有效性。法律对某些行业的市场准入规定了特别的资质，比如建筑施工企业资质、房地产开发企业的资质等。只有满足相关的资质条件，才能从事相关经营活动；否则，与之签订超越权限的无效合同，就会引起纠纷。此外，还要明确在合同上签字的人是否是企业的法定代表人或授权代表，如果与个人签订合同，还需要明确该人是当事人本人还是受当事人委托的代理人，若是代理人，应要求其出示由委托人签字的授权委托书；否则，会由于对方主体不适格而使得合同无效或效力方面存在瑕疵，造成企业的损失。

如果与未成年人签订合同，则会因为其监护人的反对而导致合同的无效。例如，某水利企业与15岁的某体育明星签订合同，由其担任企业形象代言人，但由于疏忽未取得其父母同意，后父母主张合同无效，而其父母与另一家企业以更高的价格签订形象代言合同，这样该企业空忙一场，花费了不必要的费用。根据《合同法》第四十七条规定，限制民事行为能力人订立的合同，经法定代理人追认后，该合同有效，但纯获利益的合同或者与其年龄、智力、精神健康状况相适应而订立的合同，不必经法定代理人追认。相对人可以催告法定代理人在1个月之内予以追认。法定代理人未作表示的，视为拒绝追认。合同被追认之前，善意相对人有撤销的权利。撤销应当以通知的方式作出。由此可以看出，限制民事行为能力人所签订的合同从主体资格上看是有瑕疵的，因为当事人缺乏完全的缔约能力、签订合同的资格和处分能力。所以，限制民事行为能力人签订的合同属于效力待定的合同，当条件成立时，是一个有效合同；否则，就是无效合同。

3. 合同条款的法律风险

条款不合法会被认定为无效；而条款不完备、不准确，使得合同方履行合同没有一个明确的标准，从而产生纠纷。以合同价款、合同履行地点这两项合同主要条款内容为例，如合同谈判中双方谈定的价格比市场价格优惠很大比例，但合同中约定不明确，依据《合同法》第六十一条、第六十二条规定，将会按照订立合同时履行地的市场价格履行，对付款一方而言将会支付较高的价格，企业无疑会受到损失。如买卖合同的交货地点本应在买方所在地，但如果未约定或约定不明确，依据《合同法》第六十一条、第六十二条规定，将会在履行义务一方所在地履行，即在卖方所在地交货，买方需要自行至卖方所在地提货，对买方而言法律风险是不言而喻的。

4. 合同形式选择方面的法律风险

《合同法》对合同形式的要求相对比较宽松，书面的、口头的、电子邮件、传真等都可以作为合同的形式，这样宽松的要求方便了合同双方尽快订立合同，但也对合同双方造成了法律风险。因为口头合同的证明力较书面合同要弱，且对口头合同的举证也存在困难，这都使得企业可能在日后的诉讼或仲裁中承担较大的败诉风险。而电子邮件和传真,又因为其易被篡改而同样使得企业承担较大的法律风险。因此,采用书面合同的方式是最好的选择。

此外,需要注意电子商务中的电子合同,电子合同是在网上签订的无纸化合同,目前主要有两种方式:一种是企业之间直接进行接洽,如某企业建立网站,通过自己的订购货系统和客户进行接洽;另一种是通过第三方提供电子商务平台进行,如国际贸易中常用的电子数据交换系统(EDI),以及目前网上十分流行的各商业网站提供的 B2B(企业对企业)、B2C(企业对消费者)平台。由于电子合同签订后,多不再签订书面的确认协议,而电子商务的相关法律规定还不够完善,且电子合同存在被篡改的可能,篡改后如何找到电子合同被篡改的证据、如何证明双方合同的真实内容是较难解决的问题,因此一旦发生纠纷,举证将存在一定难度,对企业而言是需要事先考虑和防控的法律风险。

订立书面合同时,要注意格式条款风险。格式条款是当事人为了重复使用而预先拟订,并在订立合同时未与对方协商的条款。由于语言文字解释的多样性等,经常会发生对格式条款存在不同理解的情况。对此,《合同法》第四十一条规定,对格式条款的理解发生争议的,应当按通常理解予以解释。对格式条款有两种以上解释的,应当作出不利于提供格式条款一方的解释。格式条款和非格条式款不一致的,应当采用非格式条款。《合同法》第四十条规定,提供格式条款一方免除其责任、加重对方责任、排除对方主要权利的,该条款无效。因此,如果企业作为提供格式条款的对方,则应注意该格式条款对己方的利害关系,避免签订含有对己方不利的格式条款的合同;否则,企业一旦签字,就可能会因为不能主张格式条款无效而承担对己方不利的合同义务。

【案例 2-24】

2012 年 10 月,某监理公司(甲方)委托某物流公司(乙方)办理货物运输业务,双方约定乙方为甲方运送笔记本电脑 3 台,运费 100 元。在乙方提供的托运单上附有运输协议条款,其中载明:发货人应报价运输。报价运输的,在承运期内造成货物丢失损坏的按托运单填写的实际价值的 80% 赔偿;未报价的,按运费的 5~10 倍赔偿,最高不超过1 000 元;报价栏未填写内容和未付报价金的视为放弃报价运输。托运单签署后,甲方将 3 台笔记本电脑交付给乙方,但乙方运输途中丢失了电脑。甲方于是起诉乙方要求其赔偿 3 台笔记本电脑价款 16 000 元损失。乙方抗辩认为应当按照托运单上约定的赔偿办法赔偿甲方损失,最高不超过 1 000 元。

问:法院会支持甲、乙方哪方的观点?

解析:

法院最后认定:托运单上的条款是乙方事先拟订、未经双方充分协商且反复使用,属于格式条款。在使用前,乙方未采取合理方式提醒甲方注意,且该条款事先载明未报价者乙方最高赔偿限额为 1 000 元,免除了乙方部分赔偿责任,违反了《合同法》第四十条的禁止性规定,应属无效。

【案例 2-25】

北京凤仪公司与郑州海正公司订立了一份书面合同,凤仪公司签字、盖章后邮寄给海正公司签字、盖章。

对于该合同于何时成立,有以下几种看法:

A. 自凤仪公司与海正公司口头协商一致并签订备忘录时成立。

B. 自凤仪公司签字、盖章时成立。

C. 自凤仪公司将签字、盖章的合同交付邮寄时成立。

D. 自海正公司签字、盖章时成立。

问:以上哪种看法是正确的?

解析:

《合同法》第三十二条规定,当事人采用合同书形式订立合同的,自双方当事人签字或者盖章时合同成立。如果双方不是同一时间来签订的话,应该以最后一方签订时间为合同成立的时间。本案例中,凤仪公司首先签字、盖章,海正公司然后才签字、盖章,所以海正公司签字、盖章之时,合同即成立。故 D 正确。

【案例 2-26】

甲水利工程公司作为中标单位,将所承揽的施工项目分包给了乙包工头。双方仅仅口头约定了合同中的事项而没有签订书面合同。乙包工头在完成了甲公司要求完成的施工项目后,向甲公司要求支付工程款。甲公司以没有签订书面合同、不符合法律规定为由拒绝承担支付工程款的义务。

问:甲公司的观点正确吗?

解析:

不正确。因为尽管《合同法》第二百七十条规定"建设工程合同应当采用书面形式",但这里的"应当"是必须的意思,也就是说,当事人必须签订书面合同。《合同法》第三十六条就规定了例外的情况。《合同法》第三十六条规定,法律、行政法规规定或者当事人约定采用书面形式订立合同,当事人未采用书面形式但一方已经履行主要义务,对方接受的,该合同成立。

施工分包合同作为建设工程合同应当采用书面形式而没有采用,但是乙包工头已经履行了主要义务,所以该合同是成立的,甲公司应当支付工程款。

【案例 2-27】

某公司在其格式劳动合同中规定:"因职工使用公司的机器设备造成的人身伤害,公司不承担赔偿责任。"该公司职工王某为完成生产定额,在下班后使用一台机器时被轧断了 2 根手指。

问:王某因受伤而造成的财产损失应当由谁承担?

解析：

应当由该公司承担赔偿责任。依据《合同法》第四十条，该格式条款无效。同时，要判断职工王某在下班后遇到的伤害是否由公司承担责任。尽管王某受伤是在下班后，但是是为了完成生产定额，还属于为公司工作，因此公司还需要负赔偿责任，而作为职工的王某自己无须承担责任，因为其对伤害的发生没有过错。

5. 合同成立不同于合同生效

当事人就合同内容协商一致，并完成了签订合同过程，合同成立。合同成立不同于合同生效，合同生效需要具备一定的条件：

(1)存在订约当事人；

(2)订约当事人对主要条款达成一致；

(3)经历要约与承诺两个阶段；

(4)内容合法，不违反法律、行政法规的强制性规定，不损害社会公共利益；

(5)具备法律所要求的形式等。

如果这些条件欠缺，可能导致所订立的合同成为无效合同、效力待定合同或可变更、可撤销合同。

《合同法》第四十四条规定，依法成立的合同，自成立时生效。法律、行政法规规定应当办理批准、登记等手续生效的，依照其规定。《最高法院合同法解释(一)》第九条规定，法律、行政法规规定合同应当办理登记手续，但未规定登记后生效的，当事人未办理登记手续不影响合同的效力，合同标的物所有权及其他物权不能转移。因此，法律、法规规定的登记备案手续不全是合同生效要件，而应当进一步考察法律、行政法规是否明确将该登记备案手续作为合同生效要件。

【案例 2-28】

某工程公司与陈某签订承包协议，双方约定由陈某自筹资金承包该公司在某县设立的办事处，为该公司接洽业务，工程公司为陈某提供办公地点和经营的一切合法手续，办事处实行非独立核算。承包后，陈某以工程公司的名义与该县劳务公司签订了提供合同总价款 60 万元的项目施工劳务合同。合同订立后，陈某找工程公司办公室的李某找到一张空白介绍信，并私刻一枚工程公司的财务专用章，在银行开设了账户，并通知劳务公司将保证金 10 万元汇入该账户。陈某收到钱之后携款潜逃。劳务公司诉至人民法院，要求工程公司返还款项。

问：(1)陈某与工程公司签订的承包协议是否有效？

(2)工程公司认为其对陈某私立账户的行为并不知情，并且钱款未交给公司，陈某用欺诈手段订立的合同无效，与工程公司无关。工程公司的上述理由能否成立？

(3)劳务公司是否有权要求工程公司承担责任？

(4)本案中人民法院对陈某的行为应如何处理？

解析：

(1)有效，是内部承包关系。

(2)工程公司与劳务公司之间的合同有效；工程公司的理由不能成立。合同在陈某私立账户前就已成立，工程公司对内部工作人员签订的合同产生的后果应承担法律责任。

(3)有权，工程公司是合同的当事人。

(4)应移送其他司法机关，依法追究刑事责任。

6. 无效合同的法律风险

无效合同，是指合同虽然已经成立，但因其严重欠缺生效要件而不产生合同法律效力的合同。

(1)一方以欺诈、胁迫的手段订立合同，损害国家利益的合同无效。

根据《最高人民法院关于贯彻执行〈中华人民共和国民法通则〉若干问题的意见(试行)》的规定，所谓欺诈，是"一方当事人故意告知对方虚假情况，或者故意隐瞒真实情况，诱使对方当事人作出错误意思表示"的行为；所谓胁迫，是"以给公民及其亲友的生命健康、荣誉、名誉、财产等造成损害或者以给法人的荣誉、名誉、财产等造成损害为要挟，迫使对方作出违背真实的意思表示"的行为。并非所有通过欺诈、胁迫的手段订立的合同都是无效合同，只有合同损害了国家利益才能导致合同无效。没有损害国家利益的合同是可撤销合同。

(2)恶意串通，损害国家、集体或第三人利益的合同无效。

恶意是指行为人明知或者应知某种行为将造成对国家、集体或者第三者的损害而故意为之。首先，当事人都具有主观恶意，既可以表现为当事人事先达成的合谋，也可以表现为一方明确表示意思，另一方与其达成默契进行接受。其次，当事人在客观上相互配合或者共同实施了该串通行为。

(3)以合法形式掩盖非法目的的合同无效。

当事人实施的行为在形式上是合法的，但在内容上或者目的上是非法的。需要注意的是，以合法形式掩盖非法目的的合同并不要求造成损害后果，即无论是否造成损害，只要符合上述特征，即可构成合同无效。

(4)损害社会公共利益的合同无效。

社会公共利益的内涵丰富、外延宽泛。相当一部分社会公共利益的保护，已经纳入法律、行政法规明文规定；但是，仍有部分并未被法律、行政法规所规定，特别是涉及社会公共道德的部分。将损害社会公共利益的合同规定为无效合同，利用"社会公共利益"概念定义的弹性，有助于弥补现行法律法规的缺失。

(5)违反法律、行政法规的强制性规定的合同无效。

合同无效，应当以全国人民代表大会及其常务委员会制定的法律和国务院制定的行政法规为依据，不得以地方性法规、行政规章为依据。同时，合同无效必须是违反了法律、行政法规的强制性规范，违反其中任意性规范并不导致合同无效。

(6)免责条款无效。

合同中的下列免责条款无效：①造成对方人身伤害的；②因故意或者重大过失造成对

方财产损失的。

无效合同是非法合同，无效合同不仅损害当事人的权益，还损害国家、社会和他人的利益。

【案例 2-29】

2004 年 5 月，某建设单位（甲方）与某水利建筑公司（乙方）签订防洪工程建设工程施工合同，约定：甲方的 15 道坝河道治理工程由乙方承建，工期为 2004 年 5 月 15 日至 2005 年 6 月 30 日，甲方每月按进度支付工程款。合同签订后，乙方按照约定完成工程，但甲方未支付全额工程款，截至 2008 年 6 月尚欠应付工程款 480 万元。2008 年 7 月 3 日，乙方起诉甲方要求支付工程款、延期付款利息及滞纳金。甲方主张，因合同中含有带资承包条款，所以合同无效，甲方不应承担违约责任。

问：含有带资承包条款的合同无效吗?

解析：

法院生效判决认定：虽然带资条款违反了政府行政主管部门的规定，但是不违反法律、行政法规的禁止性、强制性规定，只要符合合同成立生效的其他条件，合同就应为有效。

7. 可变更、可撤销合同的风险

可变更、可撤销合同，是指合同当事人订立的合同欠缺生效条件时，一方当事人可以依照自己的意思，请求人民法院或仲裁机构作出裁判，从而使合同的内容变更或者使合同的效力归于消灭的合同。

下列合同属于可变更、可撤销合同：

（1）因重大误解而订立的合同。

所谓的误解，是指合同当事人因自己过错（如误认或者不知情等）而对合同的内容发生错误认识而订立了合同。误解不应是表意人故意发生的。法律不允许当事人在故意发生错误的情况下，借重大误解为由，规避对其不利的后果。如果表意人在缔约时故意发生错误，则表明其追求其意思表示产生的效果，不存在意思表示不真实的情况。在何谓“重大”的问题上，《最高人民法院关于贯彻执行〈中华人民共和国民法通则〉若干问题的意见（试行）》第 71 条规定，行为人因为对行为的性质、对方当事人、标的物的品种、质量、规格和数量等的错误认识，使行为的后果与自己的意思相悖，并造成较大损失的，可以认定为重大误解。

（2）在订立合同时显失公平的合同。

显失公平合同是合同当事人的权利、义务明显不对等，使某方遭受重大不利，而其他方获得不平衡的重大利益。《合同法》规定，在订立合同时显失公平的，当事人一方有权请求人民法院或者仲裁机构变更或者撤销。在我国法律实践中，就显失公平的判断，绝大多数情况下并未规定具体的数量标准，而留待裁判者裁量。根据最高人民法院《关于人民法院审理借贷案件的若干意见》规定，民间借贷利率如果高于银行同期同类贷款利率的 4 倍，构成显失公平，超过的部分不受法律保护。

(3)因欺诈、胁迫而订立的合同。

因欺诈、胁迫而订立的合同应区分为两类：一类是以欺诈、胁迫的手段订立合同而损害国家利益的，应作为无效合同对待；另一类是以欺诈、胁迫的手段订立合同但未损害国家利益的，应作为可变更、可撤销合同处理，即被欺诈人、被胁迫人有权将合同变更或撤销。

(4)乘人之危而订立的合同。

根据《最高人民法院关于贯彻执行〈中华人民共和国民法通则〉若干问题的意见(试行)》的解释，乘人之危，是指一方当事人乘对方处于危难之际，为牟取不正当利益，迫使对方作出不真实的意思表示，从而严重损害对方利益的行为。合同法将乘人之危订立的合同作为可变更、可撤销合同而不是无效合同处理，体现了对受害人意愿的尊重，并对维护交易安全具有重要意义。

如果出现上述可变更、可撤销合同，撤销权由重大误解的误解人、显失公平的受害人、被欺诈方、被胁迫方、乘人之危的受害方行使。只有这些合同当事人才有权行使合同撤销权，对方当事人不享有撤销权。根据《合同法》第五十四条的规定，一旦合同是可撤销的，则撤销权人可以申请法院或者仲裁机构撤销合同，也可以申请法院或者仲裁机构变更合同，如果撤销权人请求变更的，法院或者仲裁机构不得撤销。

《合同法》规定，无效的合同或者被撤销的合同自始没有法律约束力。合同部分无效，不影响其他部分效力的，其他部分仍然有效。

合同无效、被撤销或者终止的，不影响合同中独立存在的有关解决争议方法的条款的效力。

合同无效或者被撤销后，因该合同取得的财产，应当予以返还；不能返还或者没有必要返还的，应当折价补偿。有过错的一方应当赔偿对方因此所受到的损失，双方都有过错的，应当各自承担相应的责任。当事人恶意串通，损害国家、集体或者第三人利益的，因此取得的财产收归国家所有或者返还集体、第三人。

需要注意的是，有下列情形之一的，撤销权消灭：

①具有撤销权的当事人自知道或者应当知道撤销事由之日起 1 年内没有行使撤销权；

②具有撤销权的当事人知道撤销事由后明确表示或者以自己的行为放弃撤销权。

可撤销合同属于有效合同，在未被撤销前，对双方当事人都具有约束力。可撤销合同具有履行效力，履行期截止时，仍负有履行的义务，不履行者应承担违约责任。但未履行者请求撤销合同，经法院或者仲裁机构撤销合同后，合同自始视为无效，此时违约责任不能成立。

8. 效力待定合同的法律风险

效力待定合同是指合同成立之后，是否具有效力还未确定，有待于其他行为或者事实使之确定的合同。效力待定合同主要包括以下四种类型。

1)限制民事行为能力人依法不能独立签订的合同

《民法通则》规定，限制民事行为能力人包括两种：10 周岁以上不满 18 周岁的未成年人和不能完全辨认自己行为的精神病人。限制民事行为能力人可以进行与他的年龄、智力相适应的民事活动;其他民事活动由他的法定代理人代理,或者征得他的法定代理人的同意。根据《合同法》第四十七条的规定,限制民事行为能力人订立的合同,经法定代理人追认后,该合同有效,但纯获利益的合同或者与其年龄、智力、精神健康状况相适应而订立的合同,不必经法定代理人追认。相对人可以催告法定代理人在1个月内予以追认。法定代理人未作表示的,视为拒绝追认。合同被追认之前,善意相对人有撤销的权利。撤销应当以通知的方式作出。

2)无权代理人以被代理人名义订立的合同

无权代理包括三种:第一种,行为人没有代理权;第二种,行为人超越代理权;第三种,代理权终止后仍以被代理人的名义订立合同。由于无权代理人不能合法有效代理被代理人,所以其签订的合同效力待定。相对人可以催告被代理人在1个月内予以追认。被代理人未作表示的,视为拒绝追认。未经被代理人追认,对被代理人不发生效力,由行为人承担责任。合同被追认之前,善意相对人有以通知的方式撤销的权利。

【案例2-30】

某水利施工企业派出采购员王某去参加某次建筑材料展销会,并授权其采购一批钢模板。在展会期间,王某出示购买钢模板的授权委托书及确定样品后,与甲建筑材料公司签订了钢模板供应合同。洽谈中,王某发现该公司生产的竹模板质量非常好且价格很优惠,遂以公司名义又签订了一份竹模板供应合同。甲建筑材料公司很快按照合同把两种模板送到项目现场,但施工企业以王某自作主张为由,拒收竹模板。

问:如何看待施工企业的拒收行为?

解析:

本案例中,王某在授权范围内以公司名义所签订的钢模板合同,属于有权代理,具有效力;而签订的竹模板合同没有水利施工企业的授权,是无权代理,属于效力待定,现企业拒绝追认,则该竹模板合同对施工企业不具效力。

3)越权订立的合同

《合同法》第五十条规定:法人或者其他组织的法定代表人、负责人超越权限订立的合同,除相对人知道或者应当知道其超越权限的以外,该代表行为有效。可见,超越权限订立的合同是否有效取决于相对人是否知道行为人超越权限。如果明知其超越权限还依然与之签订合同,合同就是无效的;如果不知道其越权而与之签订合同,则合同就是有效的。

4)无处分权人订立的合同

有处分权人处分自己的财产是有效的行为,但是没有处分权人处分了他人的财产则侵犯了有处分权人的财产权,就不能视为当然有效的行为。但是,在一定条件下,这种行为也可以转化为有效的行为。《合同法》第五十一条规定:无处分权的人处分他人财产,经权利人追认或者无处分权的人订立合同后取得处分权的,该合同有效。

效力待定合同实际上是未发生效力的合同,在没有被权利人确认之前是无效合同,不具有履行的效力;在经过权利人确认或出现特定事由后才转化为有效合同,具有履行的效力。

9. 附条件和附期限合同的法律风险

当事人可以约定合同生效的时间或条件。如果未满足所附条件的要求,即使具备了合同生效的要件,合同也不会生效。如果约定了终止的时间或条件,满足了该时间或条件的要求,也不因符合合同生效要件而继续有效,合同将终止。

对于一些执行政府定价或者政府指导价的特殊商品,在合同约定的交付期限内政府价格调整时,按照交付时的价格计价。逾期交付标的物的,遇价格上涨时,按照原价格执行;遇价格下降时,按照新价格执行。逾期提取标的物或者逾期付款的,遇价格上涨时,按照新价格执行;遇价格下降时,按照原价格执行。

【案例 2-31】

2008 年 6 月,某水利工程公司(买方)与某水泥厂(卖方)签订一份水泥供货合同,约定卖方在 2008 年 7 ~ 12 月分四期向买方供水泥 600 t(分别为 100 t、250 t、200 t、50 t),每吨单价 280 元,货到付款,双方没有明确各期具体供货时间。卖方于 7 月中旬交付第一批 100 t 货,买方及时付了货款。8 月是施工旺季,买方现场急需大量水泥,按照双方交易惯例,第二批货应于 8 月交付,但卖方贪图高利益,将库存水泥全部高价卖给其他单位,买方多次向卖方催货无果,不得已只好向他处购买高价水泥。11 月施工进入淡季,此时卖方向买方送去未交付的三批水泥计 500 t,被买方拒收。卖方认为,因合同未约定履行时间,所以其可以随时履行,并未违约,买方应该收货、付款。

问:卖方的看法正确吗?

解析:

卖方的看法不正确。

本案例中合同没有约定履行期限,但是可以根据双方交易习惯及当地交易习惯确定,而且买方多次催货,并给予了卖方足够的准备时间,因此合理的履行期限可以确定。诚实信用是合同履行的重要原则,卖方应承担违约责任。

(二)合同履行的法律风险

1. 抗辩权

抗辩权是指在双务合同中,在符合法定条件时,当事人一方可以暂时拒绝对方当事人的履行要求的权利。抗辩权包括同时履行抗辩权、先履行抗辩权和不安抗辩权。

双务合同是指当事人双方都有义务的合同。例如,水利施工承包合同就是双务合同,施工单位有义务修建工程,建设单位有义务支付工程款。只有一方有义务的合同称为单务合同,例如赠与合同。

抗辩权必须适用于双务合同。需要注意的是,抗辩权的行使只能暂时拒绝对方的履行请求,即中止履行,而不能消灭对方的履行请求权。一旦抗辩权事由消失,原抗辩权人仍应当履行其债务。

1）同时履行抗辩权

同时履行是指合同订立后，在合同有效期限内，当事人双方不分先后地履行各自的义务的行为。同时履行抗辩权，是指在没有规定履行顺序的双务合同中，当事人一方在当事人另一方未为对待给付以前，有权拒绝先为给付的权利。同时，履行抗辩权的成立条件是：

（1）是由同一双务合同产生互负的债务；

（2）在合同中未约定履行顺序；

（3）当事人另一方未履行债务；

（4）对方的对待给付是可能履行的义务。

《合同法》第六十六条规定：当事人互负债务，没有先后履行顺序的，应当同时履行。一方在对方履行之前有权拒绝其履行要求。一方在对方履行债务不符合约定时，有权拒绝其相应的履行要求。

【案例 2-32】

2001 年 1 月，乙水电公司为解决职工住房问题，与甲房地产开发公司签订了一项房屋买卖合同。合同约定甲公司于当年 9 月 1 日向乙公司交付房屋 100 套，并办理登记手续，乙公司则向甲公司分三次付款：第一期支付 2 000 万元，第二期支付 3 000 万元，第三期则在 9 月 1 日甲公司向乙公司交付房屋时支付 5 000 元。在签订合同后，乙公司按期支付了第一期、第二期款项共 5 000 万元。9 月 1 日，甲公司将房屋的钥匙移交乙公司，但并未立即办理房产所有权移转登记手续。因此，乙公司表示剩余款项在登记手续办理完毕后再付。在合同约定付款日期（9 月 1 日）7 日后，乙公司仍然没有付款，甲公司遂以乙公司违约为由诉至法院，请求乙公司承担违约责任。乙公司则以甲公司未按期办理房产所有权移转登记手续为由抗辩。

问：乙公司有权拒绝支付剩余款项吗？

解析：

《合同法》第六十六条规定：当事人互负债务，没有先后履行顺序的，应当同时履行。一方在对方履行之前有权拒绝其履行要求。一方在对方履行债务不符合约定时，有权拒绝其相应的履行要求。本案例从表面上看，甲公司违背合同约定，未按期办理房地产所有权移转登记手续，已构成违约；而乙公司也违背了合同约定，在合同约定付款日期 7 日后，仍然没有付款，构成了履行迟延。但是，在考虑其是否应当承担违约责任时，尚应考虑其是否享有法定的抗辩权。从本案例看，乙公司按期向甲公司支付了第一期、第二期款项共 5 000 万元，并无违约情形，甲公司并无理由行使后履行抗辩权。其未按期办理房产所有权移转登记手续属于违约行为，应当承担相应的违约责任。但对乙公司而言，其第三期款项的支付与甲公司交付房屋并办理房产所有权移转登记手续是应当同时履行的义务。由于本案中合同标的物是房屋，房屋属于不动产，与动产买卖合同不同，不动产的买卖中出卖人除负有交付标的物的义务外，还应当完成产权移转登记，才真正履行完给付义务。办理登记是房屋买卖合同的主给付义务，因此尽管当事人未办理登记手续并不影响合同本身的效力，但是因为没有办理登记，房屋的所有权不能发生移转，买受人不能因出卖人的交付而获得房产的所有权。可见，由于甲公司的行为有可能导致乙公司的合同目的不能实现，根据《合同法》第六十六条的规定，其有权拒绝支付剩余款项。

2）先履行抗辩权

先履行抗辩权是指当事人互负债务，有先后履行顺序的，先履行一方未履行债务或者履行债务不符合约定，后履行一方有权拒绝先履行一方的履行请求。

先履行抗辩权的成立条件包括：

（1）由同一双务合同产生互负的对待给付债务；

（2）合同中约定了履行的顺序；

（3）应当先履行的合同当事人没有履行合同债务或者没有正确履行债务；

（4）应当先履行的对待给付是可能履行的义务。

《合同法》第六十七条规定：当事人互负债务，有先后履行顺序，先履行一方未履行的，后履行一方有权拒绝其履行要求。先履行一方履行债务不符合约定的，后履行一方有权拒绝其相应的履行要求。

3）不安抗辩权

不安抗辩权是指具有先给付义务的一方当事人，当相对人财产明显减少或欠缺信用，不能保证对待给付时，拒绝自己给付的权利。

不安抗辩权的成立条件包括：

（1）双方当事人基于同一双务合同而互负债务；

（2）债务履行有先后顺序；

（3）履行顺序在后的一方履行能力明显下降，有丧失或者可能丧失履行债务能力的情形；

（4）履行顺序在后的当事人未提供适当担保。

《合同法》第六十八条规定，应当先履行债务的当事人，有确切证据证明对方有下列情形之一的，可以中止履行：

（1）经营状况严重恶化；

（2）转移财产、抽逃资金，以逃避债务；

（3）丧失商业信誉；

（4）有丧失或者可能丧失履行债务能力的其他情形。

当事人没有确切证据中止履行的，应当承担违约责任。

《合同法》第六十九条规定：当事人依照本法第六十八条的规定中止履行的应当及时通知对方。对方提供适当担保时，应当恢复履行。中止履行后，对方在合理期限内未恢复履行能力并且未提供适当担保的，中止履行的一方可以解除合同。

【案例 2-33】

某机场发包人与某水建公司签订施工承包合同，约定按照施工进度到月底结付当月工程款。施工前期，发包人均能按照约定结清当月应付工程进度款。但到施工高峰期，某水建公司连续两个月完成的工程款已达约 1 000 万元，发包人却不按期支付。经了解，机场发包人已经严重资不抵债，正被多家施工企业起诉。某水建公司于是向机场发包人发出书面通知："鉴于贵单位工程款支付能力严重不足，本公司决定暂停工程施工，并愿意与贵单位协商解决后续事宜。"

问：某水建公司的行为于法有据吗？

解析：

某水建公司于法有据，本案例属于典型的行使不安抗辩权。有证据表明发包人经营状况严重恶化，承包人可以中止施工，并有权要求发包人提供适当担保。可以根据是否获得担保再决定是否终止合同。

2. 撤销权

在合同履行过程中，当债权人发现债务人的行为将会危害自身的债权实现时，可以行使法定的撤销权，以保障合同中约定的合法权益。

《合同法》第七十四条规定：因债务人放弃其到期债权或者无偿转让财产，对债权人造成损害的，债权人可以请求人民法院撤销债务人的行为。债务人以明显不合理的低价转让财产，对债权人造成损害，并且受让人知道该情形的，债权人也可以请求人民法院撤销债务人的行为。

撤销权的行使范围以债权人的债权为限。债权人行使撤销权的必要费用由债务人负担。

（三）合同变更中的法律风险

合同的变更有广义与狭义的区分。狭义的合同变更是指合同内容的某些变化，是在主体不变的前提下，在合同没有履行或没有完全履行前，由于一定的原因，由当事人对合同约定的权利义务进行局部调整。这种调整，通常表现为对合同某些条款的修改或补充。广义的合同变更是指除包括合同内容的变更外，还包括合同主体的变更。即由新的主体取代原合同的某一主体。这实质上是合同的转让。

1. 合同变更的分类

合同变更分为约定变更和法定变更。当事人协商一致，可以变更合同。在特定条件下，当事人可以不必经过协商而变更合同。《合同法》第三百零八条规定：在承运人将货物交付收货人之前，托运人可以要求承运人中止运输、返还货物、变更到达地或者将货物交给其他收货人，但应当赔偿承运人因此受到的损失。

2. 合同变更的成立条件

（1）合同关系已经存在，无合同关系就无从变更。合同无效、合同被撤销，视为无合同关系，也不存在合同变更的可能。

（2）合同内容发生变化。合同内容变更可能涉及合同标的变更、数量、质量、价款或者酬金、期限、地点、计价方式等。建设工程施工承包领域的设计变更即为涉及合同内容的变更。《合同法》第七十八条规定，当事人对合同变更的内容约定不明确的，推定为未变更。

（3）经合同当事人协商一致，或者法院、仲裁庭裁决，或者援引法律直接规定。

(4)符合法律、行政法规要求的方式。例如,《中外合作经营企业法》第七条规定,中外合作者在合作期限内协商同意对合作企业合同作重大变更的,应当报审查批准机关批准。

3. 合同变更中的法律风险

第一是变更协议未采用书面形式。合同履行中根据情况变化双方协商一致可以变更合同,但应采取书面形式。如果未采用书面形式变更合同,则可能会在履行合同中对合同是否变更产生纠纷,而且一旦发生争议诉至法院,给诉讼证据的搜集提供造成困难,并因此可能被视为合同未作变更,而须按原合同约定进行履行,从而给企业造成损失。

第二是以非法手段迫使合同变更。合同变更应是合同双方自愿的,而不能采用欺诈、胁迫等方式;否则,合同变更视为无效,同样可能对企业造成损失。

【案例 2-34】

某房建公司在某银行十五层办公楼施工的过程中,发现所使用的混凝土的配合比无法满足强度要求,于是将该情况报告给银行工地代表,请求改变配合比。银行工地代表经过与该公司负责人协商认为调整混凝土的配合比很有必要。于是双方就改变混凝土的配合比重新签订了一个协议,作为原合同的补充。

问:该新协议有效吗?

解析:

无效。该新协议尽管是建设单位与施工单位协商一致达成的,但是由于违反法律强制性规定而无效。《建设工程勘察设计管理条例》第二十八条规定,建设单位、施工单位、监理单位不得修改建设工程勘察、设计文件;确需修改建设工程勘察、设计文件的,应当由原建设工程勘察、设计单位修改。经原建设工程勘察、设计单位书面同意,建设单位也可以委托其他具有相应资质的建设工程勘察、设计单位修改。修改单位对修改的勘察、设计文件承担相应责任。所以,没有设计单位的参与,仅仅建设单位与施工单位达成的协议是无效的。

4. 合同转让的法律风险

合同转让,在习惯上又称为合同主体的变更,是指合同当事人一方依法将合同权利、义务全部或者部分转让给他人,是以新的债权人代替了原合同的债权人,或者以新的债务人代替了原合同的债务人。合同转让是债的转让的一种。

合同转让的类型有:

(1)合同权利转让;

(2)合同义务转移;

(3)合同权利义务概括转让(也称概括转移)。

合同权利转让是指在不改变合同权利义务内容基础上,享有合同权利的当事人将其权利转让给第三人享有。合同权利转让包括合同权利部分转让和合同权利全部转让。

合同权利只有在一定条件下方可转让:

(1)被转让的合同权利须有效存在。无效合同或者已经被终止的合同不产生有效合同权利，不产生有效的合同权利转让。

(2)转让人与受让人达成合同权利转让的协议。受让人如果不接受该权利，合同权利是不能被转让的。

(3)被转让的合同权利应具有可转让性。《合同法》第七十九条规定，债权人可以将合同的权利全部或者部分转让给第三人，但有下列情形之一的除外：①根据合同性质不得转让；②按照当事人约定不得转让；③依照法律规定不得转让。

(4)符合法定的程序。《合同法》第八十条规定，债权人转让权利的，应当通知债务人。未经通知，该转让对债务人不发生效力。债权人转让权利的通知不得撤销，但经受让人同意的除外。《合同法》第八十七条规定，法律、行政法规规定转让权利或者转移义务应当办理批准、登记等手续的，依照其规定。

《合同法》第八十八条规定，当事人一方经对方同意，可以将自己在合同中的权利和义务一并转让给第三人。由此可见，经对方同意是债权债务一并转移的一个必要条件。因为债务转移要征得债权人的同意。

部分转移指合同当事人原来一方将其权利和义务的一部分转移给第三人；此时转让人和承受人应约定各自分得的债权债务的份额和性质，若没有约定或者约定不明，应视为连带之债。

企业合并或者分立，原企业的合同权利义务将全部转移给新企业，这属于法定的权利义务概括转移，因此不需要取得合同相对人的同意。企业合并指两个或者两个以上企业合并为一个企业。企业分立则指一个企业分立为两个及两个以上企业。企业合并或者分立均可能出现某个企业被注销的情况，那么该被注销的企业在合并或者分立之前所订立的合同权利义务根据以下法律、法规进行处置。《民法通则》第四十四条第二款规定，企业法人分立、合并，它的权利和义务由变更后的法人享有和承担。《合同法》第九十条规定，当事人订立合同后合并的，由合并后的法人或者其他组织行使合同权利，履行合同义务。当事人订立合同后分立的，除债权人和债务人另有约定的以外，由分立的法人或者其他组织对合同的权利和义务享有连带债权，承担连带债务。

【案例 2-35】

某开发公司是某住宅小区的建设单位，某房屋建筑公司是该项目的施工单位，某混凝土公司是为建筑公司提供建筑混凝土的材料供应商。2002 年 5 月 1 日，住宅小区竣工。按照施工合同约定，开发公司应该于 2002 年 5 月 15 日向建筑公司支付工程款。而按照材料采供合同约定，建筑公司应该于同一天向混凝土公司支付材料款。2002 年 5 月 15 日，建筑公司负责人与混凝土公司负责人协商并达成一致意见，由开发公司代替建筑公司向混凝土公司支付材料款。建筑公司将该协议的内容通知了开发公司。2002 年 5 月 17 日，混凝土公司请求开发公司支付材料款，但是开发公司却以未经其同意为由拒绝支付。

问：开发公司的拒绝应该予以支持吗？

解析：

不应支持。《合同法》第八十条规定：债权人转让权利的，应当通知债务人。未经通知,该转让对债务人不发生效力。债权人转让权利的通知不得撤销,但经受让人同意的除外。可见,债权转让的时候无须征得债务人的同意,只要通知债务人即可。该案例中,建筑公司已经将债权转让事宜通知了债务人开发公司,所以该转让行为是有效的,建设单位必须支付材料款。

(四)合同解除的法律风险

1. 合同权利义务终止

有下列情形之一的,合同的权利义务终止,合同设定的权利义务归于消灭:

(1)债务已经按照约定履行;

(2)合同解除;

(3)债务相互抵消;

(4)债务人依法将标的物提存;

(5)债权人免除债务;

(6)债权债务同归于一人;

(7)法律规定或者当事人约定终止的其他情形。

2. 合同解除

合同解除是指在合同有效成立之后而没有履行完毕之前,当事人双方通过协议或者一方行使约定或法定解除权的方式,使当事人设定的权利义务关系终止的行为。合同解除以有效成立的合同为对象,对于无效合同不能适用解除的规则。

根据《合同法》相关规定,合同解除可分为如下几类:

(1)约定解除。

《合同法》第九十三条规定:当事人协商一致,可以解除合同。当事人可以约定一方解除合同的条件。解除合同的条件成就时,解除权人可以解除合同。

(2)法定解除。即在符合法定条件时,当事人一方有权通知另一方解除合同。

《合同法》第九十四条规定,有下列情形之一的,当事人可以解除合同:

①因不可抗力致使不能实现合同目的;

②在履行期限届满之前,当事人一方明确表示或者以自己的行为表明不履行主要债务;

③当事人一方迟延履行主要债务,经催告后在合理期限内仍未履行;

④当事人一方迟延履行债务或者有其他违约行为致使不能实现合同目的;

⑤法律规定的其他情形。

法定解除和行使约定解除权的解除并不是依法自动解除。《合同法》第九十五条规定:法律规定或者当事人约定解除权行使期限,期限届满当事人不行使的,该权利消灭。法律没有规定或者当事人没有约定解除权行使期限,经对方催告后在合理期限内不行使的,该权利消灭。无论法定解除还是约定解除,作为合同的附随义务,合同解除均应当通知对方,合同自解约通知到达对方时或双方约定的合同解除条件成就时解除。如果对方有异议的,可以请求人民法院或者仲裁机构确认解除合同的效力。但是,法律、行政法规规定解除合同应当办理批准、登记等手续的,依照其规定。因此,如果合同解除没有履行法定的通知义务或未办理法定的手续,可能导致解除无效并承担违约赔偿责任的风险。

行使合同解除权应注意以下几点：

(1)按照法律规定进行催告。依据《合同法》第九十四条的规定，当事人一方迟延履行主要债务，经催告后在合理期限内仍未履行，当事人可以解除合同。由此可见，进行催告是解除合同的必要条件，行使解除权前必须进行催告，未进行催告的，解除合同的行为无效。

(2)通知对方当事人。依据《合同法》第九十六条的规定，当事人根据约定、法律规定解除合同的，应当通知对方，合同自通知到达对方时解除。未事先通知的，存在解除合同无效的法律风险。

(3)在法律规定的期限行使解除权。行使解除权的期限分为两种情况：一是在法律规定或者当事人约定的解除权行使期限内行使，期限届满当事人不行使的，该权利消灭。二是在对方当事人催告后的合理期限内行使，所谓催告后的合理期限，要根据不同情况确定，作为享有解除权的当事人应本着诚实信用原则在收到催告后尽早通知对方是否解除合同。当事人对催告的合理期间有异议的，由人民法院或者仲裁机构确定。

合同解除后，尚未履行的，终止履行；已经履行的，根据履行情况和合同性质，当事人可以要求恢复原状、采取其他补救措施，并有权要求赔偿损失。

合同解除后的后续事项包括合同解除后合同各方价款、物品的结算、交接、归还、搬离，相关费用承担，保密事宜，赔偿事宜等。如果对这些事项约定不明，可能引发争议，使企业陷入不必要的纠纷甚至遭受损失。

【案例 2-36】

某建设管理局作为建设单位与施工单位某水利水电工程公司签订了某河道工程的施工承包合同。合同中约定该项目于 2002 年 12 月 16 日开工，2003 年 5 月 30 日竣工。2003 年 3 月 20 日，有群众举报该建设项目存在严重的偷工减料行为。经上级部门认定，确认该工程已完成项目工程量的 1/3 部分为不合格工程。建设管理局以此为由单方面与施工企业解除了合同。施工企业认为解除合同需要当事人双方协商一致方可解除。

问：水利水电工程公司的观点正确吗？

解析：

不正确。合同的解除分为约定解除与法定解除两种情形。根据《合同法》第九十四条的规定，当事人一方迟延履行债务或者有其他违约行为致使不能实现合同目的，当事人可以解除合同。该解除属于法定解除，无须与对方协商。水利水电工程公司的偷工减料行为既违法又违约，必将导致无法按时获得一个保质保量的合格工程，建设管理局可以与水利水电工程公司解除合同而不需要征得水利水电公司的同意。

(五)合同担保的法律风险

1. 保证

保证是指保证人和债权人约定，当债务人不履行债务时，保证人按照约定履行债务或者承担责任的行为。

1)保证人的资格条件

《担保法》第七条规定:具有代为清偿债务能力的法人、其他组织或者公民,可以作保证人。同时,《担保法》也规定了下列单位不可以作保证人:

(1)国家机关不得为保证人,但经国务院批准为使用外国政府或者国际经济组织贷款进行转贷的除外。

(2)学校、幼儿园、医院等以公益为目的的事业单位、社会团体不得为保证人。

(3)企业法人的分支机构、职能部门不得为保证人。企业法人的分支机构有法人书面授权的,可以在授权范围内提供保证。

2)保证合同

保证人与债权人应当以书面形式订立保证合同。保证合同应当包括以下内容:

(1)被保证的主债权种类、数额;

(2)债务人履行债务的期限;

(3)保证的方式;

(4)保证担保的范围;

(5)保证的期间;

(6)双方认为需要约定的其他事项。

保证合同不完全具备前款规定内容的,可以补正。

3)保证担保的范围

保证担保的范围包括主债权及利息、违约金、损害赔偿金和实现债权的费用。保证合同另有约定的,按照约定。当事人对保证担保的范围没有约定或者约定不明确的,保证人应当对全部债务承担责任。保证人承担保证责任后,有权向债务人追偿。

【案例 2-37】

2012 年 4 月 20 日,某水利施工企业与某土工材料厂签订了购买土工布的合同。合同中约定 2012 年 6 月 20 日土工材料厂将土工布运至水利施工企业的工地现场,施工企业验货后支付材料款。为了保证合同的顺利履行,土工材料厂要求施工企业提供担保。于是,某工程养护公司作为水利施工企业的保证人与土工材料厂签订了保证合同。合同中约定保证方式为一般保证,但没有约定保证期间。

2012 年 6 月 20 日,土工材料厂按照合同约定将土工布运至施工企业工地现场,施工企业对土工布进行了验货,证明符合合同的要求,但是施工企业却以目前资金紧张为由拒绝支付土工布款。2012 年 12 月 20 日,土工材料厂提起诉讼,要求施工企业支付材料款。在施工企业无力支付材料款的情况下,2013 年 3 月 18 日,土工材料厂要求工程养护公司代为支付土工布款。

问:法院会支持土工材料厂的请求吗?

解析:

会支持。《担保法》第二十五条规定:一般保证的保证人与债权人未约定保证期间的,保证期间为主债务履行期届满之日起 6 个月。在合同约定的保证期间和前款规定的保证期间，债权人未对债务人提起诉讼或者申请仲裁的，保证人免除保证责任；债权人已提起诉讼或者申请仲裁的，保证期间适用诉讼时效中断的规定。2012 年 12 月 20 日，土工材料厂提起了诉讼，则导致保证期间因适用诉讼时效中断的规定而中断，也就是工程养护公司后面的保证期间依然是 6 个月。2013 年 3 月 18 日属于保证期间范围，所以工程养护公司依然要承担保证责任。

2. 抵押担保

1）抵押担保的范围

抵押担保的范围包括主债权及利息、违约金、损害赔偿金和实现抵押权的费用。抵押合同另有约定的，按照约定。

为债务人抵押担保的第三人，在抵押权人实现抵押权后，有权向债务人追偿。

2）抵押物

根据《担保法》，下列财产可以作为抵押物：

（1）抵押人所有的房屋和其他地上定着物；

（2）抵押人所有的机器、交通运输工具和其他财产；

（3）抵押人依法有权处分的国有的土地使用权、房屋和其他地上定着物；

（4）抵押人依法有权处分的国有的机器、交通运输工具和其他财产；

（5）抵押人依法承包并经发包方同意抵押的荒山、荒沟、荒丘、荒滩等荒地的土地使用权；

（6）依法可以抵押的其他财产。

抵押人可以将前款所列财产一并抵押。

以依法取得的国有土地上的房屋抵押的，该房屋占用范围内的国有土地使用权同时抵押。

以出让方式取得的国有土地使用权抵押的，应当将抵押时该国有土地上的房屋同时抵押。

乡（镇）、村企业的土地使用权不得单独抵押。以乡（镇）、村企业的厂房等建筑物抵押的，其占用范围内的土地使用权同时抵押。

根据《担保法》，下列财产不得抵押：

（1）土地所有权；

（2）耕地、宅基地、自留地、自留山等集体所有的土地使用权，但上述明确规定可以抵押的除外；

（3）学校、幼儿园、医院等以公益为目的的事业单位、社会团体的教育设施、医疗卫生设施和其他社会公益设施；

（4）所有权、使用权不明或者有争议的财产；

（5）依法被查封、扣押、监管的财产；

（6）依法不得抵押的其他财产。

3）抵押合同生效

抵押合同生效分为两种情况：抵押合同自登记之日起生效和抵押合同自签订之日起

生效。以下列财产进行抵押的，抵押合同自登记之日起生效。其登记部门也由于抵押物的不同而不同：

(1)以无地上定着物的土地使用权抵押的，为核发土地使用权证书的土地管理部门。

(2)以城市房地产或者乡(镇)、村企业的厂房等建筑物抵押的，为县级以上地方人民政府规定的部门。

(3)以林业抵押的，为县级以上林业主管部门。

(4)以航空器、船舶、车辆抵押的，为运输工具的登记部门。

(5)以企业的设备和其他动产抵押的，为财产所在地的工商行政管理部门。当事人以其他财产抵押的，可以自愿办理抵押物登记，抵押合同自签订之日起生效。当事人办理抵押物登记的，登记部门为抵押人所在地的公证部门。

4)抵押的效力

债务履行期届满，债务人不履行债务致使抵押物被人民法院依法扣押的，自扣押之日起抵押权人有权收取由抵押物分离的天然孳息以及抵押人就抵押物可以收取的法定孳息。抵押权人未将扣押抵押物的事实通知应当清偿法定孳息的义务人的，抵押权的效力不及于该孳息。前款孳息应当先充抵收取孳息的费用。

抵押期间，抵押人转让已办理登记的抵押物的，应当通知抵押权人并告知受让人转让物已经抵押的情况；抵押人未通知抵押权人或者未告知受让人的，转让行为无效。

转让抵押物的价款明显低于其价值的，抵押权人可以要求抵押人提供相应的担保；抵押人不提供的，不得转让抵押物。

抵押人转让抵押物所得的价款，应当向抵押权人提前清偿所担保的债权或者向与抵押权人约定的第三人提存。超过债权数额的部分，归抵押人所有，不足部分由债务人清偿。

抵押人的行为足以使抵押物价值减少的，抵押权人有权要求抵押人停止其行为。抵押物价值减少时，抵押权人有权要求抵押人恢复抵押物的价值，或者提供与减少的价值相当的担保。抵押人对抵押物价值减少无过错的，抵押权人只能在抵押人因损害而得到的赔偿范围内要求提供担保。抵押物价值未减少的部分，仍作为债权的担保。

抵押权因抵押物灭失而消灭。因灭失所得的赔偿金，应当作为抵押财产。

5)抵押权的实现

债务履行期届满抵押权人未受清偿的，可以与抵押人协议以抵押物折价或者以拍卖、变卖该抵押物所得的价款受偿；协议不成的，抵押权人可以向人民法院提起诉讼。抵押物折价或者拍卖、变卖后，其价款超过债权数额的部分归抵押人所有，不足部分由债务人清偿。

3. 留置

留置是指债权人按照合同约定占有债务人的动产，债务人不按照合同约定的期限履行债务的，债权人有权依照《担保法》规定留置该财产，以该财产折价或者以拍卖、变卖该财产的价款优先受偿的担保方式。

因保管合同、运输合同、加工承揽合同发生的债权，债务人不履行债务的，债权人有留置权。法律规定可以留置的其他合同，也适用留置的法律规定。

1)留置物

依法被留置的财产为留置物。当事人可以在合同中约定不得留置的物。债权人负有妥善保管留置物的义务。因保管不善致使留置物灭失或者毁损的,债权人应当承担民事责任。留置担保的范围包括主债权及利息、违约金、损害赔偿金,留置物保管费用和实现留置权的费用。

2)留置权的实现

债权人与债务人应当在合同中约定,债权人留置财产后,债务人应当在不少于两个月的期限内履行债务。债权人与债务人在合同中未约定的,债权人留置债务人财产后,应当确定两个月以上的期限,通知债务人在该期限内履行债务。债务人逾期仍不履行的,债权人可以与债务人协议以留置物折价,也可以依法拍卖、变卖留置物。留置物折价或者拍卖、变卖后,其价款超过债权数额的部分归债务人所有,不足部分由债务人清偿。

4. 定金与违约金

1)定金

定金是以一方当事人向另一方当事人预先提供一定数额的金钱作为担保的担保方式。定金应当以书面形式约定。定金的数额由当事人约定,但不得超过主合同标的额的20%。当事人在定金合同中应当约定交付定金的期限。定金合同从实际交付定金之日起生效。

债务人履行债务后,定金应当抵作价款或者收回。给付定金的一方不履行约定的债务的,无权要求返还定金;收受定金的一方不履行约定的债务的,应当双倍返还定金。

2)违约金

违约金是指当事人在合同中或合同订立后约定因一方违约而应向另一方支付一定数额的金钱。《合同法》第一百一十四条规定,当事人可以约定一方违约时应当根据违约情况向对方支付一定数额的违约金,也可以约定因违约产生的损失赔偿额的计算方法。约定的违约金低于造成的损失的,当事人可以请求人民法院或者仲裁机构予以增加;约定的违约金过分高于造成的损失的,当事人可以请求人民法院或者仲裁机构予以适当减少。当事人就迟延履行约定违约金的,违约方支付违约金后,还应当履行债务。

3)违约金与定金不同

违约金存在于主合同之中,定金存在于从合同之中。它们可能单独存在,也可能同时存在。当事人既约定违约金,又约定定金的,一方违约时,对方可以选择适用违约金或者定金条款。

【案例2-38】

某水电建筑公司与某房屋开发商签订了一个购买50套商品房的合同,合同中约定了违约金的比例。为了确保合同的履行,双方还签订了定金合同。水电建筑公司交付了50万元定金。2012年5月5日是合同中约定交房的日期,但是房屋开发商却没能按时交房。水电建筑公司要求其支付违约金并返还定金。但是,房屋开发商认为如果水电建筑公司选择适用了违约金条款,就不可以要求返还定金了。

问:房屋开发商的观点正确吗?

解析:

不正确。《合同法》第一百一十六条规定:当事人既约定违约金,又约定定金的,一方违约时，对方可以选择适用违约金或者定金条款。房屋开发商违约，水电建筑公司可以选择违约金条款，也可以选择定金条款。水电建筑公司选择了违约金条款，并不意味着定金不可以收回。定金无法收回的情况仅仅发生在给付定金的一方不履行约定的债务的情况下。本案例中不存在这个前提条件，水电建筑公司可以收回定金。

【案例2-39】

大成公司欠向阳公司人民币400万元工程款纠纷经法院审结并进入执行阶段。大成公司提出了以下几个解决方案：

(1)由大成公司下属子公司为债权提供保证担保；

(2)用大成公司的汽车抵偿债务；

(3)由银行开具保函。

问：向阳公司如何选择，才能更好维护自己的权益，避免不必要的风险？

解析：

向阳公司在选择担保方式时，应考虑担保的可靠性、及时性，以及实现担保的成本。结合本案例，三个方案各有优劣：

(1)现行《公司法》并不禁止公司为公司股东或者实际控制人提供担保，但须履行一定程序，如必须经股东会或者股东大会决议，接受担保的股东或实际控制人支配的股东不得参加表决，该项表决须由出席会议的其他股东所持表决权的过半数通过，等等。在合法履行上述程序的前提下，第三人保证担保的方案并不存在法律上的障碍。该方案的主要风险在于第三人自身的资信问题，如第三人注册资本、会计报表可能不实；第三人可能存在未披露的隐性债务；第三人对外担保状况不明；第三人的其他实物资产已经设定抵押或质押担保等，则该类权利限制将影响对向阳公司保证的效果。该方案风险较大，不能满足可靠性的要求。

(2)大成公司用汽车以物抵债的方案优点是向阳公司能较早地拿到可以折现的实物资产。问题是如果用于抵债的汽车过多，向阳公司日后变现的压力较大；抵债汽车还存在上牌、过户等交易费用，过户后作为二手车交易变现存在贬值的风险等。但考虑到大成公司经营状况日益恶化，为尽早回收资金，向阳公司可以考虑接受部分汽车抵债。

(3)银行保函方案的主要优点在于引入了一个有实力的第三方提供担保，且一般而言银行相对于担保公司具有更高的信用等级，可更有效地保障向阳公司的权益。风险是：一是银行收取的费用较高，费用如何承担需要当事人协商；二是银行通常需要债务人提供反担保，若向阳公司提供的反担保不符合要求，则该方案可能无法实施；三是银行提供的服务一般是提供一般保证，不提供连带保证。根据《担保法》的规定，一般保证的保证人在主合同纠纷未经审判或者仲裁，并就债务人财产依法强制执行仍不能履行债务前，对债权人可以拒绝承担保证责任。

通过以上分析，对向阳公司来讲，最好是在车辆过户以后，由大成公司提供银行开具的承担连带保证责任的保函。考虑到银行保函对申请人的资信要求比较严格，如果大成公司本身无法开出保函，可要求由大成公司资信优良的关联公司提出申请。

第五节 建设工程合同法律风险

建设工程合同是《合同法》分则中第十六章特别规定的“有名合同”。建设工程合同根据其主要内容的不同可分为工程勘察合同、设计合同、施工合同。

工程建设中常见的合同纠纷有很多，包括：

（1）因承包商资质不够、无权代理与表见代理、联合体承包或者“挂靠”而产生的施工合同主体纠纷；

（2）因合同缺陷、工程款拖欠等原因而产生的施工合同工程款纠纷；

（3）因不按建设程序运作、违反技术规范、监理制度不严格、使用不合格的材料、构配件和设备等原因而产生的施工合同质量纠纷；

（4）因资质、转包等问题而产生的施工合同分包与转包纠纷；

（5）施工合同变更和解除纠纷；

（6）施工合同竣工验收纠纷；

（7）物资采购合同质量纠纷；

（8）物资采购合同数量纠纷；

（9）物资采购合同履行期限、地点纠纷；

（10）物资采购合同价款纠纷；

（11）建设工程勘察、设计合同纠纷；

（12）建设工程监理合同纠纷；

（13）没有正确处理截水、排水、通行、通风、采光等方面的相邻关系纠纷；

（14）环境保护纠纷；

（15）施工中的安全措施不当产生的损害赔偿纠纷；

（16）施工中搁置物、悬挂物造成损害赔偿纠纷等。

一、建设工程施工合同的范围和合同效力

建设工程施工合同受《合同法》调整，其订立与受《合同法》调整的其他合同的订立基本相同。要约与承诺是订立合同的两个基本程序。招标公告（或投标邀请书）是要约邀请，投标文件是要约，中标通知书是承诺。由于建设工程合同本身的特殊性，其合同的订立也存在自身的特殊性，比如施工项目的招标投标和应当采用书面形式订立合同。

《最高法院建设工程解释》是对施工合同产生的特殊纠纷作出的具体规定，自 2005 年 1 月 1 日起施行。《最高法院建设工程解释》适用范围不局限于《建筑法》规定的建筑活动，对修筑铁路、高速公路、港口、码头、水利工程、地下建筑等活动也应当适用。《最高法院建设工程解释》不适用农村集镇建房活动，此类活动应当适用建设部有关农村集镇建房管理规定。对于建设工程施工合同效力纠纷的处理，目前已经基本达成如下共识。

（一）诉讼主体的确定

（1）建设工程施工合同纠纷案件中，一般以合同的当事人为诉讼主体。

（2）当事人的分支机构签订施工合同，分支机构系依法设立并领取营业执照的，该分支机构可以作为诉讼主体参加诉讼；没有营业执照的，应以设立该分支机构的当事人作为诉讼主体。

（3）具有建筑资质的企业法人，其下属的工程项目部、工程处、建筑队与发包人签订建设工程施工合同，应以该建筑企业法人作为诉讼主体。

（4）挂靠人以被挂靠人的名义与发包人对外从事订立建设工程施工合同、购买建筑材料等经济活动，被挂靠人与挂靠人一般应当作为共同诉讼人参加诉讼。

（5）个体建筑队承揽工程的，以工商登记的户主或业主为诉讼主体；个人合伙承揽工程的，应以全体合伙人为共同诉讼人；登记为合伙企业的，以该合伙企业为诉讼主体；农村集体经济组织开办的建筑队承揽工程的，该建筑队未经工商登记依法设立的，以该农村集体经济组织为诉讼主体。

（6）共同承包或联合承包的建设工程项目，产生纠纷后，应以共同承包人为诉讼主体；如共同承包人组成联营体，且具备法人资格的，则以该联营体为诉讼主体。

（二）建设工程施工合同无效的情形

具有下列情形之一的，应当认定建设工程施工合同无效：

（1）承包人未取得建筑施工企业资质或者超越资质等级的；

（2）没有资质的实际施工人借用有资质的建筑施工企业名义的；

（3）建设工程必须进行招标而未招标或者中标无效的。

（三）未取得建设审批手续签订施工合同的效力

发包人就尚未取得建设工程规划许可证等行政审批手续的工程，与承包人签订的建设工程施工合同无效。但在一审法庭辩论终结前发包人取得相应审批手续或者经主管部门批准建设的，应当认定合同有效。

发包人未取得建设工程施工许可证的，不影响施工合同的效力。《最高法院建设工程解释》规定了无效合同的主要类型：

（1）承包人未取得建筑施工企业资质或者超越资质等级的；

（2）没有资质的实际施工人借用有资质的建筑施工企业名义的；

（3）建设工程必须进行招标而未招标或者中标无效的；

（4）承包人违法分包建设工程的；

（5）承包人违法转包建设工程的。

在实际工作中经常出现属于上面的情况但是却已经修建完了建设项目的情况。在这种情况下，如果承包商向建设单位提出支付工程款的要求，建设单位经常会以所签订的合同属于无效合同为由而拒绝支付。

针对无效合同，《最高法院建设工程解释》作出了如下规定：

（1）建设工程施工合同无效，但建设工程经竣工验收合格，承包人请求参照合同约定支付工程价款的，应予支持。

注：上述司法解释采用参照合同约定结算工程价款作为折价补偿的原则，而没有采用

以工程定额为标准、通过鉴定确定建设工程价值的补偿原则。

(2)建设工程施工合同无效,且建设工程经竣工验收不合格的,按照以下情形分别处理:修复后的建设工程经竣工验收合格,发包人请求承包人承担修复费用的,应予支持;修复后的建设工程经竣工验收不合格,承包人请求支付工程价款的,不予支持。因建设工程不合格造成的损失,发包人有过错的,也应承担相应的民事责任。

但是,上面的违法行为并不提倡,为了限制此类行为的出现,《最高法院建设工程解释》同时还作出了规定:承包人非法转包、违法分包建设工程或者没有资质的实际施工人借用有资质的建筑施工企业名义与他人签订建设工程施工合同的行为无效。人民法院可以根据《民法通则》第一百三十四条规定,收缴当事人已经取得的非法所得。

《最高法院建设工程解释》同时规定了不予支持的无效请求:

(1)承包人超越资质等级许可的业务范围签订建设工程施工合同,在建设工程竣工前取得相应资质等级,当事人请求按照无效合同处理的,不予支持。如果资质是在工程竣工后取得的,则该承包合同依然按照无效合同处理。

(2)具有劳务作业法定资质的承包人与总承包人、分包人签订的劳务分包合同,当事人以转包建设工程违反法律规定为由请求确认无效的,不予支持。

(四)建设工程合同的解除

1.当事人协商一致,可以解除合同

当事人可以约定一方解除合同的条件。解除合同的条件成立时,解除权人可以解除合同。有下列情形之一的,当事人可以解除合同:

(1)因不可抗力致使不能实现合同目的;

(2)在履行期限届满之前,当事人一方明确表示或者以自己的行为表明不履行主要债务;

(3)当事人一方迟延履行主要债务,经催告后在合理期限内仍未履行;

(4)当事人一方迟延履行债务或者有其他违约行为致使不能实现合同目的;

(5)法律规定的其他情形。

2.《最高法院建设工程解释》对于解除合同的规定

1)发包人请求解除合同的条件

承包人具有下列情形之一,发包人请求解除建设工程施工合同的,应予支持:

(1)明确表示或者以行为表明不履行合同主要义务的;

(2)合同约定的期限内没有完工,且在发包人催告的合理期限内仍未完工的;

(3)已经完成的建设工程质量不合格,并拒绝修复的;

(4)将承包的建设工程非法转包、违法分包的。

2)承包人请求解除合同的条件

发包人具有下列情形之一,致使承包人无法施工,且在催告的合理期限内仍未履行相应义务,承包人请求解除建设工程施工合同的,应予支持:

(1)未按约定支付工程价款的;

(2)提供的主要建筑材料、建筑构配件和设备不符合强制性标准的;

(3)不履行合同约定的协助义务的。

上述三种情形均属于发包人违约。因此,合同解除后,发包人还要承担违约责任。

3. 合同解除后的法律后果

《合同法》规定,合同解除后,尚未履行的,终止履行;已经履行的,根据履行情况和合同性质,当事人可以要求恢复原状、采取其他补救措施,并有权要求赔偿损失。合同的权利义务终止,不影响合同中结算和清理条款的效力。

《最高法院建设工程解释》规定:

(1)建设工程施工合同解除后,已经完成的建设工程质量合格的,发包人应当按照约定支付相应的工程价款。

(2)已经完成的建设工程质量不合格的,按照下列情况处理:修复后的建设工程经竣工验收合格,发包人请求承包人承担修复费用的,应予支持;修复后的建设工程经竣工验收不合格,承包人请求支付工程价款的,不予支持。因建设工程不合格造成的损失,发包人有过错的,也应承担相应的民事责任。

(3)因一方违约导致合同解除的,违约方应当赔偿因此而给对方造成的损失。

(五)低于成本价中标的施工合同的效力

当事人以低于工程建设成本的工程项目标底订立的施工合同,依据《招标投标法》第四十一条第(二)项的规定,应当认定合同无效。

(六)未办理外来施工企业承包工程许可手续签订施工合同的效力

承包人跨行政区域承揽工程所签订的建设工程施工合同,不因未办理外来施工企业承包工程许可手续而认定合同无效。

(七)违法分包的认定原则

具有下列情形之一的,应当认定为违法分包,所签订的工程专业分包合同无效:

(1)承包人将建设工程分包给不具备相应资质条件的第三人;

(2)承包人未经发包人同意将其承包的部分建设工程交由第三人完成;

(3)承包人将建设工程主体结构的施工分包给第三人;

(4)分包人将其承包的建设工程再行分包的。

(八)转包的认定原则

具有下列情形之一的,应当认定为转包,所签订的工程转包合同无效:

(1)承包人将其承包的全部建设工程转包给第三人;

(2)承包人将其承包的全部建设工程肢解以后以分包的名义分别转包给第三人。

2014 年 8 月 4 日,住房和城乡建设部印发了《建筑工程施工转包违法分包等违法行为认定查处管理办法(试行)》,对于房屋建筑和市政基础设施工程转包、违法分包的认定规定如下:

(1)存在下列情形之一的,属于转包:

①施工单位将其承包的全部工程转给其他单位或个人施工的;

②施工总承包单位或专业承包单位将其承包的全部工程肢解以后,以分包的名义分别转给其他单位或个人施工的;

③施工总承包单位或专业承包单位未在施工现场设立项目管理机构或未派驻项目负责人、技术负责人、质量管理负责人、安全管理负责人等主要管理人员,不履行管理义务,

未对该工程的施工活动进行组织管理的；

④施工总承包单位或专业承包单位不履行管理义务，只向实际施工单位收取费用，主要建筑材料、构配件及工程设备的采购由其他单位或个人实施的；

⑤劳务分包单位承包的范围是施工总承包单位或专业承包单位承包的全部工程，劳务分包单位计取的是除上缴给施工总承包单位或专业承包单位“管理费”之外的全部工程价款的；

⑥施工总承包单位或专业承包单位通过采取合作、联营、个人承包等形式或名义，直接或变相的将其承包的全部工程转给其他单位或个人施工的。

（2）存在下列情形之一的，属于违法分包：

①施工单位将工程分包给个人的；

②施工单位将工程分包给不具备相应资质或安全生产许可的单位的；

③施工合同中没有约定，又未经建设单位认可，施工单位将其承包的部分工程交由其他单位施工的；

④施工总承包单位将房屋建筑工程的主体结构的施工分包给其他单位的，钢结构工程除外；

⑤专业分包单位将其承包的专业工程中非劳务作业部分再分包的；

⑥劳务分包单位将其承包的劳务再分包的；

⑦劳务分包单位除计取劳务作业费用外，还计取主要建筑材料款、周转材料款和大中型施工机械设备费用的。

（九）劳务作业分包的认定原则

劳务作业分包是指工程总承包企业或者专业工程承包企业将其承包工程中的劳务作业发包给劳务分包企业完成的活动。因为劳务分包的分包单位仅仅提供劳务作业，我国建设法律法规并没有限制劳务作业的分包人承揽全部建设工程的劳务作业。同时，符合下列情形的，所签订的劳务分包合同有效：

（1）劳务作业承包人取得相应的劳务分包企业资质等级标准；

（2）分包作业的范围是建设工程中的劳务作业（包括木工、砌筑、抹灰、石制作、油漆、钢筋、混凝土、脚手架、模板、焊接、水暖、钣金、架线作业，共计 13 种）；

（3）承包方式为提供劳务及小型机具和辅料，不是包工包料。

合同约定劳务作业承包人负责与工程有关的大型机械、周转性材料租赁和主要材料、设备采购等内容的，不属于劳务分包，而应属于专业工程分包或转包。

（十）内部承包的认定原则

建设工程施工合同的承包人将其承包的全部或部分工程交由与企业有劳动关系的项目经理等职工个人承包施工，承包人对工程施工过程及质量进行管理，对外承担施工合同权利义务的，属于企业内部承包行为，发包人以内部承包人缺乏资质为由主张施工合同无效的，不予支持。

（十一）小额施工合同和农民低层住宅施工合同效力的认定

施工人签订合同承建小型工程或农民低层住宅，其性质可以根据具体情况认定为承揽合同或劳务合同。当事人以施工人缺乏相应资质为由，主张合同无效的，一般不予支持。合同对质量标准有约定的，依照其约定；没有约定的，依照通常标准或符合合同目的的特定标准予以确定。

（十二）家庭住宅装饰装修合同效力的认定

家庭住宅装饰装修合同性质上属于承揽合同，当事人以承包人缺乏相应资质为由主张合同无效的，不予支持。

（十三）管辖

因建设工程施工合同纠纷提起的诉讼，适用《民事诉讼法》第二十三条合同纠纷地域管辖和第三十四条约定管辖的规定，而不适用《民事诉讼法》第三十三条第（一）项关于不动产专属管辖的规定。

【案例2-40】

2004年12月，某水建公司与某公路公司签订了《工程施工分包合同》（简称分包合同），合同约定将某省某高速公路项目一合同段内的路基（含软基处理）、桥梁、涵洞、路面基层、防护及排水工程等工程项目分包给水建公司施工。分包合同总价不固定，单价以业主最终合同工程量清单为准，公路公司收取水建公司工程总造价3%的管理费，水建公司按照合同要求，完成了分包工作量。2007年9月，该高速公路全线通车。分包工作量完成后，公路公司为拖延支付工程款，借口计量、缺陷责任修复、竣工资料等问题，不给办理决算。随着时间的推移，在通过一般手段办理结算和多次清收工程款无望的情况下，2009年6月，水建公司向某市仲裁委申请仲裁，仲裁请求公路公司支付5项费用共计1 600万元。公路公司提出仲裁反请求，要求支付在工程施工过程中由于水建公司造成的各种施工损失合计400万余元。本案三次开庭审理，双方针锋相对，第一次开庭时，被申请人代理律师举证《补充协议》，认为3 %的管理费已变更为5%，必须收取，并提出反仲裁申请，认为除正常计量的工程款（含质保金）可以到期支付外，对于其他有关变更增加、索赔款等其他款项，均不应由其承担，且拒绝支付的态度非常坚决。水建公司为了逼迫公路公司正视问题，在第二次庭审时提出合同无效，应当收缴公路公司非法所得，并要求对工程价款按实结算。公路公司面临可能被收缴约300万元管理费的压力。在仲裁庭主持下，经过数次协商最终达成调解协议，公路公司分期支付水建公司各种款项合计1 000万元。

问：(1)水建公司与公路公司签订的合同有效吗？

(2)如果合同无效，会产生什么法律后果？

解析：

(1)合同无效。

法律、法规和司法解释对建设工程合同效力的规定有：

《建筑法》第二十八条：禁止承包单位将其承包的全部建筑工程转包给他人，禁止承包单位将其承包的全部建筑工程肢解以后以分包的名义分别转包给他人。第二十九条：建筑工程总承包单位可以将承包工程中的部分工程发包给具有相应资质条件的分包单位；但是，除总承包合同中约定的分包外，必须经建设单位认可。施工总承包的，建筑工程主体结构的施工必须由总承包单位自行完成。禁止总承包单位将工程分包给不具备相应资质条件的单位。禁止分包单位将其承包的工程再分包。

《最高人民法院关于审理建设工程施工合同纠纷案件适用法律问题的解释》第四条规定：承包人非法转包、违法分包建设工程或者没有资质的实际施工人借用有资质的建筑施工企业名义与他人签订建设工程施工合同的行为无效。人民法院可以根据《民法通则》第一百三十四条规定，收缴当事人已经取得的非法所得。

根据以上规定，本案例存在合同无效的下列情况：

①工程主体分包。《工程施工分包合同》存在与效力认定有关以下条款：合同约定—工程范围、内容—路基(含软基处理、桥梁、涵洞、路面基层、防护及排水工程项目)、工程量清单及变更设计内容，约为35%的工程量。上述软基处理、桥梁、涵洞、路面基层、防护及排水工程项目均为主体工程，属于主体工程分包。

②转包(“提点大包”模式)。《工程施工分包合同》约定的承包方式为：乙方承担的工程项目按甲方中标的最终工程量清单单价进行计量(按承包段落与业主最终合同工程量清单为准)，每次工程款支付时甲方提取乙方工程款3%的工程管理费。尽管本案是以调解结案，仲裁委未作出认定，但合同无效是客观事实。

(2)合同无效后的法律后果。

无效建设工程合同在当事人之间不产生合同责任并不意味着当事人之间不产生其他民事责任。《合同法》第五十八条规定：合同无效或者被撤销后，因该合同取得的财产，应当予以返还；不能返还或者没有必要返还的，应当折价补偿。有过错的一方应当赔偿对方因此所受到的损失，双方都有过错的，应当各自承担相应的责任。《民法通则》也有内容基本相同的规定，将返还财产、折价补偿与赔偿损失一并规定为合同无效或被撤销的法律后果。《最高法院建设工程解释》作出了更加完善的规定，建设工程施工合同无效，但建设工程经竣工验收合格，施工方要求参照合同约定支付工程价款的，法院予以支持。建设工程经竣工验收不合格的，要分两种情况给予不同处理：一是维修后建设工程经竣工验收合格的，建设方仍应参照合同约定支付建设方工程款，但施工方应承担相应的维修义务，或自己维修，或负担建设方维修费；二是维修后建设工程经竣工验收不合格的，建设方不支付施工方工程款，对此损失由施工方自行承担。因此，质量合格是关键。结合本案，虽然合同无效，但水建公司完成的各项工程可认定为竣工验收质量合格，能够适用折价补偿的原则。因此，应当根据实际发生的工程量按照合同约定进行折价，水建公司要求按实际完成工程数量主张支付费用有法律依据。

二、《最高法院建设工程解释》第二十六条——加强对农民工合法权益的保护

【案例2-41】

以下三个案例发生在笔者身边，都是由建设工程的非法转包和违法分包使农民工拿不到工资引起的。

(1)2010年10月11日，30多名农民工聚集在郑州北郊花园口景区门口河神将军塑像前，他们杀鸡祭拜河神，希望借此让河神显灵，帮他们讨薪成功。农民工出此奇招，与此前的“跳楼秀”、“自杀秀”之类的讨薪奇招相比更有新意，但恐怕也不会真的相信河神能

够显灵，想必一是在于表达和发泄一下心中的无奈和绝望之情；二是通过这种另类的“行为艺术”，吸引媒体的关注，走上“媒体关注，舆论聚焦，领导发话，特事特办”的通道。

农民工跪拜河神的背后是一起劳务纠纷案件。30 多名农民工跟着某水利工程机械有限公司干了两年水利工程，而这个工程，是从中标单位某水电工程有限公司转包的。这些农民工已将两家公司告到了法院，要求支付他们675 万元，法院一直没有宣判。某水利工程机械有限公司是一家低资质民营企业，为承接工程每次都是先答应一包承包商可以提取高额管理费，这次是与某水电工程有限公司签订了提取了33%管理费的协议（基本就是农民工所讨要的600 多万元）。出事后，某水利工程机械有限公司说：按照国家规定，管理费不能超过3.5%，每一笔资金到位后某水电工程有限公司都要提钱，所以导致后面的资金链断裂，他们没有办法支付农民工。

（2）2011 年，甲市某园林绿化公司中标乙市城市绿化项目后将其中部分劳务工程承包给当地个体张某，并将涉及的预算款项一并付给了张某。2012 年年底，张某不给其雇用的民工工资，农民工状告发包人、转包人和违法分包人，引起乙市关注，要求发包方不通过园林绿化公司直接把款支给农民工。甲市某园林绿化公司经理对此很困惑。

（3）2008 年7 月至2009 年7 月，驻马店两个农民包工头从一家建设公司转包下郑州三栋住宅楼的工程，但垫钱干完活后，迟迟拿不到数百万元的工程款。包工头将建设公司和开发商一并诉至法院。法院认为，作为实际施工人，包工头的讨薪理由正当，一审判决依据《最高人民法院关于审理建设工程施工合同纠纷案件适用法律问题的解释》，判建设公司和开发商支付工程款及利息，退还工程质量保证金。

解析：

建筑业吸收了大量的农民工就业，全国类似以上的案例更是不胜枚举。为了有力地保护农民工合法权益，《最高法院建设工程解释》第二十六条规定，实际施工人以转包人、违法分包人为被告起诉的，人民法院应当依法受理。实际施工人以发包人为被告主张权利的，人民法院可以追加转包人或者违法分包人为本案当事人。发包人只在欠付工程价款范围内对实际施工人承担责任。

从该条规定看：

第一，实际施工人可以发包人为被告起诉。从建筑市场的情况看，承包人与发包人订立建设工程施工合同后，往往又将建设工程转包或者违法分包给第三人，第三人就是实际施工人。《合同法》、《建筑法》、《建设工程质量管理条例》等法律、法规，在表述承包人概念时使用了以下几个概念：承包人、建筑施工企业、施工人、承包建筑工程的单位等，没有出现过“实际施工人”的表述。此表述为《最高法院建设工程解释》创设的新概念，意在表达无效合同中实际干活的单位或者个人为实际施工人，实际施工人可能是法人、非法人团体、个人合伙、自然人等。使用“实际施工人”的概念本身就意味着“实际施工人”参与签订的合同无效，实际施工人为无效合同当事人，包括转包、非法分包、没有资质借用有资质的建筑施工企业名义等违反法律、行政法规强制性规定的违法行为。实际施工人作为无效施工合同中的承包人，具体包括六类：①转包的承包人；②违法分包的承包人；③未取得水利企业资质的承包人；④超越资质等级的承包人，但在建设工程竣工前取得相应资质等级的除外;⑤没有资质而借用有资质的水利企业名义从事建设工程施工的承包人;⑥建设工程必须进行招标而未招标或者中标无效的建设工程施工合同的承包人。

水利企业项目经理与实际施工人是两个概念。他们之间有如下区别:

(1)从主体上说,实际施工人可以为法人、其他经济组织以及自然人;项目经理是受企业法定代表人委托对工程项目施工过程全面负责的项目管理者,是水利企业法定代表人在工程项目上的代表人,仅限于自然人。

(2)从资质及资格上说,实际施工人的资质是指其资质等级,即指企业综合的人员素质、管理水平、资金数量、承包能力和建设业绩经资质审查合格后取得相应等级的资质证书,方可在其资质等级许可的范围内从事建筑活动;而项目经理资质是自然人担任项目经理的前提,且必须经过专门考核获取。

施工合同与其他合同相比较而言,具有特殊性,在于转包、违法分包合同与上手总承包合同比较而言,虽然属于两个独立的法律关系,但它们之间具有牵连关系。像转包合同与上手合同之间,一般而言,就是在工程价款上存在差异,其他内容,像施工范围、质量标准、工期、违约责任等合同主要条款均与上手合同基本相同。转包人、违法分包人为上手和下手两份合同的当事人,按照合同的相对性来讲,实际施工人应当向与其有合同关系的承包人主张权利,而不应当向发包人主张权利。但是,从实际情况看,有的承包人将工程转包收取一定的管理费用后,没有进行工程结算或者对工程结算不主张权利,由于实际施工人与发包人没有合同关系,这样导致实际施工人没有办法取得工程款,而实际施工人不能得到工程款则直接影响到农民工工资的发放。因此,如果不允许实际施工人向发包人主张权利,则不利于对农民工利益的保护。

第二,承包人将建设工程非法转包、违法分包后,建设工程施工合同的义务都是由实际施工人履行的。实际施工人与发包人已经全面实际履行了发包人与承包人之间的合同并形成了事实上的权利义务关系。在这种情况下,如果不允许实际施工人向发包人主张权利,则不利于对实际施工人利益的保护。基于此种考虑,《最高法院建设工程解释》第二十六条规定:实际施工人可以向发包人主张权利,但发包人仅在欠付工程款的范围内对实际施工人承担责任,如果发包人已经将工程价款全部支付给承包人的,发包人就不应当再承担支付工程价款的责任。因此,发包人只在欠付工程价款范围内对实际施工人承担责任,并不会损害发包人的权益。

第三,为了方便案件审理,《最高法院建设工程解释》第二十六条还规定,人民法院可以追加转包人或者违法分包人为本案当事人,考虑到案件的审理涉及两个合同法律关系,如果转包人或者违法分包人不参加到诉讼的过程中来,许多案件的事实没有办法查清,所以人民法院可以根据案件的实际情况追加转包人或者违法分包人为共同被告或者案件的第三人;实际施工人可以发包人、承包人为共同被告主张权利。这样规定,既能够方便查清案件的事实,分清当事人的责任,也便于实际施工人实现自己的权利。

《最高法院建设工程解释》第二十六条规定的适用范围是明确的,并不存在争议。不能扩大此条文的适用范围和适用条件,更不准许以此条规定作为恶意损害发包人或总承包人合法权益的当事人用以所谓维权的一个工具。目前,审判实践中出现了下述这种情况:实际施工人并不存在投诉无门的情况,其合同相对人也具备支付工程款的实力,而原告只是为向发包人索要超出合同约定的高额不法利益,甚至原告与其有合同关系的相对人恶意串通或者说就是合谋借机向发包人或者总承包人敲诈勒索,恶意提起以发包人或总承包人为被告的诉讼。由于发包人与实际施工人之间并不存在合同关系,有的发包人对工程被转包或被几经转包并不知情,对实际施工人的工作情况不了解,对工程支出的实际费用更是无从考证。此种情况下,以实际施工人名义提起诉讼的原告虚构事实,伪造证据,将工程量做大,工程费用提高,向发包人恶意主张高额工程款,企图通过恶意诉讼索取不正当利益,其中,甚至有些原告并未参与施工。由于发包人对转包、违法分包合同的履行情况并不知情,无法抗辩,诉讼结果极有可能损害发包人利益。应当明确的是,此类诉讼不属于《最高法院建设工程解释》第二十六条规定的案件受理条件,尚未受理的,应当裁定不予受理;已经受理的,应当裁定驳回起诉。对于总承包人欠付材料供应商的建筑材料款、借款等形成的债权债务关系,不属于《最高法院建设工程解释》第二十六条第(二)款规定的适用范围,施工人的债权人不是实际施工人,也无权适用《最高法院建设工程解释》第二十六条第(二)款的规定,以发包人或者总承包人为被告向人民法院提起诉讼。

作为承包人,对分包人、实际施工人恶意利用《最高法院建设工程解释》第二十六条提起诉讼产生的法律风险如何化解?笔者认为,承包人可依法主动向有管辖权的法院提起以分包人为被告的确认之诉,以化解法律风险。实际施工人之诉,从法理上来讲,所要解决的只是其与分包人的纠纷;而总承包与分包人的纠纷,属于另外一种合同关系。从诉讼法的角度来讲,两个“诉”各自独立,不能在实际施工人之诉中由同一法院超越审判权限一并解决(共同被告之间的诉应由法定或约定的法院管辖)。但从司法实践来看,如果承包人不主动解决与分包人的纠纷,在实际施工人之诉中,不能证明自己已与分包人清算完毕并付清所拖欠的分包工程款,往往会处于非常被动的地位,被判决承担连带支付责任。在此种情况下,作为承包人,既要积极联系实际施工人之诉的管辖法院,做好举证和答辩等工作,又要从源头上考虑问题,主动解决与分包人的纠纷:一方面,向分包合同约定的管辖法院提起以分包人为被告的确认之诉或超付工程款之诉,请求法院依法确认承包人与分包人的合同清算总额,或确认承包人已付清分包人的全部工程款(或已经支付的具体数额);另一方面,申请实际施工人之诉的管辖法院中止审理,待确认之诉结果出来后,再恢复审理,并以确认之诉结果抗辩实际施工人诉求和反驳分包人的主张,从而有效化解风险。进一步分析,即使实际施工人之诉的管辖法院没有接受承包人中止审理的申请,确认之诉也依法确认了承包人是否拖欠分包人工程款(如果拖欠的话,具体数额是多少?是否有实际施工人和分包人所主张的那么多),并以此为据向实际施工人之诉的管辖法院或其上一级法院进行答辩或上诉,争取本案胜诉,可以有效地防止分包人再次利用其他实际施工人(如果有的话)提起对承包人的工程欠款之诉。当然,确认之诉的提起时机宜早不宜迟,在实际施工人之诉启动时即应尽快提起,以便向实际施工人之诉的管辖法院及时提交有利的证据,从而在诉讼中争取主动,有效化解风险。

对于农民工权利的救济与保护,还有以下一些问题:

(1)建筑施工单位经常将工程发包给不具备用工主体资格的包工头,包工头招收的农民工与施工单位之间是劳动关系还是劳务关系?

有观点认为,依据《关于确立劳动关系有关事项的通知》、《建设领域农民工工资支付管理暂行办法》等行政管理规定,农民工与施工单位之间应当属于劳动关系。但司法实践中的多数观点认为,如果建筑施工单位将工程发包给不具备用工主体资格的包工头,农民工系包工头自行招收、自行管理、自行发工资,农民工仅在特定工地从事短期、临时性的工作,则农民工与施工单位之间不存在劳动关系,而属于劳务关系。如果农民工系施工单位自行招收、自行管理、直接发放工资,则双方之间是劳动关系。最高人民法院《2011 年全国民事审判工作会议纪要》规定:发包人将工程发包给承包人,承包人又转包或者分包给实际施工人,实际施工人招用的劳动者请求确认与发包人之间存在劳动关系的,不予支持。

(2)农民工个人是否可以作为实际施工人直接向发包人主张权利?

有观点认为,《最高法院建设工程解释》规定的立法目的就是为保护农民工的工资或劳务报酬,当然应当允许农民工以个人名义提起诉讼。笔者认为,农民工个人原则上不属于该司法解释第二十六条规定的实际施工人。依据该司法解释,实际施工人与相对方签订的是建设工程施工合同,实际施工人依据合同主张的是工程款,而农民工签订的是劳动合同或劳务合同,主张的是工资或劳务费,这是两种不同性质的法律关系,不能混为一谈,至于司法解释规定确有保护农民工利益的目的,但这种保护主要是反射性的间接保护,通过保护工程款债权实现其工资利益,而不是直接赋予其起诉的权利。因此,实际施工人应当是对工程实际进行施工的法人、非法人企业、个人合伙、包工头等民事主体,而农民工就是实际施工人招用的劳动者。如《2011 年山东省高院会议纪要》规定,实际施工人可以是法人、其他组织、个人合伙,也可以是自然人(俗称包工头),但从事建筑业劳务作业的农民工不属于实际施工人。

实践中,农民工虽然不能依据《最高法院建设工程解释》第二十六条的规定主张工程款,但其可以依据其他法律规定实现其工资或劳务报酬。实际上,中央和地方政府出台了大量保护农民工的规章及行政性文件,保护力度甚至大于司法解释的规定。

例如,国务院办公厅《关于切实解决企业拖欠农民工工资问题的紧急通知》(国办发明电〔2010〕4 号)第三条规定:因建设单位或工程总承包企业未按合同约定与建设工程承包企业结清工程款,致使建设工程承包企业拖欠农民工工资的,由建设单位或工程总承包企业先行垫付被拖欠的农民工工资。因工程总承包企业违反规定发包、分包给不具备用工主体资格的组织或个人,由工程总承包企业承担清偿被拖欠的农民工工资责任。再如北京市政府制定的《北京市工资支付规定》第二十九条规定:建设单位、施工总承包企业、专业承包企业(以下统称为发包单位)或者劳务分包企业,有发包、分包或者转包给不具备用工主体资格的组织或者个人的违法行为,该组织或者个人拖欠劳动者工资时,发包单位或者劳务分包企业应当直接向劳动者支付所拖欠的工资。

农民工依据上述规定起诉包工头、劳务分包企业、总承包企业和建设单位时,应按以下原则处理:

①包工头对欠付工资承担全部清偿责任。

②劳务分包企业将劳务作业分包给没有资质的包工头,属于违法分包行为,应对包工头欠付的工资应承担连带清偿责任。

③总承包企业和建设单位在其欠付工程款的范围内,与劳务分包企业、包工头对欠付

工资承担垫付责任。

④如果建设单位、总承包企业将工程直接发包给不具有用工资质的组织或者个人,应当对全部欠付工资与该组织或个人承担连带清偿责任。

如贵州省高级人民法院《关于审理建设工程领域农民工工资纠纷案件的指导意见》第十二条规定:建设单位、工程总承包企业、专业承包企业或者劳务分包企业,如有违法发包、分包、非法转包给用工主体,而该用工主体拖欠农民工工资的情形,人民法院应当追加其为当事人,由其承担清偿拖欠工资连带责任。第十三条规定:建设工程合法发包、分包,但建设单位或工程总承包企业未按合同约定与建设工程承包企业结清工程款,致使承包企业拖欠农民工工资的,人民法院可以追加建设单位或工程总承包企业为当事人,由其先行垫付农民工被拖欠的工资,先行垫付的工资数额以未结清的工程款为限。

(3)包工头能否作为原告主张其招用全部工人的劳务费?

实践中通常区分以下情形处理:

①如果包工头依据其与总承包人、分包人签订的施工合同主张的是工程款,其可以作为原告起诉。当然,即使包工头领取了工程款,也不能免除非法发包、转包单位对拖欠工人的劳务费承担连带给付责任。

②如果包工头主张其招用全部工人的劳务费,为保护工人利益,防止包工头将劳务费据为己有导致工人无法实际获得劳务费,一般情况下包工头不能作为原告起诉主张全部工人的劳务费。

③如果包工头明确主张的是每个工人的劳务费,应告知其应由工人自身作为原告来起诉主张权利。

(4)农民工以自己名义主张劳务费时是否必须追加包工头为被告?

如果农民工与承包单位之间并无直接的用工关系,是承包单位将工程违法转包给包工头,包工头自行招工、自行管理,自己发工资的,则应当将包工头追加为被告。这样有利于查清事实、分清责任,也可减少虚假诉讼。如果农民工在起诉时没有告包工头,法院应向农民工释明,要求追加包工头为被告。如果农民工在释明后不同意追加包工头,法院应依职权追加。如果承包单位对农民工是否曾在工地工作及工作量提出质疑的,法院应要求农民工一方举出相应证据,并对证据进行认真审查,避免出现诉讼欺诈。

三、"挂靠"问题

(一)建筑业企业资质分级

依据建设部《建筑业企业资质管理规定》第五条至第七条的规定,建筑业企业资质分为施工总承包、专业承包和劳务分包三个序列。

取得施工总承包资质的企业,可以承接施工总承包工程。施工总承包企业可以对所承接的施工总承包工程内各专业工程全部自行施工,也可以将专业工程或劳务作业依法分包给具有相应资质的专业承包企业或劳务分包企业。

取得专业承包资质的企业,可以承接施工总承包企业分包的专业工程和建设单位依法发包的专业工程。专业承包企业可以对所承接的专业工程全部自行施工,也可以将劳务作业依法分包给具有相应资质的劳务分包企业。

取得劳务分包资质的企业,可以承接施工总承包企业或专业承包企业分包的劳务作业。

施工总承包资质、专业承包资质、劳务分包资质序列按照工程性质和技术特点分别划分为若干资质类别,各资质类别按照规定的条件划分为若干资质等级。

《建筑业企业资质等级标准》规定:施工总承包企业资质等级标准包括房屋建筑、公路、铁路、港口与航道、水利水电、电力、矿山、冶炼、化工石油、市政公用、通信、机电安装工程共 12 种;专业承包企业资质等级标准包括地基与基础、土石方、建筑装修装饰工程、建筑幕墙工程等共 60 种;劳务分包企业资质标准包括木工、砌筑、抹灰、石制作作业等共 13 种。

以房屋建筑工程施工总承包企业资质等级标准为例,房屋建筑工程施工总承包企业资质分为特级、一级、二级、三级。

特级企业可以承担各类房屋建筑工程的施工。

一级企业可以承担单项建安合同额不超过企业注册资本金 5 倍的下列房屋建筑工程的施工:

(1)40 层及以下、各类跨度的房屋建筑工程;

(2)高度 240 m 及以下的构筑物;

(3)建筑面积 20 万 m^2 及以下的住宅小区或建筑群体。

二级企业可以承担单项建安合同额不超过企业注册资本金 5 倍的下列房屋建筑工程的施工:

(1)28 层及以下、单跨跨度 36 m 及以下的房屋建筑工程;

(2)高度 120 m 及以下的构筑物;

(3)建筑面积 12 万 m^2 及以下的住宅小区或建筑群体。

三级企业可承担单项建安合同额不超过企业注册资本金 5 倍的下列房屋建筑工程的施工:

(1)14 层及以下、单跨跨度 24 m 及以下的房屋建筑工程;

(2)高度 70 m 及以下的构筑物;

(3)建筑面积 6 万 m^2 及以下的住宅小区或建筑群体。

(二)"挂靠"的具体类型

具有下列情形之一的,应当认定为《最高法院建设工程解释》第一条第(二)项规定的"没有资质的实际施工人借用有资质的建筑施工企业名义"承揽建设工程("挂靠"):

(1)不具有从事建筑活动主体资格的个人、合伙组织或企业以具备从事建筑活动资格的建筑施工企业的名义承揽工程;

(2)资质等级低的建筑施工企业以资质等级高的建筑施工企业的名义承揽工程;

(3)不具有施工总承包资质的建筑施工企业以具有施工总承包资质的建筑施工企业的名义承揽工程;

(4)有资质的建筑施工企业通过名义上的联营、合作、内部承包等其他方式变相允许他人以本企业的名义承揽工程。

（三）“挂靠”行为的认定

具有下列情形之一的，可以认定为“挂靠”行为：

（1）实际施工人以建筑施工企业的分支机构、施工队或者项目部等形式对外开展经营活动，但与建筑施工企业相互之间没有资产产权关系；

（2）实际施工人与建筑施工企业之间没有统一的财务管理，各自实行或者变相实行独立核算；

（3）建筑施工企业与施工现场的项目经理或其他主要工程管理人员之间没有合法的人事或劳动关系，没有规范的人事任免、调动或聘用手续。

根据《建筑工程施工转包违法分包等违法行为认定查处管理办法（试行）》的规定，存在下列情形之一的，属于挂靠：

（1）没有资质的单位或个人借用其他施工单位的资质承揽工程的。

（2）有资质的施工单位相互借用资质承揽工程的，包括资质等级低的借用资质等级高的，资质等级高的借用资质等级低的，相同资质等级相互借用的。

（3）专业分包的发包单位不是该工程的施工总承包或专业承包单位的，但建设单位依约作为发包单位的除外。

（4）劳务分包的发包单位不是该工程的施工总承包、专业承包单位或专业分包单位的。

（5）施工单位在施工现场派驻的项目负责人、技术负责人、质量管理负责人、安全管理负责人中 1 人以上与施工单位没有订立劳动合同，或没有建立劳动工资或社会养老保险关系的。

（6）实际施工总承包单位或专业承包单位与建设单位之间没有工程款收付关系，或者工程款支付凭证上载明的单位与施工合同中载明的承包单位不一致，又不能进行合理解释并提供材料证明的。

（7）合同约定由施工总承包单位或专业承包单位负责采购或租赁的主要建筑材料、构配件及工程设备或租赁的施工机械设备，由其他单位或个人采购、租赁，或者施工单位不能提供有关采购、租赁合同及发票等证明，又不能进行合理解释并提供材料证明的。

（四）挂靠经营关系与内部承包关系的认定

建筑企业承揽工程后，经常将全部或部分工程交由其下属的分支机构或项目经理个人承包施工，这与挂靠行为十分相似，容易混淆。两者的区分标准在于：

（1）内部承包关系中的承包人如果是项目经理等职工个人，其应当与建筑企业有合法的劳动关系或人事关系；如果是分支机构，应当是由建筑企业出资设立的下属机构。而挂靠关系中的挂靠人与被挂靠的建筑企业之间一般只有挂靠经营关系，没有产权关系、隶属管理关系或劳动关系，这是两者之间最重要的区别。

（2）内部承包关系中的建筑企业对工程的施工、质量、经济进行监督和管理，对外承担合同责任。而挂靠关系中建筑企业不对工程进行任何管理，只收取管理费。

（3）内部承包人不是施工合同纠纷中独立的诉讼主体，在发包人欠付工程款时，内部承包人不能以自己名义直接向发包人主张工程款。而挂靠关系中被挂靠人怠于主张工程款时，挂靠人可以自己名义直接向发包人主张权利。

区分挂靠关系与内部承包关系的意义不在于确定内部承包合同或挂靠协议本身是否有效,而在于两者在对施工合同效力的影响上是否存在差别,挂靠行为为法律所明确禁止,会导致签订的施工合同无效。

内部承包是施工企业的重要经营方式,内部承包合同通常设定项目经理应当达到的绩效指标,按绩效指标的完成情况上缴利润后,项目经理可以提取一定比例的提成。法律、行政法规对于建筑企业的内部承包行为没有禁止性规定,相反,建设部《建筑施工企业项目经理资质管理办法》第八条规定,项目经理在承担工程项目施工的管理过程中,应当按照建筑施工企业与建设单位签订的工程承包合同,与本企业法定代表人签订项目承包合同。这里的项目承包合同就属于前述的内部承包合同。因此,建筑企业将承揽的工程交由内部承包人施工,发包人不得以内部承包人不具备相应资质或存在挂靠行为为由主张施工合同无效。北京市高级人民法院《建设工程解答》规定:建设工程施工合同的承包人将其承包的全部或部分工程交由其下属的分支机构或在册的项目经理等企业职工个人承包施工,承包人对工程施工过程及质量进行管理,对外承担施工合同权利义务的,属于企业内部承包行为;发包人以内部承包人缺乏施工资质为由主张施工合同无效的,不予支持。

(五)挂靠行为与转包行为

挂靠与转包两者的区分标准主要在于:

(1)挂靠行为中的挂靠人往往在工程招标投标阶段,就以被挂靠人代理人的身份进行投标,编制投标材料、交纳投标保证金,甚至代表被挂靠人签订施工合同。转包行为中的转承包人是在转包人承包工程后才介入工程的施工和管理。

(2)挂靠行为中的挂靠人以被挂靠人的名义,一般以被挂靠人项目部的名义进行施工,而转包行为中的转承包人一般以自己的名义承包工程。

(3)挂靠行为中挂靠人往往是没有资质或者不具有相应资质的,而转包中的转承包人则不一定,有些是具备相应施工资质等级的。

(4)挂靠行为中双方一般以名义上的合作、内部承包的方式逃避行政监管,而转包行为中双方之间的关系一般体现为劳务分包等形式。

【案例 2-42】

2011 年年初,大河工程公司与王某签订了一份名为内部承包实为挂靠的协议,约定大河工程公司同意王某挂靠并以该公司的名义对外承揽业务,挂靠期为 2010 年 1 月至 2011 年 12 月;在挂靠期间,王某应向大河工程公司每年上缴挂靠费 20 万元,如不能按时上缴管理费,大河工程公司有权解除合同。王某挂靠大河工程公司后,利用大河工程公司的一级资质证书、营业执照等对外承揽了多项建筑工程。但两年时间过去了,王某却仅向大河工程公司上缴挂靠费 5 万元。2012 年 10 月,大河工程公司将王某诉至法院,要求王某支付拖欠两年的挂靠费 15 万元。

问:(1)大河工程公司与王某签订的挂靠协议有效吗?

(2)大河工程公司要求王某给付拖欠的挂靠费会得到法院支持吗?

解析：

(1)法院认为：大河工程公司与王某签订的挂靠协议违反了《建筑法》关于水利企业不得出借资质证书或允许他人以本企业的名义承揽工程的有关规定，合同内容违法，属无效合同。

(2)大河工程公司要求王某给付拖欠的挂靠费，于法无据，不予支持，已上缴的5万元挂靠费，应予追缴。《最高人民法院关于审理建设工程施工合同纠纷案件适用法律问题的解释》第四条规定：没有资质的实际施工人借用有资质的建筑施工企业名义与他人签订建设工程施工合同的行为无效。人民法院可以根据《民法通则》第一百三十四条规定，收缴当事人已经取得的非法所得。也就是说，水利企业向挂靠项目经理收取的挂靠费、管理费等是非法所得，人民法院有权予以收缴。而且，建设行政主管部门还可以根据《建筑法》第六十六条的规定，对水利企业处以罚款，责令停业整顿，降低资质等级；情节严重的，甚至可以吊销资质证书。

【案例2-43】

2011年6月，王某以大禹公司的名义与安澜公司签订合同，承包安澜公司在北京市南水北调工程的一处工程。合同签订后，王某组织人员进行了施工，2012年12月工程完工后王某将工程交付安澜公司。2013年2月11日，安澜公司与王某确认了工程量和工程款，后因安澜公司以种种借口拖欠王某工程款6万元，王某向法院起诉安澜公司。

问：王某借用资质签订建设工程施工合同的效力如何认定？

解析：

本案例的争议焦点是没有资质的实际施工人借用有资质的建筑施工企业名义签订施工合同的效力如何认定。

由于建设工程涉及社会公共利益和公共安全，为保证建设工程质量安全，我国法律、行政法规对于承包人的主体资格进行了严格的限制。

《建筑法》第十三条规定：从事建筑活动的建筑施工企业，按照其拥有的注册资本、专业技术人员、技术装备和已完成的建筑工程业绩等资质条件，划分为不同的资质等级，经资质审查合格，取得相应等级的资质证书后，方可在其资质等级许可的范围内从事建筑活动。第二十六条规定：承包建筑工程的单位应当持有依法取得的资质证书，并在其资质等级许可的业务范围内承揽工程。禁止建筑施工企业超越本企业资质等级许可的业务范围或者以任何形式用其他建筑施工企业的名义承揽工程。

《建筑法》对建筑施工企业资质等级管理的规定在性质上虽然属于公法中的管理性、强制性规定，但其立法目的在于保证建筑工程质量、维护社会公共安全和秩序，因此《最高法院建设工程解释》第一条第(一)项将《建筑法》的强制性规定通过《合同法》第五十二条第(五)项转介条款的规定引入私法领域，作为认定合同无效的法律依据，即“承包人未取得建筑施工企业资质或者超越资质等级”签订的施工合同无效。需要注意的是，由于《合同法》第五十二条第(五)项规定属于转介条款，作用在于把公法上的强制性、禁止性规范，转化为私法上的自治界线规定，因此法院在认定合同无效引用法律条文时不应再援引《建筑法》第二十六条的规定，而应直接引用《合同法》第五十二条和最高法院《建设工程解释》第一条的规定。另外，《最高法院建设工程解释》采纳了合同效力补正理论，在第五条规定，承包人超越资质等级许可的业务范围签订建设工程施工合同，在建设工程竣工前取得相应资质等级，应当认为合同有效。因此，本案例王某借用资质签订的合同无效。

四、建设工程价款的结算和支付

（一）工程价款及结算的约定

根据《建筑工程施工发包与承包计价管理办法》第十二条的规定，合同价可以采用以下方式：

（1）固定价（俗称“包死价”）。即合同总价或者单价在合同约定的风险范围内不可调整。风险范围以外的合同价款调整方法，应当在专用条款内约定。《最高法院建设工程解释》第二十二条规定：当事人约定按照固定价结算工程价款，一方当事人请求对建设工程造价进行鉴定的，不予支持。

（2）可调价。合同价款仅约定暂定价，可根据双方的约定而调整，双方在专用条款内约定合同价款调整方法。

（3）成本加酬金。合同总价由成本和建设单位支付给施工单位的酬金两部分构成，双方在专用条款内约定成本构成和酬金的计算方法，实践中该类合同比较少见。

对于上面的三种计价方式，需要当事人特别约定方可产生效力。

2013 版《施工合同通用条款》对合同价格类型的约定作了较大的修改，主要包括以下三种方式：

第一，单价合同。单价合同是指合同当事人约定以工程量清单及其综合单价进行合同价格计算、调整和确认的建设工程施工合同，在约定的范围内合同单价不作调整。合同当事人应在专用合同条款中约定综合单价包含的风险范围和风险费用的计算方法，并约定风险范围以外的合同价格的调整方法，其中因市场价格波动引起的调整按第 11.1 款“市场价格波动引起的调整”约定执行。

第二，总价合同。总价合同是指合同当事人约定以施工图、已标价工程量清单或预算书及有关条件进行合同价格计算、调整和确认的建设工程施工合同，在约定的范围内合同总价不作调整。合同当事人应在专用合同条款中约定总价包含的风险范围和风险费用的计算方法，并约定风险范围以外的合同价格的调整方法，其中因市场价格波动引起的调整按第 11.1 款“市场价格波动引起的调整”、因法律变化引起的调整按第 11.2 款“法律变化引起的调整”约定执行。

第三，其他价格形式，如成本加酬金合同。合同当事人可在专用合同条款中约定其他合同价格形式。实践中如何选择合同价格类型，可以参考《建设工程工程量清单计价规范》（GB 50500—2013）的标准，其第 7.1.3 项规定：①实行工程量清单计价的工程，应采用单价合同；②技术简单、规模偏小、工期较短的项目，且施工图设计已审查批准的，可采用总价合同；③紧急抢险、救灾以及施工技术特别复杂的工程，可采用成本加酬金合同。

该标准不是强制性标准，当事人可以自主选择。

（二）索赔

索赔是指在施工合同履行过程中，对于并非自己的过错，而是应由对方承担责任的情况造成的实际损失，向对方提出经济补偿和（或）工期顺延的要求，包括承包人的索赔和发包人的索赔两类。

1. 索赔程序

2013 版《施工合同通用条款》就索赔程序进行了详细的约定。

第 19.1 条"承包人的索赔"约定，根据合同约定，承包人认为有权得到追加付款和（或）延长工期的，应按以下程序向发包人提出索赔：

（1）承包人应在知道或应当知道索赔事件发生后 28 天内，向监理人递交索赔意向通知书，并说明发生索赔事件的事由；承包人未在前述 28 天内发出索赔意向通知书的，丧失要求追加付款和（或）延长工期的权利。

（2）承包人应在发出索赔意向通知书后 28 天内，向监理人正式递交索赔报告；索赔报告应详细说明索赔理由以及要求追加的付款金额和（或）延长的工期，并附必要的记录和证明材料。

（3）索赔事件具有持续影响的，承包人应按合理时间间隔继续递交延续索赔通知，说明持续影响的实际情况和记录，列出累计的追加付款金额和（或）工期延长天数。

（4）在索赔事件影响结束后 28 天内，承包人应向监理人递交最终索赔报告，说明最终要求索赔的追加付款金额和（或）延长的工期，并附必要的记录和证明材料。

第 19.2 条"对承包人索赔的处理"约定：

对承包人索赔的处理如下：

（1）监理人应在收到索赔报告后 14 天内完成审查并报送发包人。监理人对索赔报告存在异议的，有权要求承包人提交全部原始记录副本。

（2）发包人应在监理人收到索赔报告或有关索赔的进一步证明材料后的 28 天内，由监理人向承包人出具经发包人签认的索赔处理结果。发包人逾期答复的，则视为认可承包人的索赔要求。

（3）承包人接受索赔处理结果的，索赔款项在当期进度款中进行支付；承包人不接受索赔处理结果的，按照第 20 条（争议解决）约定处理。

《标准施工招标文件》第 23.1 条关于"承包人索赔的提出"，也作了同样的规定，即根据合同约定，承包人认为有权得到追加付款和（或）延长工期的，应按以下程序向发包人提出索赔：

承包人应在知道或应当知道索赔事件发生后 28 天内，向监理人递交索赔意向通知书，并说明发生索赔事件的事由。承包人未在前述 28 天内发出索赔意向通知书的，丧失要求追加付款和（或）延长工期的权利。

2013 版《施工合同通用条款》和《标准施工招标文件》均明确约定索赔期限为 28 天，当事人未在知道或应当知道索赔事件发生后 28 天内向监理人发出索赔意向通知书的，丧失要求索赔的权利，无权在诉讼中再主张增加或扣减工程款的索赔。

承包人索赔的内容主要包括顺延工期和增加工程款（或赔偿损失）两部分。

2013版《施工合同通用条款》第7.5.1条第1款关于“因发包人原因导致工期延误”规定，在合同履行过程中，因下列情况导致工期延误和（或）费用增加的，由发包人承担由此延误的工期和（或）增加的费用，且发包人应支付承包人合理的利润：

（1）发包人未能按合同约定提供图纸或所提供图纸不符合合同约定的；

（2）发包人未能按合同约定提供施工现场、施工条件、基础资料、许可、批准等开工条件的；

（3）发包人提供的测量基准点、基准线和水准点及其书面资料存在错误或疏漏的；

（4）发包人未能在计划开工日期之日起7天内同意下达开工通知的；

（5）发包人未能按合同约定日期支付工程预付款、进度款或竣工结算款的；

（6）监理人未按合同约定发出指示、批准等文件的；

（7）专用合同条款中约定的其他情形。

实践中存在争议的是发包人原因或外部客观原因导致工程确实发生工期顺延事由，但承包人未履行签证确认程序的，工期是否应予顺延。对此，浙江省高级人民法院《关于审理建设工程施工合同纠纷案件若干疑难问题的解答》第6条规定：发包人仅以承包人未在规定时间内提出工期顺延申请而主张工期不能顺延的，该主张不能成立。但合同明确约定不在规定时间内提出工期顺延申请视为工期不顺延的，应遵从合同的约定。北京市高级人民法院《关于审理建设工程施工合同纠纷案件若干疑难问题的解答》第26条采用此观点，规定：因发包人拖欠工程预付款、进度款、迟延提供施工图纸、场地及原材料、变更设计等行为导致工程延误，合同明确约定顺延工期应当经发包人签证确认，经审查承包人虽未取得工期顺延的签证确认，但其举证证明在合同约定的办理期限内向发包人主张过工期顺延，或者发包人的上述行为确实严重影响施工进度的，对承包人顺延相应工期的主张，可予支持。

在工期索赔中，承包人主张增加的工程款实际上就是其因工期顺延所造成的停工、窝工损失，反之，发包人主张扣减的工程款就是其因工程逾期竣工所受到的实际损失。其中，停工、窝工损失主要包括承包人现场人员工资、机械设备租金、周转材料租金等损失，这些损失数额的确定必须以现场施工人员的人数、机械设备数量、周转材料数量及拖延工期天数为依据。按照施工规范，承包人进场时应当有进场记录，施工过程中应当制作施工日志，监理单位应当制作监理月报，这些材料能够反映进场时的人员、机械设备数量及周转材料数量，能够反映每天的施工情况及拖延工期的原因。但实践中大部分案件当事人都无法提供经双方认可的上述材料，导致无法鉴定，只能由法官依据现有证据材料行使自由裁量权，对损失具体数额予以酌定。

2.对工程量的确认

1）工程结算的程序

《建筑工程施工发包与承包计价管理办法》第十六条规定了工程结算的程序。

工程竣工验收合格，应当按照下列规定进行竣工结算：

（1）承包方应当在工程竣工验收合格后的约定期限内提交竣工结算文件。

（2）发包方应当在收到竣工结算文件后的约定期限内予以答复。逾期未答复的，竣工结算文件视为已被认可。

(3)发包方对竣工结算文件有异议的,应当在答复期内向承包方提出,并可以在提出之日起的约定期限内与承包方协商。

(4)发包方在协商期内未与承包方协商或者经协商未能与承包方达成协议的,应当委托工程造价咨询单位进行竣工结算审核。

(5)发包方应当在协商期满后的约定期限内向承包方提出工程造价咨询单位出具的竣工结算审核意见。

发承包双方在合同中对上述事项的期限没有明确约定的,可认为其约定期限均为28天。发承包双方对工程造价咨询单位出具的竣工结算审核意见仍有异议的,在接到该审核意见后1个月内可以向县级以上地方人民政府建设行政主管部门申请调解,调解不成的,可以依法申请仲裁或者向人民法院提起诉讼。

2)对未经签证但事实上已经完成的工程量的确认

工程量的确认一般应以监理工程师的确认为依据。监理工程师的确认以签证为依据。但是,有的时候却存在另一种情形,监理工程师口头同意进行某项工程的修建,但是由于主观的或者客观的原因而没能及时提供签证。对于这部分工程量的确认就很容易引起纠纷。

《合同法》第三十六条规定:法律、行政法规规定或者当事人约定采用书面形式订立合同,当事人未采用书面形式但一方已经履行主要义务,对方接受的,该合同成立。依据这个条款,《最高法院建设工程解释》第十九条规定:当事人对工程量有争议的,按照施工过程中形成的签证等书面文件确认。承包人能够证明发包人同意其施工,但未能提供签证文件证明工程量发生的,可以按照当事人提供的其他证据确认实际发生的工程量。

3)对于确认工程量的时间

如果建设单位迟迟不确认施工单位完成的工程量,就会导致施工单位不能及时得到工程款,损害施工单位的利益。《最高法院建设工程解释》第二十条规定:当事人约定,发包人收到竣工结算文件后,在约定期限内不予答复,视为认可竣工结算文件的,按照约定处理。承包人请求按照竣工结算文件结算工程价款的,应予支持。这与《建筑工程施工发包与承包计价管理办法》第十六条的规定是相符的。

【案例2-44】

2004年,河南某防洪工程建设管理局被广西一家一级资质水利施工公司告到法院。防洪工程建设管理局与水利施工公司签订了堤防加固工程承包协议一份,工程完工后,水利施工公司认为自己多做了工程,并且有监理工程师签字的工程量报表,防洪工程建设管理局应多支付工程款200万元,防洪工程建设管理局对此不予认可。

问:监理工程师签认的工程量报表可以直接作为工程结算依据吗?

解析:

《工程建设监理规定》第十八条规定:监理单位是建筑市场的主体之一,建设监理是一种高智能的有偿技术服务。监理单位应当按照“公正、独立、自主”的原则,开展工程建设监理工作,公平维护项目法人和被监理单位的合法权益。

监理单位具有双重身份，其与项目法人应当签订书面工程建设监理合同，双方是委托与被委托的合同关系，其与被监理单位之间是监理与被监理的关系。监理人是发包人的委托代理人，其权利来源于发包人的授权和法律赋予的职责，监理人不是施工合同当事人。发包人和承包人应在施工合同中明确监理人的监理内容及监理权限等事项。监理人应当根据发包人授权及法律规定，代表发包人对工程施工相关事项进行检查、查验、审核、验收，并签发相关指示，但监理人无权修改合同，也无权减轻或免除合同约定的承包人的任何责任与义务。2013 版《施工合同通用条款》确定了监理人"文件传递中心"的合同地位，约定发包人和承包人之间传递文件均需要通过监理人来实现。监理的法律特征与委托代理相似，但还具有区别于委托代理的法律特征。具体讲，监理人与发包人之间是平等关系，是特殊的委托合同关系。"特殊"在于监理不仅要为发包人提供监理服务，维护发包人的合法权益，而且还有责任维护承包人的合法权益。不能将监理单位单纯看为发包人的利益代表。

实践中，承包人提交的签证文件上只有监理人员的签字，没有发包人的签字，发包人以此为由提出抗辩，否认签证文件效力的，应如何处理？

一种观点认为，监理人受发包人委托，享有合同约定的权利，其所发出的任何指示应视为已得到发包人的批准。监理人在行使某项权利前需要经发包人事先批准而通用合同条款没有指明的，应在专用合同条款中指明。因此，一般情况下监理人员的签证确认应当视同发包人的确认，对发包人具有约束力。例外情形主要有二：一是合同中对于监理人员的权限有明确限制，承包人对此也是明知的；二是对于超出合同范围的工程量、价格、工期进行调整，监理人员未经发包人授权予以确认的，该签证文件对发包人不发生效力。另一种观点认为，监理的法律特征虽与委托代理相似，但还不能完全等同于委托代理。监理虽然系由发包人委托，但相对于发包人和承包人而言，属于中立的第三方，并且，根据建设部《工程建设监理规定》第十四条的规定，监理单位并不具备签署洽商签证的法定职权。因此，在当事人没有特别约定，且不构成表见代理的情况下，监理人员的签证确认对发包人不发生约束力。如北京市高级人民法院《关于审理建设工程施工合同纠纷案件若干疑难问题的解答》规定：工程监理人员在监理过程中签字确认的签证文件，涉及工程量、工期及工程质量等事实的，原则上对发包人具有约束力，涉及工程价款洽商变更等经济决策的，原则上对发包人不具有约束力，但施工合同对监理人员的授权另有约定的除外。

目前，我国建筑市场上监理单位的权限主要是《工程建设监理规定》第九条规定的监理内容，即"控制工程建设的投资、建设工期和工程质量；进行工程建设合同管理，协调有关单位间的工作关系"。而对于涉及工程款的确定及支付等问题，则不属于监理工作的内容，监理单位一般也无权代表发包人进行确认。另外，2013 版《施工合同通用条款》中对工程量计量审核和付款审核支付有不同的约定，如约定监理工程师具备签署工程月报表职责，监理人有权对承包人提交的工程量报表进行审核，以确定当月实际完成的工程量，监理人只需要将审核结果报送发包人即可，此约定对承包人并不发生效力；只有在施工合同中有此约定，才对承包人发生签证效力。建筑市场上，在施工合同中签有此约定的情况基本不存在。监理人对工程量有异议的，有权要求承包人进行共同复核或抽样复测。承包人应协助监理人进行复核或抽样复测，并按监理人要求提供补充计量资料。承包人未按监理人要求参加复核或抽样复测的，监理人复核或修正的工程量视为承包人实际完成的工程量。而工程款的审核支付则有所不同，监理人对承包人进度付款申请单以及相关资料完成审查后，应报送发包人，由发包人完成审批并签发进度款支付证书，发包人逾期未完成审批且未提出异议的，视为已签发进度款支付证书。由此可见，除非合同专用条款另有约定，监理人享有对工程量进行计量审核的权利，而对于付款审核支付，监理人只能进行初步审查，最终审批权由发包人享有和行使。实践中，还要看交易惯例。如施工过程中，监理工程师有签认施工月报表的工作惯例。对签认的结果，各方当事人未提出异议，唯独对一份或几份签认结果不认可，应当认定此签认行为构成了表见代理行为，应当认定监理工程师对施工月报表的签认效力。除上述情况外，监理工程师对施工月报表的签认行为，不发生签证效力。基于上述分析，监理人员签字确认的工程量、质量、工期等技术签证，属于监理工作的职权范围，与发包人签字确认具有相同的效力，而监理人员签字确认的工程价款变更、支付等经济签证，超出了监理工作的职权范围，对发包人不发生效力。即监理工程师签认工程月报表的行为，就一般情况而言，监理工程师签认的工程量月报表属于书证，具备民事诉讼法意义上的证据效力，但不发生签证效力，不能直接推定为建设单位认可。

本案例法院最后没有把监理工程师签认的工程量报表直接作为工程结算依据。

3. 计价标准

（1）关于计价标准。目前主要是建设部和各省、自治区、直辖市规定的定额标准，性质上属于国家指导价，不属于强制性规定。当事人在施工合同中可以约定选择适用定额标准，也可以约定选择其他计价标准。2003 年后，国家开始推行工程量清单计价。2008 年 12 月 1 日，《建设工程工程量清单计价规范》（GB 50500—2008）正式施行。2012 年 12 月 25 日，住房和城乡建设部下发了国家标准《建设工程工程量清单计价规范》（GB 50500—2013），自 2013 年 4 月 1 日起实施，规定：全部使用国有资金投资或国有资金投资为主的建设工程施工发承包，必须采用工程量清单计价；非国有资金投资的建设工程，宜采用工程量清单计价。建设工程施工发承包造价由分部分项工程费、措施项目费、其他项目费、规费和税金组成。分部分项工程和措施项目清单应采用综合单价计价。综合单价是指完成一个规定计量单位的分部分项工程和措施清单项目所需的人工费、材料费和工程设备费、施工机具使用费和企业管理费、利润以及一定范围内的风险费用。

（2）关于利息。《合同法》第一百一十三条规定：当事人一方不履行合同义务或者履行合同义务不符合约定，给对方造成损失的，损失赔偿额应当相当于因违约所造成的损失，包括合同履行后可以获得的利益，但不得超过违反合同一方订立合同时预见到或者应当预见到的因违反合同可能造成的损失。利息是建设单位如果按期支付工程款后承包商的预期利益，如果建设单位不及时向承包商支付工程款，承包商在要求建设单位继续履行的前提下，可以要求建设单位为此支付利息。在实践中，对于利息的支付容易在两个方面产生纠纷：一是利息的计付标准，二是何时开始计付利息。《最高法院建设工程解释》第十七条对于计付标准作出了规定：当事人对欠付工程价款利息计付标准有约定的，按照约定处理；没有约定的，按照中国人民银行发布的同期同类贷款利率计息。第十八条对何时开始计付利息作出了规定：利息从应付工程价款之日计付。当事人对付款时间没有约定或者约定不明的，下列时间视为应付款时间：①建设工程已实际交付的，为交付之日；②建设工程没有交付的，为提交竣工结算文件之日；③建设工程未交付，工程价款也未结算的，为当事人起诉之日。

4. 承包单位提交竣工结算报告后发包人逾期不答复，不能必然得出视为发包人认可结算报告的结论

建设工程施工合同约定发包人应在收到承包人提交的竣工结算文件后一定期限内予以答复，但未明确约定逾期不答复即视为认可竣工结算文件，承包人依据《最高法院建设工程解释》第二十条的规定要求按照竣工结算文件结算工程价款的，不予支持。

建设工程施工合同对此未作明确约定，承包人仅以原建设部《建筑工程施工发包与承包计价管理办法》第十六条的规定，或者1999版《施工合同通用条款》第33.3条的约定为依据，要求按照竣工结算文件结算工程价款的，不予支持。

【案例2-45】

发包方甲公司与承包方乙公司于2010年6月签订了工程建设施工合同，合同约定发包方将某处截渗墙等发包给承包方，对承包的内容、工期、取费标准、工程量的确认、结算及支付、工程质量和验收、违约责任等作出了明确的约定。由于发包方支付进度款不及时导致承包方资金链断裂，承包方所欠民工工资无法按约支付，多次发生民工上访事件，双方矛盾激化，发包方于2011年9月20日通知承包方解除合同，承包方于2011年11月20日撤出施工现场，后因双方无法就已完工程的结算问题达成一致，承包方诉至法院。承包方认为，施工合同约定，发包方对承包方所报送的计量资料7日内未进行计量的，从第8天起，视为发包方认可所报送的工程量。施工单位于2011年4月1日向发包方报送了截至2011年3月25日的计量资料（工程款支付申请表），累计应付款数字为300万元，发包方逾期未进行计量，应视为对该数字的认可，应按照这个数字支付工程款。被告发包方认为，该工程款支付申请表不能作为结算的依据，双方对已完工程没有进行结算，工程价款应通过造价鉴定确定，并提出了造价鉴定申请。法院遂委托中介机构进行造价鉴定，鉴定结果为210万元，一审法院遂按照该鉴定结果作出了判决，驳回了承包方的诉讼请求。原告承包方对此结果不服，认为造价鉴定存有遗漏，没有反映其施工的全部工作任务，提起了上诉，二审法院维持了原判。

问：（1）承包人提出竣工结算报告后在约定期限内发包人不答复即视为认可吗？

（2）已完工程如何鉴定造价？

解析：

本案例的焦点很清楚，一个是合同中关于结算的默示推定条款的适用效力问题，另一个是工程造价鉴定问题。这两个问题都是直接关系合同双方重大利益的核心问题，是建设工程施工合同纠纷中常出现的焦点问题。

（1）本案例的第一个焦点问题是合同当中的默示推定条款效力问题。《财政部　建设部关于印发〈建设工程价款结算暂行办法〉的通知》（财建〔2004〕369号）第十六条规定：发包人收到竣工结算报告及完整的结算资料后，在本办法规定或合同约定期限内，对

结算报告及资料没有提出意见，则视同认可。《最高人民法院审理建设工程施工合同纠纷适用法律问题的解释》第二十条规定：当事人约定，发包人收到竣工结算文件后，在约定期限内不予答复，视为认可竣工结算文件的，按照约定处理。承包人请求按照竣工结算文件结算工程价款的，应予支持。《中华人民共和国标准设计施工总承包招标文件》第17.5.2款规定，发包人对承包人提出的竣工付款申请未在约定时间内审核又未提出具体意见的，监理人提出发包人到期应该支付承包人的价款视为已经发包人同意。那么，是不是说依据上述规定或约定，就可以简单推出承包人提出竣工结算报告后在约定期限内发包人不答复即视为认可的结论呢？答案是否定的。最高人民法院在〔2005〕民一他字第23号《关于发包人收到承包人竣工结算文件后，在约定期限内不予答复，是否视为认可竣工结算文件的复函》中明确：建设部制定的建设工程施工合同格式文本中的通用条款的约定，不能简单推论出，双方当事人具有发包人收到竣工结算文件一定期限内不予答复，则视为认可承包人提交的竣工结算文件的一致的意思表示，承包人提交的竣工结算文件不能作为工程款结算的依据。适用该条的前提必须是当事人在专用条款中予以特别约定。依据该司法解释精神，《中华人民共和国标准设计施工总承包招标文件》通用条款中的默示推定条款也不能简单地适用，而必须在专用条款中特别约定。最高人民法院作出的二审案件裁判文书中，确有依据《最高人民法院审理建设工程施工合同纠纷适用法律问题的解释》第二十条规定，按照当事人在格式合同中的特别约定，全面支持承包人主张按其报价结算工程款的先例。本案例中，乙公司主张依据合同通用条款的默示推定条款，其提交给被告的进度款支付申请被告逾期未答复即视为认可已完工程造价300万元是不能成立的，理由：一是该约定不是专用条款的约定；二是其提交的不是完整的竣工结算报告，而仅仅是进度款支付申请，不能作为竣工结算的依据。

由此看来，承包单位提交竣工结算报告后发包人逾期不答复不能必然得出视为发包人认可结算报告的结论，必须在合同专用条款中有特别明确的约定，且提交结算报告程序无瑕疵。最高人民法院关于适用默示推定条款的规定是从严解释，施工企业欲通过该条款来维护自身利益，结算报告的编制形式、报送方式、期限、程序、对方接收人员的签认、现场监理的签认程序等都必须严格符合合同要求和法律规定。

(2)本案例的第二个焦点问题是已完工程如何进行结算的问题。工程造价鉴定是大多数施工企业经常遇到的问题，也是施工企业很容易受伤的问题，鉴定所存在的种种问题已引起多方的质疑和非议。为此，《最高人民法院审理建设工程施工合同纠纷适用法律问题的解释》对工程造价鉴定采取的是从严控制，即能不鉴定就不鉴定，能小范围鉴定就小范围鉴定。但毕竟法官不是专业人士，对于专业的造价结算问题有时确实无法独立完成，这就有必要委托专业机构进行鉴定，所以诉讼中建设工程造价结算鉴定有其存在的必然性。关于鉴定的依据问题。鉴定应该依据合同约定的结算方法和结算标准，没有约定的，则由双方商定适用的标准和方法，不能交由鉴定机构擅自决定。鉴定的工程内容则是双方无法达成一致意见的部分，不能随意扩大或缩小，工程量计算应该依据双方确认已完工程范围的工程量。鉴定所需资料应根据证据适用规则和案件具体情况由法院在当事人之间进行分配，当事人无法提供的由法院依职权调取，而且这些资料需要经过双方质证最后经由法院认定后交由中介机构。中介机构只能按照法院的委托范围和确定的原则、经质证后认定的证据进行鉴定,鉴定机构不得对证据的适用和事实的认定进行评判,这属于审判权的范畴。鉴定程序的启动一般应依据当事人的申请,确需法院依职权启动的法院可依职权启动,应公开、公正地选择鉴定机构,鉴定结果必须进行质证,鉴定机构必须派人出庭接受询问。

本案例中,双方对工程结算争议较大,法院也无法依据合同进行结算,依据被告的申请启动了鉴定程序。鉴定结果为210万元,原告对此结果不服,认为鉴定机构遗漏了大量已完工程项目,但是没有相应证据反驳,法院遂作出上述判决,这是符合法律规定的。

5. 国有资金投资工程的结算依据

使用国有资金投资的建设工程,承包人要求按照合同约定结算工程价款,发包人以财政评审机构或审计机关未完成竣工决算的审核、审计为由拒绝支付工程款,或者要求以财政评审机构或审计机关出具的审核、审计结果作为工程款结算依据的,不予支持,但合同明确约定以财政评审机构或审计机关审核、审计结果作为工程价款结算依据或双方当事人恶意串通损害国家利益的除外。

五、"黑白合同"问题

所谓的"黑白合同"(阴阳合同)问题,就是招标人与中标人签订了合同后另行订立了一个背离该合同实质性内容的其他协议而引发的问题。这个问题主要表现在以哪个合同结算。

《招标投标法》第四十六条规定:招标人和中标人应当自中标通知书发出之日起30日内,按照招标文件和中标人的投标文件订立书面合同。招标人和中标人不得再行订立背离合同实质性内容的其他协议。可见,招标人与中标人另行签订的合同的行为属于违法行为。根据《合同法》第五十二条的规定,违反法律、行政法规的强制性规定,合同无效。

我国关于合同备案也有相关规定。《招标投标法》第四十七条规定:依法必须进行招标的项目,招标人应当自确定中标人之日起15日内,向有关行政监督部门提交招标投标情况的书面报告。

《工程建设项目施工招标投标办法》第六十五条规定:依法必须进行施工招标的项目,招标人应当自发出中标通知书之日起15日内,向有关行政监督部门提交招标投标情况的书面报告。

前款所称书面报告至少应包括下列内容:

(1)招标范围;

(2)招标方式和发布招标公告的媒介;

(3)招标文件中投标人须知、技术条款、评标标准和方法、合同主要条款等内容;

(4)评标委员会的组成和评标报告;

(5)中标结果。

《房屋建筑和市政基础设施工程施工招标投标管理办法》第四十七条规定:招标人和中标人应当自中标通知书发出之日起30日内,按照招标文件和中标人的投标文件订立书面合同;招标人和中标人不得再行订立背离合同实质性内容的其他协议。订立书面合同后 7 日内，中标人应当将合同送县级以上工程所在地的建设行政主管部门备案。

可见，在很多工程中，中标后签订的合同是需要备案的。对于两个存在实质性差别的“黑白合同”（阴阳合同），只能用第一个合同进行备案，而不可能采用第二个合同备案或者将两个合同同时进行备案。

当事人就同一建设工程另行订立的建设工程施工合同与经过备案的中标合同实质性内容不一致的，应当以备案的中标合同作为结算工程价款的根据，背离原合同实质性内容的其他协议将不能作为结算工程价款的依据。

《最高人民法院司法观点集成》一书中对“准确认定和正确把握涉及‘黑白合同’案件的裁判尺度”有以下分析和观点：

人民法院应当准确把握认定“黑合同”的标准。由于建筑市场上“黑白合同”呈发展蔓延趋势，表现为人民法院审理的施工合同纠纷案件的施工合同中，有一半以上存在“黑白合同”，如把握标准过严，就意味着大量的施工合同将被认定无效，可能会导致经济活动逆向流转，这样的结果不符合建筑市场现实，不利于经济活动的顺向流转，不利于建筑市场的健康发展；如把握标准过宽，实质是对违法行为的放纵，与党中央、国务院规范整顿建筑市场的初衷相悖；如执法的分寸把握得当，既可以配合人民政府对建筑市场的规范整顿措施，严肃执行《招标投标法》，也需要面对建筑市场的实际情况，保障建筑市场的健康快速发展，为国民经济发展大局服务。准确把握“黑白合同”的标准是什么呢？一般认为，招标公告为要约邀请，投标为要约，中标为承诺。《招标投标法》第四十六条规定：中标通知书对招标人和投标人具有法律效力。中标通知书都是具有法律效力的文件，招标人和中标人不得再行订立背离合同实质性内容的其他协议；否则，招标人与中标人订立的合同就属于“黑合同”。“合同实质性内容”应当就是中标通知书记载的内容，因为当事人签订的施工合同必须包括中标通知书记载的实质性内容。施工合同的主要条款应当包括工程价款、工期、质量标准、违约责任等施工合同必备条款。

根据上述分析，认定“黑合同”时应当把握以下几点：

第一，施工合同的特性决定了所有的施工合同都需要细化和变更后才能履行，通过招标投标形式签订的施工合同也不例外。不能理解为通过招标投标签订的合同，在签约后不能补充、修订、细化，只能一份合同履行到底。通过招标投标签订的施工合同与通过其他形式签订的施工合同一样，都需要通过经济洽商记录等形式不间断地对主合同补充、细化后，才能够全面实际履行，不能因此认定当事人签订了“黑合同”。

第二，“实质性内容”如何把握？认定“实质性内容”的标准，属于法官自由裁量权的组成部分。目前对“实质性内容”的认定标准不宜过严。“实质性内容”是与个案的具体情况相关联的，像 100 万元的工程另行订立的合同价款比中标合同少 20 万元，就应当认定为“黑合同”；2 000 万元的工程少 200 万元，也不一定认定为“黑合同”。像工艺复杂的异型工程必然工期长于一般工程工期，不能以一般工程的工期衡量异型工程的工期标准；异型工程的工期在施工过程中适度延长是合理的，不能因此认定当事人变更了中标合同的实质性内容。从宽把握“实质性内容”的底线为从宽把握的幅度不能与法律、国家标准、行业规范相悖。像通过经济洽商记录减少后的工程价款不能低于工程成本，缩短后的工期不能违反建设工程施工行业的工艺流程所必需的周期，不能违反建筑施工应当遵循的自然规律。像水泥板结存在自然周期，违反自然规律在水泥未完全板结前开始下一个工序抢工期，这种行为必然会降低水泥的设计强度，必然会影响工程质量，违反国家标准甚至国家强制性标准。突破上述底线的，人民法院应当坚决认定当事人另行签订了"黑白合同"。

第三，"备案"不是认定"黑白合同"的法定依据，而是参考因素之一。备案与中标合同的实质性内容相悖的，应当以中标合同记载的实质性内容为准。备案为招标投标活动的管理措施之一，不具有物权公示的法律效力，是法官认定"黑白合同"的参考因素之一。在签约后，因客观原因导致合同内容实质性变更的，承包人应当办理二次或者备案手续。

第四，如存在着多份无效的"黑合同"，应当以哪一份"黑合同"作为工程结算的参考依据问题。现实生活中，大量存在着因招标人、投标人、招标代理机构之间恶意串通，招标人泄露标底，投标人相互串通等违法行为导致中标合同无效，当事人又签订了低于（或高于）中标合同的所谓"黑合同"。一起纠纷中就存在两份以上的价款、工期、质量标准不一致的"黑合同"，如建设工程经竣工验收合格，人民法院应当参照哪份"黑合同"约定结算工程价款？最高人民法院和地方人民法院对此做法不一。有的法院根据个案具体情况对两份以上的"黑合同"存在的差价，依据《最高法院建设工程解释》第四条的规定适当予以收缴；有的以当事人实际履行的合同作为结算工程价款的依据；有的根据当事人导致合同无效的过错，分配两份以上"黑合同"差价；有的法院按照当事人对工程建设质量、无效合同过错、平衡当事人利益、与市场平均造价是否相符等综合因素决定两份以上的"黑合同"之间差价的分配。

【案例 2-46】

2004 年 5 月 17 日，某水电工程集团房建公司作为中标的施工单位与建设单位签订了某住宅施工承包合同，合同中约定的工程款为 800 万元。双方按照法律规定将此合同进行了备案。3 天后建设单位主管领导邀请房建公司经理见面，提出重新签订一个施工单包合同，将合同价改为 650 万元。由于房建公司担心失去该施工任务，就违心答应了这个要求。2006 年 5 月 20 日工程竣工，房建公司要求按照第一个合同结算工程款，遭到建设单位的拒绝。房建公司打算提起诉讼，有人告知房建公司经理："你这个官司打不赢。因为你们已经签订了第二个合同，第二个合同修改了第一个合同，效力高于第一个合同。"

问：这位人士的观点正确吗？

解析：

不正确。这就是"黑白合同"问题。第二个合同由于违反《招标投标法》，是无效的合同，自然就不存在效力高于第一个合同的问题。

六、建设工程垫资问题

由于我国建筑市场的不完善，施工单位在承揽工程的过程中经常处于弱势地位，工程垫资就是很典型的例证。

根据我国《工程建设项目施工招标投标办法》的规定，依法必须招标的项目，招标时需要具备的条件之一就是有相应资金或资金来源已经落实，否则不许招标。同时，建设单位向施工单位支付预付款也属于我国建设行业交易习惯。例如，根据我国《建设工程施工合同(示范文本)》12.2 预付款的规定：实行工程预付款的，双方应当在专用条款内约定发包人向承包人预付工程款的时间和数额，开工后按约定的时间和比例逐次扣回。预付时间应不迟于约定的开工日期前 7 天。发包人不按约定预付，承包人在约定预付时间 7 天后向发包人发出要求预付的通知，发包人收到通知后仍不能按要求预付，承包人可在发出通知后 7 天停止施工，发包人应从约定应付之日起向承包人支付应付款的贷款利息，并承担违约责任。可见，该示范文本提倡建设单位不仅要具备修建工程的资金准备，而且还应该向承包商支付工程预付款。但是，很多时候，这种用意未能落实，不仅承包商得不到工程预付款，其应该获得的工程进度款也不容易全部收回。

“带资承包”其实质就是建筑工程施工合同双方当事人约定施工方先负担工程费用，建设方迟延给付。这属于当事人就合同内容的一种约定。《民法通则》、《合同法》乃至《建筑法》等有关建筑方面的法律、行政法规都没有作出禁止“带资承包”的规定。《合同法》第五十二条第五款规定，违反法律、行政法规的强制性规定的，合同无效。《最高人民法院关于适用〈中华人民共和国合同法〉若干问题的解释(一)》第四条规定，合同法实施后，人民法院确认合同无效，应当以全国人民代表大会及其常务委员会制定的法律和国务院制定的行政法规为依据，不得以地方性法规、行政规章为依据。根据以上法律规定和司法解释，“带资承包”并没有违反法律、行政法规的强制性规定，“带资承包”条款并不影响合同效力。

对于因垫资问题产生的纠纷，《最高法院建设工程解释》作出了明确规定，当事人对垫资和垫资利息有约定，承包人请求按照约定返还垫资及其利息的，应予支持，但是约定的利息计算标准高于中国人民银行发布的同期同类贷款利率的部分除外。当事人对垫资没有约定的，按照工程欠款处理。当事人对垫资利息没有约定，承包人请求支付利息的，不予支持。

七、建设工程质量不符合约定情况下责任承担问题

(一)因承包商过错导致质量不符合约定的处理

《合同法》第二百八十一条规定：因施工人的原因致使建设工程质量不符合约定的，发包人有权要求施工人在合理期限内无偿修理或者返工、改建。经过修理或者返工、改建后，造成逾期交付的，施工人应当承担违约责任。《最高法院建设工程解释》第十一条规定：因承包人的过错造成建设工程质量不符合约定，承包人拒绝修理、返工或者改建，发包人请求减少支付工程价款的，应予支持。

有的时候，承包商造成工程质量不合格的原因可能会触犯法律，例如偷工减料等。如果其行为触犯了相关的法律，还将接受法律的制裁。《建筑法》第七十四条规定：建筑施工企业在施工中偷工减料的，使用不合格的建筑材料、建筑构配件和设备的，或者有其他不按照工程设计图纸或者施工技术标准施工的行为的，责令改正，处以罚款；情节严重的，责令停业整顿，降低资质等级或者吊销资质证书；造成建筑工程质量不符合规定的质量标

准的，负责返工、修理，并赔偿因此造成的损失；构成犯罪的，依法追究刑事责任。

（二）发包人未经验收擅自使用后的法律风险

《建设工程质量管理条例》第十六条规定：建设单位收到建设工程竣工报告后，应当组织设计、施工、工程监理等有关单位进行竣工验收。建设工程竣工验收应当具备下列条件：

（1）完成建设工程设计和合同约定的各项内容；

（2）有完整的技术档案和施工管理资料；

（3）有工程使用的主要建筑材料、建筑构配件和设备的进场试验报告；

（4）有勘察、设计、施工、工程监理等单位分别签署的质量合格文件；

（5）有施工单位签署的工程保修书。建设工程经验收合格的，方可交付使用。

有的时候，建设单位为了能够提前投入生产或节日献礼等，经常在没有经过竣工验收的前提下就擅自使用了工程，甚至当建设工程质量安全监督部门依法予以制止时，很多建设单位都很难理解，有人甚至觉得监督部门是鸡蛋里挑骨头或者是无理取闹。未经验收擅自使用，对建设方而言，民事责任风险很大：

（1）未经验收擅自使用的，转移占有工程的日期就成为工程的实际竣工日期。这对建设方而言，意味着要尽快地按合约内容支付合同约定的以竣工作为支付前提条件的"竣工款"付给施工方，如果逾期付款，还要承担违约金、利息或其他赔偿责任。

（2）未经验收擅自使用的，工程如果出现一般性的质量问题（包括渗水、裂缝、地面不平等功能性质量问题和影响美感的观感性质量问题），建设方只能自己承担这个责任。由于工程质量问题都需要经过一段时间才能显现出来，所以这种未经竣工验收就使用工程的行为往往就导致了其后的工程质量的纠纷。

《最高法院建设工程解释》第十三条规定：建设工程未经竣工验收，发包人擅自使用后，又以使用部分质量不符合约定为由主张权利的，不予支持；但是承包人应当在建设工程的合理使用寿命内对地基基础工程和主体结构质量承担民事责任。上述规定体现了对于建设单位的擅自使用工程行为的惩罚，认定了建设单位使用工程即是对工程质量的认可。但是，上述规定却并没有全部免除承包商的责任，要求承包商对于地基基础工程和主体结构的质量承担相应的责任。这是基于《建设工程质量管理条例》对于地基基础工程和主体结构工程的最低保修期限的规定。

《建设工程质量管理条例》第四十条规定了对于基础设施工程、房屋建筑的地基基础工程和主体结构工程，为设计文件规定的该工程的合理使用年限，这就等于是终身保修。《建设工程质量管理条例》第四十条规定，在正常使用条件下，建设工程的最低保修期限为：

（1）基础设施工程、房屋建筑的地基基础工程和主体结构工程，为设计文件规定的该工程的合理使用年限。

（2）屋面防水工程、有防水要求的卫生间、房间和外墙面的防渗漏，为5年。

（3）供热与供冷系统，为2个采暖期、供冷期。

（4）电气管线、给排水管道、设备安装和装修工程，为2年。

因此，并不因建设单位是否提前使用工程而免除保修的责任。

《最高法院建设工程解释》也对工程质量产生的争议如何进行鉴定作出了原则性规定:当事人对部分案件事实有争议的,仅对有争议的事实进行鉴定,但争议事实范围不能确定,或者双方当事人请求对全部事实鉴定的除外。

发包人未经验收而提前使用工程不仅在工程质量上要承担更大的责任,还将由于这样的行为而接受法律的制裁。《建设工程质量管理条例》第五十八条规定,违反本条例规定,建设单位有下列行为之一的,责令改正,处工程合同价款2%以上4%以下的罚款;造成损失的,依法承担赔偿责任:

(1)未组织竣工验收,擅自交付使用的;

(2)验收不合格,擅自交付使用的;

(3)对不合格的建设工程按照合格工程验收的。

八、对竣工日期的争议问题

竣工日期可以分为合同中约定的竣工日期和实际竣工日期。

合同中约定的竣工日期是指发包人和承包人在协议书中约定的承包人完成承包范围内工程的绝对或相对的日期。实际竣工日期是指承包人全面、适当履行了施工承包合同时的日期。合同中约定的竣工日期是发包人限定的竣工日期的底线,如果承包人超过了这个日期竣工就将为此承担违约责任。而实际竣工日期则是承包人可以全面主张合同中约定的权利的开始之日,如果该日期先于合同中约定的竣工日期,承包商可以根据约定(如有)获得奖励。

《建设工程施工合同(示范文本)》第32.4款规定:工程竣工验收通过,承包人送交竣工验收报告的日期为实际竣工日期,工程按发包人要求修改后通过竣工验收的,实际竣工日期为承包人修改后提请发包人验收的日期。但是,在实际操作过程中却容易出现一些特殊的情形并最终导致关于竣工日期的争议的产生。这些情形主要表现在:

(1)由于建设单位和施工单位对于工程质量是否符合合同约定产生争议而导致对竣工日期的争议。对此,《最高法院建设工程解释》第十五条规定:建设工程竣工前,当事人对工程质量发生争议,工程质量经鉴定合格的,鉴定期间为顺延工期期间。从这个规定可以看出,应该以提交竣工验收报告之日为实际竣工日期。

(2)由于发包人拖延验收而产生的对实际竣工日期的争议。《建设工程施工合同(示范文本)》规定,工程具备竣工验收条件,承包人按国家工程竣工验收有关规定,向发包人提供完整竣工资料及竣工验收报告。双方约定由承包人提供竣工图的,应当在专用条款内约定提供的日期和份数。发包人收到竣工验收报告后28天内组织有关单位验收,并在验收后14天内给予认可或提出修改意见。承包人按要求修改,并承担由自身原因造成修改的费用。但是,有的时候由于主观的或者客观的原因,发包人没能按照约定的时间组织竣工验收,最后施工单位和建设单位就实际竣工之日产生了争议。对此,《最高法院建设工程解释》第十四条规定:建设工程经竣工验收合格的,以竣工验收合格之日为竣工日期。承包人已经提交竣工验收报告,发包人拖延验收的,以承包人提交验收报告之日为竣工日期。

(3)由于发包人擅自使用工程而产生的对于实际竣工验收日期的争议。《建设工程质量管理条例》第十六条规定,建设单位收到建设工程竣工报告后,应当组织设计、施工、工程监理等有关单位进行竣工验收。建设工程经验收合格的,方可交付使用。有的时候,建设单位为了能够提前使用工程而取消了竣工验收这道法律规定的程序。而这样的后果之一就是容易对实际竣工日期产生争议,因为没有提交的竣工验收报告和竣工验收试验可供参考。对于这种情形,《最高法院建设工程解释》第十四条同时作出了下面的规定:建设工程未经竣工验收,发包人擅自使用的,以转移占有建设工程之日为竣工日期。

九、委托代建合同纠纷案件的法律适用

《最高法院建设工程解释》第二十七条第二款规定:保修人与建筑物所有人或者发包人对建筑物毁损均有过错的,各自承担相应的责任。此条为规定因保修人与建筑物所有人或者发包人未及时履行保修义务造成建筑物毁损的共同侵权责任。其中,"建筑物所有人"或者"发包人"的提法表明施工合同的发包人有可能不是建筑物所有人,那么,他们之间是以什么做纽带联系到一起的呢?是委托代建的法律关系,建筑物的所有权人为委托人,发包人为代建人,他们之间的法律关系为委托代建关系。建筑物权利人将拟承建的建筑物通过委托代建合同约定,委托代建人按照建筑物所有人的要求代为建设建筑物。交房期限、户型、建房费用、违约责任、代建费用等是委托人和代建人依靠委托代建合同约定双方的权利义务。这种委托代建法律关系性质为房地产开发经营合同,不属于建设工程合同范畴。

目前,立法机关的立法理念是将占建筑市场很大份额的政府工程实行强制的委托代建制度。委托代建合同与施工合同是两个独立的法律关系,原则上在审理建设工程施工合同纠纷案件中,不宜追加委托人为当事人,不宜判令委托人对发包人偿还工程欠款承担连带责任。委托人也无权以承包人为被告向人民法院提起诉讼,主张承包人对工程质量缺陷承担责任。委托人与代建人就委托代建合同发生的纠纷,也不宜追加承包人为案件当事人。

十、建设工程价款优先受偿权

(一)《担保法》与《合同法》对工程款优先受偿权的规定

根据《担保法》第五十三条的规定,债务履行期届满抵押权人未受清偿的,可以与抵押人协议以抵押物折价或者以拍卖、变卖该抵押物所得的价款受偿;协议不成的,抵押权人可以向人民法院提起诉讼。抵押物折价或者拍卖、变卖后,其价款超过债权数额的部分归抵押人所有,不足部分由债务人清偿。这就是说,如果建设单位在应该偿还贷款的期限届满而没有清偿贷款的话,银行就可以将建成的工程项目折价、拍卖或者变卖,然后将所得的收入受偿。但是,根据《合同法》第二百八十六条的规定,发包人未按照约定支付价款的,承包人可以催告发包人在合理期限内支付价款。发包人逾期不支付的,除按照建设工程的性质不宜折价、拍卖的以外,承包人可以与发包人协议将该工程折价,也可以申请人民法院将该工程依法拍卖。建设工程的价款就该工程折价或者拍卖的价款优先受偿。这就意味着,如果建设单位不及时支付工程款,则施工单位可以将建成的建设项目折价、拍卖并将所得受偿。这样一来就出现了一个问题,在上面两个条件都存在的情况下,银行

和施工单位都可以将建成的工程项目拍卖并将所得款项占有。那么,到底优先将这笔款项支付给谁?

(二)建设工程价款优先受偿权问题的司法解释

2002年6月11日,最高人民法院审判委员会第1225次会议通过了《最高人民法院关于建设工程价款优先受偿权问题的批复》,作出了司法解释:

(1)人民法院在审理房地产纠纷案件和办理执行案件中,应当依照《合同法》第二百八十六条的规定,认定建筑工程的承包人的优先受偿权优于抵押权和其他债权。

(2)消费者交付购买商品房的全部或者大部分款项后,承包人就该商品房享有的工程价款优先受偿权不得对抗买受人。

(3)建筑工程价款包括承包人为建设工程应当支付的工作人员报酬、材料款等实际支出的费用,不包括承包人因发包人违约所造成的损失。

(4)建设工程承包人行使优先权的期限为6个月,自建设工程竣工之日或者建设工程合同约定的竣工之日起计算。

(5)本批复第(1)条至第(3)条自公布之日起施行,第(4)条自公布之日起6个月后施行。

【案例2-47】

2006年6月6日,某建筑公司所承揽的某住宅小区施工项目竣工。按照施工承包合同的约定,建设单位应该在2006年6月20日支付全部剩余工程款。但是,建设单位却没有按时支付。考虑到人际关系问题,建筑公司没有立即对建设单位提起诉讼。2007年1月20日,建筑公司听说银行正计划将此住宅小区拍卖,理由是建设单位没有偿还贷款,而这些住宅则是作为贷款的抵押物。于是建筑公司提出自己对该小区拍卖所得价款享有优先受偿权。

问:建筑公司的理由成立吗?

解析:

不成立。根据《最高人民法院关于建设工程价款优先受偿权问题的批复》,建设工程承包人行使优先权的期限为6个月,自建设工程竣工之日或者建设工程合同约定的竣工之日起计算。2007年1月20日已经超过了行使优先权的期限,此时,建筑公司已经丧失工程价款优先受偿权,其债权沦为一般债权,排序在银行抵押权之后,后续工程款基本无望追回。

【案例2-48】

1996年10月16日,原告某公司(被上诉人)、被告某电力公司(上诉人)双方签订了某水电站(土建工程)施工合同书,合同约定:某公司负责施工某水电站工程某段工程和相应的临时工程,包括引水明渠、压力前池、溢流侧堰、主副厂房、尾水明渠、尾水暗渠等。工程于1996年11月开工,2000年6月竣工,水电站开始试运行,被告拖欠原告约1 300万元。2001年4月水电站正式发电,同年2月到2002年5月,某公司四次发函要求办理该工程竣工交验及决算手续,被告故意拖延不予理睬。2002 年 8 月,上述工程经某省水利地方电力建筑安装工程质量检测中心站检测,质量均合格。同月双方签署会议纪要,确认某水电站自 2001 年 4 月 28 日正式发电以来,经过 1 年多时间的运转,运行正常,能满足设计和使用要求,并确认工程交付时间为 2001 年 10 月 28 日。在某公司采取多种方式多次联系催款的情况下,截至 2003 年 5 月,被告对拖欠的工程款分文未支付。2003 年 12 月 15 日,某公司向法院提起诉讼,要求被告支付工程款、工程款利息、工程余款滞纳金、停工损失等共计 2 600 万元。某公司同时申请了财产保全,查封了某水电站的土地、房产。

本案经二审终审,省高级人民法院于 2005 年 10 月 12 日判决确认某电力公司应支付工程款及利息、滞纳金、停工损失、诉讼费等共计 1 600 万元人民币。由于某电力公司未按生效判决履行付款义务,2005 年 12 月 26 日,某公司向法院申请执行,法院冻结了某水电站的电费收入。在法院多次催告其法定代表人的情况下,某电力公司虽然以书面的形式承诺付款期限,然而至 2006 年 11 月最后期限到期,仍然未支付分文。2006 年 12 月至 2007 年 8 月底,某公司通过法院冻结某水电站电费,实现了 75 万元的债权。2007 年 9 月 4 日,某水电站由法院委托拍卖成功,拍卖价为 4 077 万元。但该水电站被某电力公司抵押贷款了 5 040 万元,同时某电力公司还存在大量的其他欠款,其欠付的款项远远大于某水电站的拍卖价款,且无其他资产。在案件的执行过程中,某公司应用《合同法》关于建设工程价款有优先受偿权的规定,于 2007 年 9 月 24 日通过法院划转收回工程款本金 800 万元,于 11 月 29 日通过法院划转收回工程尾款 376 万元。至此,通过诉讼收回了某电站全部工程款计 1 251 万元。其他损失及利息等,由于被告无其他可供执行的财产,已不能实现,该案现已终结本次执行程序。

问:水利企业追收工程欠款应注意什么?

解析:

某公司从最初合同约定主体工程完工,至收回工程款,共经过了 10 年,在欠款催收道路上历经坎坷,但最终通过法律的手段获得了圆满的结果。

本案最大的难点在于执行。某水电站由法院委托拍卖成功,拍卖价为 4 077 万元。但该水电站被某电力公司抵押贷款了 5 040 万元,同时某电力公司还存在大量的其他欠款,其欠付的款项远远大于某水电站的拍卖价款,且某电力公司无其他资产。根据《合同法》第二百八十六条和《最高人民法院关于建设工程价款优先受偿权问题的批复》可知,就工程折价或者拍卖的价款,承包人有优先权,且该优先权优于抵押权和其他债权;但是要注意的是,该优先权行使期限为 6 个月,且该期限为除斥期间,不能中断、中止和延长。

通过对案件进行分析、透视,案件反映出的问题值得我们深思:

一是垫资工程需审慎。某公司在修建某水电站之初,已经发现被告长期拖欠进度款,支付能力有限,导致施工几乎是时干时停,扯皮不断。1998 年年初,在最初合同及补充协议约定工程基本完成的情况下,被告已拖欠工程款 300 万元,然而 1998 年 8 月 20 日,在原施工单位因拖欠款问题退出的情况下,某公司又去承接该部分工程,导致施工工程量增加,欠款数额加大。

二是不及时主张权利,导致合法权益难以兑现。2000 年,某电力公司在未对该工程进行竣工验收及决算的情况下,即开始使用,原告对此未能主张自己的合法权益,即要求其必须验收形成文字凭据后才能使用该工程。正因为原告没有及时主张自己的权利,导致被告的侵害行为才得以一步步施展,要求验收、决算及付款的难度由此而不断增大。

三是及时采取果断措施,为诉讼圆满解决铺平道路。诉讼是解决争议的最后途径,也是最强有力的手段。在与被告多年的交涉过程中,原告通过不懈的努力,促使被告不得不在2003年8月5日签订决算书,落实了应付金额。在此基础上,原告通过诉讼确定了债权,同时通过法院执行,维护了企业的合法权益。

第六节 其他合同法律风险

一、买卖合同法律风险

买卖合同是出卖人将标的物的所有权转移给买受人,买受人支付价款的合同。在建设工程施工实践中,买卖合同使用广泛,材料、设备、机具、办公或生活用具的获取,通常通过买卖合同方式获取。

买卖合同的当事人是出卖人与买受人,应具备相应的民事行为能力。买卖合同的标的物应是实物,但不得是禁止流通物,否则为无效合同。

(一)标的物的所有权转移

标的物的所有权自标的物交付时起转移,但法律另有规定或者当事人另有约定的除外。标的物在订立合同之前已为买受人占有的,合同生效的时间为交付时间。出卖人应当按照约定的地点交付标的物。当事人没有约定交付地点或者约定不明确,依照《合同法》第六十一条的规定(合同生效后,当事人就质量、价款或者报酬、履行地点等内容没有约定或者约定不明确的,可以协议补充;不能达成补充协议的,按照合同有关条款或者交易习惯确定)仍不能确定的,适用下列规定:

(1)标的物需要运输的,出卖人应当将标的物交付给第一承运人以运交给买受人。

(2)标的物不需要运输,出卖人和买受人订立合同时知道标的物在某一地点的,出卖人应当在该地点交付标的物;不知道标的物在某一地点的,应当在出卖人订立合同时的营业地交付标的物。

(二)标的物毁损、灭失的风险

(1)标的物毁损、灭失的风险,在标的物交付之前由出卖人承担,交付之后由买受人承担,但法律另有规定或者当事人另有约定的除外。因买受人的原因致使标的物不能按照约定的期限交付的,买受人应当自违反约定之日起承担标的物毁损、灭失的风险。

(2)出卖人出卖交由承运人运输的在途标的物,除当事人另有约定的以外,毁损、灭失的风险自合同成立时起由买受人承担。

(3)因标的物质量不符合质量要求,致使不能实现合同目的的,买受人可以拒绝接受标的物或者解除合同。买受人拒绝接受标的物或者解除合同的,标的物毁损、灭失的风险由出卖人承担。

（三）买受人分期付款的风险

《合同法》第一百六十七条规定，分期付款的买受人未支付到期价款的金额达到全部价款的1/5的，出卖人可以要求买受人支付全部价款或者解除合同。

【案例2-49】

甲公司委派业务员张某去乙公司采购水泥，张某持盖章空白合同书以及采购水泥授权委托书前往。甲、乙公司于2010年3月1日签订水泥买卖合同，约定由乙公司代办托运，货交承运人丙公司后即视为完成交付。水泥总价款为100万元，货交丙公司后甲公司付50万元货款，货到甲公司后再付清余款50万元。双方还约定，甲公司向乙公司交付的50万元货款中包含定金20万元，如任何一方违约，需向守约方赔付违约金30万元。张某发现乙公司尚有部分钢筋要出售，认为时值钢筋销售旺季，遂于2010年3月1日擅自决定与乙公司再签订一份钢筋买卖合同，总价款为100万元，仍由乙公司代办托运，货交丙公司后即视为完成交付。其他条款与水泥买卖合同的约定相同。2010年4月1日，乙公司按照约定将水泥和钢筋交给丙公司，甲公司将50万元水泥货款和50万元钢筋货款汇付给乙公司。按照托运合同，丙公司应在10天内将水泥和钢筋运至甲公司。2010年4月5日，甲、丁公司签订以120万元价格转卖水泥的合同。4月7日因水泥价格大涨，甲公司又以150万元价格将水泥卖给戊公司，并指示丙公司将水泥运交戊公司。4月8日，丙公司运送水泥过程中，因山洪暴发水泥全部毁损。戊公司因未收到货物拒不付款，甲公司因未收到戊公司货款拒绝支付乙公司水泥尾款50万元。后钢筋行情暴涨，丙公司以自己名义按130万元价格将钢筋转卖给不知情的己公司，并迅即交付，但尚未收取货款。甲公司得知后，拒绝追认丙公司行为，要求己公司返还钢筋。

问：（1）水泥运至丙公司时，所有权归谁？为什么？

（2）甲公司与丁、戊公司签订的转卖水泥的合同的效力如何？为什么？

（3）水泥在运往戊公司途中毁损的风险由谁承担？为什么？

（4）甲公司能否以未收到戊公司的水泥货款为由，拒绝向乙公司支付尾款？为什么？

（5）乙公司未收到甲公司的水泥尾款，可否同时要求甲公司承担定金责任和违约金责任？为什么？

（6）甲公司与乙公司签订的钢筋买卖合同效力如何？为什么？

（7）丙公司将钢筋转卖给己公司的行为法律效力如何？为什么？

（8）甲公司是否有权要求己公司返还钢筋？为什么？

解析：

（1）甲公司。因为水泥是动产，除合同有特别约定外，以交付作为其所有权转移的标志。甲公司和乙公司约定，水泥交给丙公司时视为完成交付，故此时甲公司是水泥所有权人。

（2）有效。水泥在交付之前，甲公司仍有所有权，享有处分权，出卖人就同一标的物订立的多重买卖合同，合同的效力相互之间是不排斥的。

（3）戊公司承担。在途货物的买卖，自买卖合同签订之日起，标的物意外毁损、灭失的风险由买方承担。故水泥毁损、灭失的风险由买方戊公司承担。

(4)不能。因为合同具有相对性，甲、乙公司是水泥购销合同的当事人，甲公司不能因为第三人戊公司的原因拒付尾款。

(5)不能。因为甲公司和乙公司水泥购销合同中既约定定金又约定违约金，乙公司只能选择适用违约金或者定金。

(6)有效。因为甲公司通过向乙公司支付50万元钢筋货款的行为，表示其已对张某无权代理行为进行了追认。

(7)无效。丙公司的转卖行为属无权处分(效力待定)行为，因为甲公司拒绝追认丙公司行为。

(8)无权。因为己公司构成善意取得。

二、租赁合同风险

租赁合同是出租人将租赁物交付承租人使用、收益，承租人支付租金的合同。租赁合同的内容包括租赁物的名称、数量、用途、租赁期限、租金及其支付期限和方式、租赁物维修等条款。

(一)租赁期限风险

租赁期限不得超过20年。超过20年的，超过部分无效。租赁期间届满，当事人可以续订租赁合同，但约定的租赁期限自续订之日起不得超过20年。租赁期限6个月以上的，应当采用书面形式。当事人未采用书面形式的，视为不定期租赁。租赁期间届满，承租人继续使用租赁物，出租人没有提出异议的，原租赁合同继续有效，但租赁期限为不定期。

(二)承租人风险

(1)承租人按照约定的方法或者租赁物的性质使用租赁物，致使租赁物受到损耗的，不承担损害赔偿责任。承租人未按照约定的方法或者租赁物的性质使用租赁物，致使租赁物受到损失的，出租人可以解除合同并要求赔偿损失。

(2)承租人应当妥善保管租赁物，因保管不善造成租赁物毁损、灭失的，应当承担损害赔偿责任。承租人经出租人同意，可以对租赁物进行改善或者增设他物。承租人未经出租人同意，对租赁物进行改善或者增设他物的，出租人可以要求承租人恢复原状或者赔偿损失。

(3)承租人经出租人同意，可以将租赁物转租给第三人。承租人转租的，承租人与出租人之间的租赁合同继续有效，第三人对租赁物造成损失的，承租人应当赔偿损失。承租人未经出租人同意转租的，出租人可以解除合同。在租赁期间因占有、使用租赁物获得的收益，归承租人所有，但当事人另有约定的除外。

(4)承租人应当按照约定的期限支付租金。对支付期限没有约定或者约定不明确，依照《合同法》第六十一条的规定仍不能确定，租赁期间不满1年的，应当在租赁期间届满时支付；租赁期间1年以上的，应当在每届满1年时支付，剩余期间不满1年的，应当在租赁期间届满时支付。承租人无正当理由未支付或者迟延支付租金的，出租人可以要求承租人在合理期限内支付。承租人逾期不支付的，出租人可以解除合同。

（三）出租人风险

（1）承租人在租赁物需要维修时可以要求出租人在合理期限内维修。出租人未履行维修义务的，承租人可以自行维修，维修费用由出租人负担。因维修租赁物影响承租人使用的，应当相应减少租金或者延长租期。

（2）租赁物在租赁期间发生所有权变动的，不影响租赁合同的效力。出租人出卖租赁房屋的，应当在出卖之前的合理期限内通知承租人，承租人享有以同等条件优先购买的权利。

（3）因不可归责于承租人的事由，致使租赁物部分或者全部毁损、灭失的，承租人可以要求减少租金或者不支付租金；因租赁物部分或者全部毁损、灭失，致使不能实现合同目的的，承租人可以解除合同。

【案例 2-50】

甲与乙口头约定将一处门面房租给乙，租期 2 年，租金每月 1 000 元。合同履行 1 年后，乙向甲提出能否转租给丙，甲表示同意。乙遂与丙达成租期 1 年、月租金 1 200 元的口头协议。丙接手后，擅自拆除了门面房隔墙，甲得知后欲收回房屋。

问：甲与乙之间的租赁合同是否为不定期租赁？甲是否有权要求乙恢复原状或赔偿损失？

解析：

甲与乙之间的租赁合同是不定期租赁。《合同法》第二百一十五条规定，租赁期限 6 个月以上的，应当采用书面形式。当事人未采用书面形式的，视为不定期租赁。

《合同法》第二百二十四条规定，承租人经出租人同意，可以将租赁物转租给第三人。承租人转租的，承租人与出租人之间的租赁合同继续有效，第三人对租赁物造成损失的，承租人应当赔偿损失。承租人未经出租人同意转租的，出租人可以解除合同。所以，甲有权要求乙恢复原状或赔偿损失。需要注意的是，因为甲与丙之间不存在合同关系，所以乙将房屋转租后，甲有权按每月 1 200 元向乙收取租金，但无权要求丙承担违约责任。

三、融资租赁合同风险

融资租赁合同是出租人根据承租人对出卖人、租赁物的选择，向出卖人购买租赁物，提供给承租人使用，承租人支付租金的合同。

（一）出租人享有租赁物的所有权

承租人破产的，租赁物不属于破产财产。租赁物不符合约定或者不符合使用目的的，出租人不承担责任，但承租人依赖出租人的技能确定租赁物或者出租人干预选择租赁物的除外。出租人应当保证承租人对租赁物的占有和使用。承租人占有租赁物期间，租赁物造成第三人的人身伤害或者财产损害的，出租人不承担责任。

（二）承租人应当妥善保管、使用租赁物

承租人应当履行占有租赁物期间的维修义务。承租人应当按照约定支付租金。承租人经催告后在合理期限内仍不支付租金的，出租人可以要求支付全部租金；也可以解除合

同，收回租赁物。

（三）租赁物的归属

（1）当事人约定租赁期间届满租赁物归承租人所有，承租人已经支付大部分租金，但无力支付剩余租金，出租人因此解除合同收回租赁物的，收回的租赁物的价值超过承租人欠付的租金以及其他费用的，承租人可以要求部分返还。

（2）出租人和承租人可以约定租赁期间届满租赁物的归属。对租赁物的归属没有约定或者约定不明确，依照《合同法》第六十一条的规定仍不能确定的，租赁物的所有权归出租人。

四、承揽合同风险

承揽合同，是指当事人一方按另一方的要求完成一定工作，并交付工作成果，后者接受工作成果并给付酬金的合同。提出工作要求、接受工作成果并给付酬金的一方称为定作人；按指定完成工作成果，并接受酬金的一方是承揽人。

承揽合同在建设工程中应用广泛，除建设工程施工合同、设计合同、勘察合同在性质上属于承揽合同外，建筑构件、配件的加工、定作，施工机械、设备维修，建筑模型制作，材料、试件的检测，设备、仪器的测试等，均属于承揽。承揽合同目的主要在于工作成果。该成果既可以是脑力劳动成果（如设计图纸），也可以是体力劳动成果（如制作构件）；既可以是物，也可以是其他财产。承揽合同的内容包括承揽的标的、数量、质量、报酬、承揽方式、材料的提供、履行期限、验收标准和方法等条款。

根据《合同法》第二百八十七条，如果《合同法》第十六章（建设工程合同）未规定的，建设工程合同适用《合同法》第十五章（承揽合同）的有关规定。

（一）承揽人风险

（1）承揽人应当以自己的设备、技术和劳力，完成主要工作，但当事人另有约定的除外。承揽人将其承揽的主要工作交由第三人完成的，应当就该第三人完成的工作成果向定作人负责；未经定作人同意的，定作人也可以解除合同。承揽人可以将其承揽的辅助工作交由第三人完成。承揽人将其承揽的辅助工作交由第三人完成的，应当就该第三人完成的工作成果向定作人负责。

（2）承揽人提供材料的，承揽人应当按照约定选用材料，并接受定作人检验。定作人提供材料的，定作人应当按照约定提供材料。承揽人对定作人提供的材料，应当及时检验，发现不符合约定时，应当及时通知定作人更换、补齐或者采取其他补救措施。承揽人不得擅自更换定作人提供的材料，不得更换不需要修理的零部件。承揽人发现定作人提供的图纸或者技术要求不合理的，应当及时通知定作人。因定作人怠于答复等造成承揽人损失的，应当赔偿损失。承揽人交付的工作成果不符合质量要求的，定作人可以要求承揽人承担修理、重作、减少报酬、赔偿损失等违约责任。

（二）定作人风险

定作人中途变更承揽工作的要求，造成承揽人损失的，应当赔偿损失。定作人未向承揽人支付报酬或者材料费等价款的，承揽人对完成的工作成果享有留置权，但当事人另有约定的除外。定作人可以随时解除承揽合同，造成承揽人损失的，应当赔偿损失。

【案例 2-51】

甲公司经营空调买卖业务,并负责售后免费为客户安装。乙为专门从事空调安装服务的个体户。甲公司因安装人员不足,临时叫乙自备工具为其客户丙安装空调,并约定了报酬。乙在安装中因操作不慎坠楼身亡。

问:甲公司应否承担赔偿责任?

解析:

该案例的关键在于确定甲乙之间的合同性质。甲乙之间的合同关系或为雇用,或为承揽;而这两者的区别主要在于:雇用合同多以时间的长度及时段界定劳务的范围,在劳务提供时,直接接受债权人的指挥监督,不强调必须要求完成一定的工作或工作量。承揽合同一般强调负责提供劳务的债务人,必须完成一定的工作,并以该一定的工作的完成界定其应提供劳务的范围。而且承揽人对完成工作保持完全的独立性。根据本案例中的表述,鉴于乙系专门从事空调安全服务的个体户,当属于利用自己的专业技能对外提供服务,且自备工具,目的是提供劳动成果这一"结果",而不是提供劳务这一"过程"。因此,双方之间形成的是承揽合同关系,而不是所谓"临时雇用"合同关系(不要被"临时"这两个字迷惑了)。而根据最高人民法院《关于审理人身损害赔偿案件适用法律若干问题的解释》第十条规定,承揽人在完成工作过程中对第三人造成损害或者造成自身损害的,定作人不承担赔偿责任。因此,甲公司不应承担赔偿责任。

【案例 2-52】 审查经济合同,提出修改意见

某建筑公司与服装厂签订一份服装合同,其文本如下:

供货合同

卖方:某服装厂

买方:某建筑公司服务部

(1)卖方为买方生产 200 件工作服,买方向卖方提供所需布料××m。

(2)卖方于 2001 年 10 月自备车辆将成品送到买方,双方在到达地验收,运费由买方负担。

(3)买方向卖方支付货款××元,货到付款。

(4)本合同自双方签字盖章之日起生效。一式两份,双方各持一份。

卖方:某服装厂(章)　　　　买方:某建筑公司服务部(章)

2001 年 11 月 5 日

问:对该经济合同有什么修改意见?

解析:

(1)本合同按《合同法》的分类,不是供货合同,实为加工承揽合同,故合同名称应改为"承揽合同"。相应地,双方当事人的称谓,应改为承揽方和定作方。

(2)合同第(1)条规定的加工产品的名称不完整,规格型号、样式等不明确,原材料的名称、质地、规格亦有问题。应在条文中加以具体化。

(3)合同第(2)条规定的交货地点不明确,应当进一步确定。同时,也应增加双方验收的标准,可改为"双方按样品验收"。

(4)合同第(3)条所写"货款"应改为"加工费"。

(5)合同缺少违约责任条款。双方应增加此条款,并协商确定违约金的比例。

(6)结尾部分,因某建筑公司服务部不具备民事主体资格,故应改盖某建筑公司的印章。

五、运输合同风险

运输合同,是指承运人将旅客或者货物从起运点运输到约定地点,旅客、托运人或者收货人支付票款或者运输费用的合同。提供运输服务的一方称为承运人,支付费用的一方称为旅客、托运人或者收货人。运输合同分为客运合同、货运合同和多式联运合同。在建设工程施工中,货物运输合同的使用相当普遍。

(一)托运人风险

货物运输合同中,托运人的主要义务是:

(1)支付运输费用。

(2)包装义务,由托运人包装的货物,托运人应当按照约定或者货物的状况,以适宜保护货物的方法包装货物。若是托运危险品,还应作一定警示标志。

(3)移交义务,托运人应将货物移交到约定地点,或者按约定向承运人指示货物存放地点。

(4)告知义务,托运人应当向承运人准确说明如下内容:收货人的名称或者姓名,货物名称、性质、质量、数量、收货地点等。

承运人的主要义务是运送货物。承运人应按照约定时间、地点,安全无损地将货物运抵目的地。如因承运人原因出现到达地错误或者时间延误,承运人应当承担违约责任。

在货物运输合同中,两个以上承运人以同一运输方式联运的,与托运人订立合同的承运人应当对全程运输承担责任。损失发生在某一运输区段的,与托运人订立合同的承运人和该区段的承运人承担连带责任。

(二)承运人风险

(1)在货物运输合同中,货物在运输过程中因不可抗力灭失,未收取运费的,承运人不得要求支付运费;已收取运费的,托运人可以要求返还。托运人或者收货人不支付运费、保管费以及其他运输费用的,承运人对相应的运输货物享有留置权,但当事人另有约定的除外。

(2)多式联运合同是多式联运经营人负责履行或者组织履行多式联运合同,对全程运输享有承运人的权利,承担承运人的义务。多式联运经营人可以与参加多式联运的各区段承运人就多式联运合同的各区段运输约定相互之间的责任,但该约定不影响多式联运经营人对全程运输承担的义务。

【案例 2-53】

某工程局与某运输公司签订了一份灯具运输合同，由运输公司将一批灯具从唐山运往北京，某工程局派一名押运员同行。途中停车吃饭，司机与押运员两人喝了一瓶酒，饭后继续上路。由于饮酒及劳累，司机要求押运员代其开车，押运员亦没有推辞。在一个转弯处，由于车速较快，不慎翻车，车上的灯具全部毁损。

问：该灯具毁损应当由谁承担责任？

解析：

应由运输公司承担责任。《合同法》第三百一十一条规定：承运人对运输过程中货物的毁损、灭失承担损害赔偿责任，但承运人证明货物的毁损、灭失是因不可抗力、货物本身的自然性质或者合理损耗以及托运人、收货人的过错造成的，不承担损害赔偿责任。据此，承运人对于货物毁损承担的是无过错责任，除非其举证具备该条文所列的抗辩事由之一。本案例中，不存在上述的抗辩理由。需要注意的是，运输合同的履行是运输公司的合同义务，不因工作人员的个人行为而转移。

第七节　劳动用工法律风险

随着《劳动合同法》的出台，有关劳动合同的规定有了很大的修改。由于《劳动合同法》注重对劳动者权益的保护，企业的用工风险也就相应增大。

一、招用人员的法律风险

（一）违反公平就业规定的法律风险

根据《就业促进法》的规定，用人单位招用人员，应当向劳动者提供平等的就业机会和公平的就业条件，不得实施就业歧视。《就业促进法》就实践中可能出现的一些就业歧视行为，作了明确的禁止性规定。其中，与企业密切相关的一些行为包括：

（1）以性别为由拒绝录用妇女或者提高对妇女的录用标准；

（2）录用女职工，在劳动合同中规定限制女职工结婚、生育的内容；

（3）歧视残疾人；

（4）以是传染病病原携带者为由拒绝录用。

如果企业在招用人员的过程中，出现了上述行为又没有基于法律规定的特殊理由，则很可能会被认定为是就业歧视，进而导致相应的法律风险。

（二）不履行如实告知义务的法律风险

《劳动合同法》第八条规定：用人单位招用劳动者时，应当如实告知劳动者工作内容、工作条件、工作地点、职业危害、安全生产状况、劳动报酬，以及劳动者要求了解的其他情况。具体而言，如实告知义务包括以下几层含义：

（1）告知必须是如实告知，不能提供虚假信息。提供虚假信息，构成欺诈的，根据劳动合同法第二十六条，劳动合同无效或者部分无效。

(2)告知的时间是用人单位招用劳动者时,即签订劳动合同之前。用人单位不能在招用劳动者之后,或者劳动合同履行期间,才告知劳动者有关情况。

(3)告知应以一种合理并且适当的方式进行,必须能够让劳动者及时知道和了解。

(4)告知的内容应是与劳动合同履行相关的事项,包括工作内容、工作条件、工作地点、职业危害、安全生产状况、劳动报酬,以及劳动者要求了解的其他情况。用人单位在招工时,不能选择性告知,隐瞒一些不利于劳动者的情况。

(5)告知是一项义务。用人单位在招工时,必须将法律列举的,与劳动合同履行有关的内容写在招工简章上,也可以主动告知劳动者有关情况。如果劳动者询问用人单位没有主动告知的事项,用人单位也必须如实告知。

企业在招用人员过程中应该严格按照上述要求履行如实告知义务,否则便可能会引发争议,导致风险发生。

(三)扣押劳动者证件和要求提供担保的法律风险

《劳动合同法》第九条规定,用人单位招用劳动者,不得扣押劳动者的居民身份证和其他证件,不得要求劳动者提供担保或者以其他名义向劳动者收取财物。实践中,有些用人单位为防止劳动者在工作中不辞而别,给用人单位造成损失,在招用劳动者时要求劳动者提供担保或者向劳动者收取风险抵押金。对这种行为,我国法律是严格禁止的。但有的用人单位为规避法律,不向劳动者收取抵押金,转而采取了一些变相的方法或手段,达到向员工收取抵押金的目的,如收取服装费、电脑费、住宿费、培训费、集资款(股金)等。有的用人单位滥用强势地位限制劳动者合理流动,通过扣押劳动者的居民身份证或者其他证件(如暂住证、资格证书和其他证明个人身份的证件等),以达到目的。针对实践中用人单位的这些侵害劳动者合法权益的行为,《劳动合同法》作了严格的禁止性规定。如果企业出现了上述行为,需要承担相应的法律责任。其中,用人单位扣押劳动者居民身份证等证件的,由劳动行政部门责令限期退还劳动者本人并依照有关法律规定给予处罚。用人单位以担保或者其他名义向劳动者收取财物的由劳动行政部门责令限期退还劳动者本人,并以每人500元以上2 000元以下的标准处以罚款;给劳动者造成损害的,应当承担赔偿责任。

根据《劳动合同法》的规定,除培训费用及竞业限制外,企业不得与劳动者约定由劳动者承担违约金。因此,企业与劳动者约定由劳动者承担的其他违约金将不会得到法院的支持。

(四)招用尚未与其他单位解除或终止劳动合同人员的法律风险

随着市场经济的不断发展,企业之间人员的流动也日益频繁。用人单位经常会招用一些曾经在其他企业工作过的人员。在这个过程中也存在着一定的法律风险。《劳动合同法》第九十一条规定,用人单位招用与其他用人单位尚未解除或者终止劳动合同的劳动者,给其他用人单位造成损失的,应当承担连带赔偿责任。在商业竞争日趋激烈的今天,优秀的员工越来越成为企业维持生存、保持竞争优势的关键所在。这些员工在单位任职期间所获的劳动技能、客户资源,以及商业、技术秘密都成为一种重要的资源,因此"恶意挖人"成为一些企业提升竞争力的一种捷径。我国《劳动法》并未明文禁止劳动者的兼职行为,劳动者在一家用人单位订立劳动合同的同时,有利用下班时间兼职的权利,如未损害用人单位的利益,原则上并未违反法律规定。但是,用人单位雇用这种与其他用人单位尚未解除劳动合同的劳动者,侵害到其他用人单位利益的,该劳动者应当承担赔偿责任,而作为实际利益的获得者,用人单位也应当对此承担连带赔偿责任。

二、劳动合同的法律风险

(一)不订立书面劳动合同的法律风险

《劳动合同法》明确规定:建立劳动关系,应当订立书面劳动合同;已建立劳动关系,未同时订立书面劳动合同的,应当自用工之日起1个月内订立书面劳动合同。该规定实际上否定了口头劳动合同的法律效力,明确了书面劳动合同是劳动合同的唯一合法形式。如果用人单位不与劳动者订立书面合同,需要承担相应的法律责任。因此,企业应在确定招用劳动者后,尽快与之签订书面劳动合同;否则,若自用工之日起超过1个月但不满1年未与劳动者订立书面劳动合同的,应当向劳动者每月支付两倍的工资;用人单位自用工之日起满1年不与劳动者订立书面劳动合同的,视为用人单位与劳动者已订立无固定期限劳动合同。

(二)缺乏必备条款、不提供劳动合同文本的法律风险

考虑到劳动合同与一般的民事合同不同,用人单位和劳动者地位上的不平等,为保护劳动者的合法权益不受侵犯,《劳动合同法》第十七条规定,劳动合同应当具备以下条款:

(1)用人单位的名称、住所和法定代表人或者主要负责人;

(2)劳动者的姓名、住址和居民身份证或者其他有效身份证件号码;

(3)劳动合同期限;

(4)工作内容和工作地点;

(5)工作时间和休息休假;

(6)劳动报酬;

(7)社会保险;

(8)劳动保护、劳动条件和职业危害防护;

(9)法律、法规规定应当纳入劳动合同的其他事项。

《劳动合同法》第十六条规定,劳动合同文本应当由用人单位和劳动者各执一份。劳动合同由用人单位与劳动者在劳动合同文本上签字或者盖章生效,并由双方各执一份。

实践中,一些用人单位存在不将劳动合同文本交付劳动者的情况,以此限制劳动者的权利,这一行为是违法的,应当承担相应的法律责任。根据《劳动合同法》的规定,用人单位提供的劳动合同文本未载明上述必备条款或者用人单位未将劳动合同文本交付劳动者的,由劳动行政部门责令改正;给劳动者造成损害的,应当承担赔偿责任。对于有关劳动者工资收入损失的赔偿,应按《劳动合同法》规定予以执行。

(三)劳动合同种类使用不当的法律风险

根据《劳动合同法》的规定,劳动合同分为固定期限劳动合同、无固定期限劳动合同和以完成一定工作任务为期限的劳动合同三种。固定期限劳动合同,是指用人单位与劳动者约定合同终止时间的劳动合同,如3年或者5年。无固定期限劳动合同,是指用人单位与劳动者约定无确定终止时间的劳动合同。无固定期限劳动合同就是长期合同,如果

不发生可以解除劳动合同的事由,用人单位不能单方解除劳动合同。以完成一定工作任务为期限的劳动合同,是指用人单位与劳动者约定以某项工作的完成为合同期限的劳动合同。原则上,企业与劳动者订立哪一种期限的劳动合同由双方根据各自的实际需求协商确定。但法律对无固定期限劳动合同的订立赋予了企业强制性的义务。

《劳动合同法》第十四条规定:有下列情形之一,劳动者提出或者同意续订、订立劳动合同的,除劳动者提出了订立固定期限劳动合同外,应当订立无固定期限劳动合同:

(1)劳动者在该用人单位连续工作满 10 年的;

(2)用人单位初次实行劳动合同制度或者国有企业改制重新订立劳动合同时,劳动者在该用人单位连续工作满 10 年且距法定退休年龄不足 10 年的;

(3)连续订立二次固定期限劳动合同,且劳动者没《劳动合同法》第三十九条和第四十条第(一)项、第(二)项规定的情形,续订劳动合同的。

《劳动合同法》第八十二条规定:用人单位违反本法规定不与劳动者订立无固定期限劳动合同的,自应当订立无固定期限劳动合同之日起向劳动者每月支付两倍的工资。

为此,建议水利工程企业采取以下做法:

(1)企业应当积极制定、完善相关规章制度。在制定、修改或者决定有关直接涉及劳动者切身利益的规章制度或者重大事项时,应当经职工代表大会或者全体职工讨论,提出方案和意见,与工会或者职工代表平等协商确定,并进行公示或告知劳动者。

(2)企业应尽可能与劳动者签订时间较长的固定期限劳动合同,对企业来说,无固定期限劳动合同带来的风险相对更大,因为此时劳动者只需提前 30 天通知即可解除合同,而企业要解除合同则需付出较大的违约成本。

(3)水利企业应当根据不同岗位设定不同的用工制度,以降低风险。《劳动合同法》规定,用人单位自用工之日起满 1 年不与劳动者订立书面劳动合同的,视为用人单位与劳动者已订立无固定期限劳动合同。而如果订立以完成一定工作任务为期限的劳动合同,企业无须面临与之签订无固定期限劳动合同的压力,也无须支付经济补偿金。因此,水利企业在规范内部承包及合法分包(包括劳务分包)的同时,可依法与特定人员签订以完成特定项目为期限的劳动合同,以降低用工风险。

(四)违法约定试用期的法律风险

试用期是指用人单位对新招收职工的思想品德、劳动态度、实际工作能力、身体情况等进行进一步考察的时间期限。在实践中,滥用试用期侵犯劳动者权益的现象比较普遍,《劳动合同法》对试用期的期限、工资待遇等作出了明确规定,试用期不是廉价期,劳动者在试用期的工资不得低于本单位相同岗位最低档工资或者劳动合同约定工资的 80% 并不得低于用人单位所在地的最低工资标准。《劳动合同法》规定:劳动合同期限 3 个月以上不满 1 年的,试用期不得超过 1 个月;劳动合同期限 1 年以上不满 3 年的,试用期不得超过 2 个月;3 年以上固定期限和无固定期限的劳动合同,试用期不得超过 6 个月。同一用人单位与同一劳动者只能约定一次试用期。以完成一定工作任务为期限的劳动合同或者劳动合同期限不满 3 个月的,不得约定试用期。试用期包含在劳动合同期限内。劳动合同仅约定试用期的,试用期不成立,该期限为劳动合同期限。如果用人单位违反上述规定约定试用期的,由劳动行政部门责令改正;违法约定的试用期已经履行的,由用人单位以劳动者试用期满月工资为标准,按已经履行的超过法定试用期的期间向劳动者支付赔偿金。

(五)未依法支付劳动报酬、经济补偿的法律风险

劳动者报酬是指劳动者为用人单位提供劳动而获得的各种报酬。《劳动合同法》对用人单位支付劳动报酬的义务作了专门规定:用人单位应当按照劳动合同约定和国家规定,向劳动者及时足额支付劳动报酬。用人单位拖欠或者未足额支付劳动报酬的,劳动者可以依法向当地人民法院申请支付令,人民法院应当依法发出支付令。

经济补偿是劳动合同制度中的一项重要内容,是国家调节劳动关系的一种有效手段,用以引导用人单位长期使用劳动者,谨慎行使解除权利和终止权利,可以遏制实践中普遍存在的劳动合同短期化问题。根据《劳动合同法》的规定,用人单位在以下几种情形下需要向劳动者支付经济补偿:

(1)有《劳动合同法》第三十八条规定情形的;

(2)双方协商一致解除劳动合同,但是由用人单位提出解除动议的;

(3)用人单位根据《劳动合同法》第四十条解除劳动合同的;

(4)用人单位依照《劳动合同法》第四十一条第一款规定解除劳动合同的;

(5)除用人单位维持或者提高劳动合同约定条件续订劳动合同,劳动者不同意续订的情况外,依照《劳动合同法》第四十四条第(一)项规定终止固定期限劳动合同的;

(6)依照《劳动合同法》第四十四条第(四)项、第(五)项规定终止劳动合同的;

(7)法律、行政法规规定的其他情形。

经济补偿按劳动者在本单位工作的年限,每满 1 年支付 1 个月工资的标准向劳动者支付。6 个月以上不满 1 年的,按 1 年计算;不满 6 个月的,向劳动者支付半个月工资的经济补偿。劳动者月工资高于用人单位所在直辖市、设区的市级人民政府公布的本地区上年度职工月平均工资 3 倍的,向其支付经济补偿的标准为按职工月平均工资 3 倍的数额支付,向其支付经济补偿的年限最高不超过 12 年。用人单位未按上述规定支付劳动报酬或经济补偿的,由劳动行政部门责令限期支付;劳动报酬低于当地最低工资标准的,应当支付其差额部分;逾期不支付的,责令用人单位按应付金额 50% 以上 100% 以下的标准向劳动者加付赔偿金。

(六)违法解除劳动合同的法律风险

劳动合同的解除,是指劳动合同在订立以后,尚未履行完毕或者未全部履行以前,由于合同双方或者单方的法律行为导致双方当事人提前消灭劳动关系的法律行为。

1. 用人单位可以单方解除劳动合同的情形

对于企业而言,尤其需要注意其中关于严格限定用人单位单方解除权的规定。根据《劳动合同法》的规定,用人单位只有在三种情况下可以单方解除劳动合同,分别是过失性辞退、无过失性辞退和经济性裁员。

过失性辞退是指在劳动者自身有严重过失的情况下,用人单位可以单方解除劳动合同,包括严重违反用人单位规章制度;严重失职,营私舞弊,给用人单位造成重大损害;被依法追究刑事责任等。

无过失性辞退是指在劳动者自身无过失,但根据客观情况其确实无法继续履行劳动

合同的情况下,用人单位可以单方解除劳动合同,但应当给予劳动者相应的经济补偿。具体而言,无过失性辞退包括三种情况:

(1)劳动者患病或者非因工负伤,在规定的医疗期满后不能从事原工作,也不能从事由用人单位另行安排的工作的;

(2)劳动者不能胜任工作,经过培训或者调整工作岗位,仍不能胜任工作的;

(3)劳动合同订立时所依据的客观情况发生重大变化,致使劳动合同无法履行,经用人单位与劳动者协商,未能就变更劳动合同内容达成协议的。

经济性裁员是指企业由于经营不善等经济性原因,解雇多个劳动者的情形,如依照企业破产法规定进行重整、生产经营发生严重困难等。

2. 用人单位不得解除劳动合同的情形

《劳动合同法》除规定了上述法定解除权外,还规定了用人单位不得解除劳动合同的情形,具体包括:

(1)从事接触职业病危害作业的劳动者未进行离岗前职业健康检查,或者疑似职业病病人在诊断或者医学观察期间的;

(2)在本单位患职业病或者因工负伤并被确认丧失或者部分丧失劳动能力的;

(3)患病或者非因工负伤,在规定的医疗期内的;

(4)女职工在孕期、产期、哺乳期的;

(5)在本单位连续工作满 15 年且距法定退休年龄不足 5 年的;

(6)法律、行政法规规定的其他情形。

企业作为用人单位在行使劳动合同解除权时,必须严格遵守上述规定,否则需要承担相应的法律责任。根据《劳动合同法》第四十八条的规定,用人单位违反规定解除劳动合同,劳动者要求继续履行劳动合同的,用人单位应当继续履行;劳动者不要求继续履行劳动合同或者劳动合同已经不能继续履行的,用人单位应当依照规定支付赔偿金。

(七)劳务派遣用工管理不当的法律风险

劳务派遣通常是指劳动力派遣机构与派遣劳工签订派遣契约,在得到派遣劳工同意后,使其在被派企业指挥监督下提供劳动。劳务派遣的最大特点是劳动力雇用与劳动力使用相分离,派遣劳动者不与被派企业签订劳动合同、发生劳动关系,而是与派遣机构存在劳动关系,但却被派遣至要派企业劳动,形成“有关系没劳动,有劳动没关系”的特殊形态。劳务派遣近年来在我国迅速发展,一方面一定程度地解决了就业,另一方面也带来很多问题,特别是在劳动者权益保护方面的问题尤为突出。针对这一情况,《劳动合同法》专门设了一节对劳务派遣进行规范。2012 年 12 月 28 日,我国第十一届全国人民代表大会常务委员会第三十次会议表决通过关于修改《劳动合同法》的决定,修改后的《劳动合同法》自 2013 年 7 月 1 日起施行。

修改后的《劳动合同法》规定:

(1)经营劳务派遣业务应当具备的条件包括注册资本不得少于人民币 200 万元、有与开展业务相适应的固定的经营场所和设施等。

(2)被派遣劳动者享有与用工单位的劳动者同工同酬的权利。用工单位应当按照同工同酬原则,对被派遣劳动者与本单位同类岗位的劳动者实行相同的劳动报酬分配办法。

(3)劳动合同用工是我国的企业基本用工形式。劳务派遣用工是补充形式,只能在临时性、辅助性或者替代性的工作岗位(临时性工作岗位是指存续时间不超过6个月的岗位;辅助性工作岗位是指为主营业务岗位提供服务的非主营业务岗位;替代性工作岗位是指用工单位的劳动者因脱产学习、休假等原因无法工作的一定期间内,可以由其他劳动者替代工作的岗位)上实施。同时规定,用工单位应当严格控制劳务派遣用工数量,不得超过其用工总量的一定比例,具体比例由国务院劳动行政部门规定。

除上述规定外,《劳动合同法》还规定了用工单位的连带责任,即因劳务派遣单位违反规定给被派遣劳动者造成损害的,劳务派遣单位与用工单位承担连带赔偿责任。此规定使企业采用劳务派遣用工的法律风险大幅度增加,应该严加防范。企业中若存在劳务派遣用工情况,则企业应尽可能监督和了解派遣单位给被派遣人员发放工资、交纳社保及其他情况。

【案例 2-54】

1994 年 12 月,H 市朱先生参军入伍。2000 年 7 月,朱先生退伍后被分到 H 市某公司上班。单位并未与朱先生签订相关劳务合同。"干同样的活,别人一月能拿几千元工资,自己仅能拿到几百元钱。"这让朱先生很苦恼。2007 ~ 2009 年,朱先生的工资单显示:他的月平均实发工资为分别是 434 元、545 元、541 元;2010 年 1 ~ 9 月,朱先生平均实发工资为 544 元。而同期,朱先生同单位正式工的工资则在 2 900 ~ 3 400 元。朱先生拿了 10 年的不平等工资后,向单位提出同工同酬的诉求,单位不答应。2012 年 10 月,他将自己的遭遇反映给劳动仲裁部门,要求单位支付其同工同酬等。2012 年 10 月,劳动仲裁部门作出裁决,要求单位支付朱先生 2000 年 8 月至 2010 年 8 月同工同酬工资差额 279 411 元,支付朱先生 2008 年 1 月至 2010 年 8 月 2 倍工资差额 111 441 元,为朱先生补缴养老保险金 59 812.12 元。朱先生所在单位接到裁决后,遂将朱先生及其下属第三方公司起诉到法院。单位认为,2000 年 7 月,被告朱先生与被告下属第三方公司签订劳动合同,与其建立了劳动关系。2004 年 10 月,朱先生由下属第三方公司内部派遣到原告公司工作。2010 年 10 月,原告与被告朱先生解除劳动合同。故朱先生与原告没有建立劳动关系。请求法院判令撤销劳动争议仲裁裁决的请求。

问:"临时工"可以享有"正式工"的待遇吗?

解析:

本案例法院最终判决,朱先生的单位为朱先生补发 2000 年 7 月 22 日至 2010 年 10 月同工同酬工资差额 270 551 元,并为朱先生补发 2008 年 1 月至 2010 年 8 月 2 倍工资差额111 441元。驳回原被告双方的其他诉讼请求。

现实中,像朱先生这样的"临时工"大量存在,《劳动合同法》、《就业促进法》实施后,用人单位为规避法律,使用"劳动合同短期化"用人方式,如订立 11 个月的劳动合同,合同期内身份为"临时工",不享有"正式工"待遇等。合同到期后,劳动者应享有的合法权益如养老、医疗等社会保险无法实现。这就导致本来为保护劳动者合法权益而制定的法律,反而成了套在劳动者身上的枷锁,让"同工同酬"成了法律白条。而 2013 年 7 月 1 日实施的新《劳动合同法》，明确要求被派遣劳动者应享有与用工单位的劳动者同工同酬的权利。

三、劳动争议的法律风险

劳动争议也称劳动纠纷、劳资争议，是指用人单位和劳动者在执行劳动方面的法律、法规和劳动合同、集体合同的过程中，就劳动的权利义务发生分歧而引起的争议。近几年来，随着工业化、城镇化和经济结构调整进程的加快，企业制度改革不断深化，企业形式和劳动关系日趋多样化，劳动用工制度发生深刻变革，劳动争议案件数量大幅度上升。

2007 年 12 月 29 日，中华人民共和国第十届全国人民代表大会常务委员会第三十一次会议通过了《中华人民共和国劳动争议调解仲裁法》，并于 2008 年 5 月 1 日正式施行。该法进一步降低了劳动者的维权成本，同时也加大了企业的争议处理成本，具体表现在：一是扩大了劳动争议案件的受诉范围，二是增加了举证责任倒置的情形，三是特殊调解协议可申请支付令，四是仲裁管辖采用了合同履行地优先原则，五是仲裁时效期间延长，六是仲裁审理期限缩短，七是特殊仲裁裁决实行一裁终局，八是仲裁实行免费。

（一）企业不参加社会保险的风险

1. 企业不缴、欠缴社会保险费应该承担的风险

《劳动合同法》第三十八条和《劳动合同法实施条例》第十八条规定，用人单位未依法为劳动者交纳社会保险费的，劳动者可以解除劳动合同。《劳动合同法》第四十六条规定，用人单位不为劳动者交纳社会保险，劳动者提出解除劳动合同的，用人单位应该支付劳动者经济补偿金。同时，根据《劳动合同法》第七十九条的规定，劳动者还可举报或提请有关部门进行处罚。如用人单位未按照规定办理、变更或注销社会保险登记，未按照规定申报应交纳的社会保险费数额，按照《社会保险费征缴暂行条例》第二十三条的规定，要由劳动保障行政部门责令限期改正；情节严重的，对直接负责主管人员和其他直接责任人员可处 1 000 元以上 5 000 元以下罚款；情节特别严重的，可处 5 000 元以上 1 万元以下罚款。如未按规定交纳和代扣、代缴社会保险费的，根据《社会保险费征缴暂行条例》第十三条的规定，要由劳动保障行政部门或税务机关责令限期交纳；逾期仍不交纳的，除补缴欠缴数额外，从欠缴之日起，按日加收 2‰的滞纳金。

【案例 2-55】

黄某系某国有机械厂职工。黄某自 2007 年 9 月 1 日至 2008 年 1 月因个人原因旷工 5 个月，但机械厂未对其作除名处理。2008 年 2 月，黄某回厂工作，得知在自己旷工期间工厂停止为其交纳基本养老保险费，于是向厂方提出质疑。机械厂负责人回答说，因为黄某旷工，按厂方规定，工厂有权停止为其交纳基本养老保险费，这期间的基本养老保险费需黄某自己负担。黄某认为，自己旷工虽然不对，但单位并未与自己解除劳动关系，既然是企业的职工，企业就应为其补缴基本养老保险费。于是，黄某向当地劳动争议仲裁委员会申请仲裁，要求机械厂如数返还本人不应上缴的养老统筹基金。劳动争议仲裁委员会支持了黄某的诉讼请求。机械厂不服，向法院提起诉讼。

问：黄某旷工期间的基本养老保险都要自己承担吗？

解析：

这是一起因交纳统筹基本养老保险费而发生的争议。根据我国法律规定，基本养老保险费由三方负担，企业交纳基本养老保险费的比例一般不得超过企业工资总额的20%；国家负担主要是采取对基本养老统筹基金让税、让利以及在养老保险统筹基金不敷使用的情况下给予财政补贴的方式。基本养老保险是强制实行的，任何单位和个人都不得逃避缴费义务。就本案而言，虽然黄某本人有过错，在2007年9月1日至2008年1月旷工，但某机械厂并未与其解除劳动关系，法律上并未设定职工有过错企业就有权终止缴费义务的条款，因此企业声称根据厂方的内部规定，有权终止为黄某交纳基本养老保险费，显然于法无据。机械厂应按法律规定的比例为黄某交纳基本养老保险统筹费，同时黄某也应按法律规定的比例承担应由本人负担的部分。

很多用人单位都会出现不缴、欠缴社会保险的现象，对于这种侵害劳动者权益的行为，一旦追究起来的话，用人单位是要承担法律后果的。

2. 用人单位未参加工伤保险劳动者发生工伤的风险

对于缴费参加工伤保险制度的单位，工伤保险的大部分费用由工伤保险基金支付；对于没有缴费参加工伤保险制度的单位，职工发生工伤的，由该用人单位按照《工伤保险条例》规定的工伤保险待遇项目和标准向工伤职工支付待遇。这样就保证了参保和未参保人员在发生工伤时，享有工伤待遇的标准一致。如果用人单位不向工伤职工支付工伤待遇，工伤职工或其近亲属可向劳动争议仲裁委员会申请仲裁或向人民法院起诉。工伤保险是为分散企业的风险而建立的，如果企业不参加工伤保险，就应由企业自己承担一切责任。

需要注意的是，由于一般而言，国家机关发生工伤的风险低且经费来源于财政拨款，其社会保险自成体系，所以根据《工伤保险条例》的规定，国家机关单位一般不需要参加工伤保险。

在建筑施工领域，正确认定建筑工程承包施工中伤亡事故的性质、赔偿义务主体、赔偿程序及归责原则，对于保护受害者和建筑施工方双方的合法权益，减少此类事故的发生具有重要的现实意义。

1）劳动关系中的工伤事故和雇用（劳务）关系中的伤亡事故的区别

工伤事故责任与雇用（劳务）关系事故责任产生的基础是劳动关系和雇用（劳务）关系。劳动关系，是指劳动者与用人单位之间在实现劳动过程中所发生的关系。雇用（劳务）关系是指合同当事人约定一方于一定或不定期限内为他方提供劳务，他方给付报酬的关系。区分劳动关系与雇用（劳务）关系，以往一般审查用人单位主体资格，若用人单位具有营业执照或依法履行了登记、备案手续，则属于劳动关系的范畴；反之，则属于雇用（劳务）关系。

2）工伤事故责任与雇用（劳务）关系伤亡事故责任的区别

第一，构成条件不同。工伤事故责任的构成前提是存在劳动关系，无论是法定的劳动关系还是事实的劳动关系，发生因工伤害都应当按工伤来处理；而雇用（劳务）关系伤亡事故责任要求必须存在雇用（劳务）关系。

第二，适用法律不同。工伤事故责任是由劳动法调整，在发生工伤事故后，应依据劳动法律、法规来处理，具体的依据是《劳动法》、《工伤保险条例》和相关司法解释、规章的规定。雇用（劳务）关系事故责任由《民法通则》、《合同法》、《最高人民法院关于审理人身损害赔偿案件适用法律若干问题的解释》等法律、法规、司法解释来调整。

第三，赔偿主体不同。工伤事故受害人由工伤社会保险经办机构从工伤保险基金中支付工伤保险待遇费用；应当参加工伤保险而未参加的，由用人单位按照工伤保险待遇项目和标准自行支付费用。雇用（劳务）关系受害人由雇主自行承担赔偿责任。

第四，解决纠纷的途径和程序不同。工伤事故赔偿解决的途径，必须依据劳动法律、法规来处理，程序是：劳动者发生事故伤害，所在单位应当自事故伤害发生之日起30日内向统筹地区劳动保障行政部门提出工伤认定申请。遇有特殊情况，经报劳动保障行政部门同意，申请时限可以适当延长。用人单位未按前款规定提出工伤认定申请的，工伤劳动者或者其直系亲属、工会组织在事故伤害发生之日起1年内，可以直接向用人单位所在地统筹地区劳动保障行政部门提出工伤认定申请。对于工伤认定不服的，劳动者和用人单位可以依法申请行政复议或者提起行政诉讼加以解决。劳动仲裁是处理工伤事故的必经程序，工伤赔偿在认定工伤后，受害人必须在60日内申请劳动仲裁部门裁决，不服仲裁裁决的，自收到裁决书之日起15日内可以向人民法院起诉。雇用（劳务）关系人身损害赔偿解决的途径，必须依据《民法通则》、《合同法》等民事法律、法规、司法解释来处理，程序是：受害人可在事故发生之日起1年内直接起诉到人民法院。

【案例2-56】

2008年5月25日，在工程施工中，刘某驾驶的压路机链条断裂，导致压路机失控，造成刘某多处受伤，刘某当即被送到医院治疗。经司法鉴定，刘某左手及左腕功能丧失，构成5级伤残。2008年12月15日，刘某以侵害其健康权为由向人民法院提起健康权纠纷诉讼，要求公司赔偿其人身损害和精神损害共计25万余元。被告抗辩的主要理由是该案不属于健康权纠纷，应按照《工伤保险条例》及相关法规规定的待遇处理。该案在人民法院的主持下，双方自愿达成调解协议：公司按工伤保险待遇赔付原告刘某的医疗费、交通费、伤残补助金、伤残抚恤金、工伤津贴、住院伙食补助费和护理费等。

问：(1)刘某诉公司纠纷属于健康权纠纷还是工伤保险待遇纠纷？应该适用《民法通则》以及《最高人民法院关于审理人身损害赔偿案件适用法律若干问题的解释》等民事法律，还是适用《工伤保险条例》等劳动法律法规？

(2)人民法院应否直接受理该纠纷？

解析：

(1)工伤和健康权纠纷的实质都是造成了人身损害，但二者却属于不同的范畴，工伤适用劳动法等相关法律，健康权纠纷适用一般民事法律、法规。

工伤又称为产业伤害、职业伤害、工业伤害、工作伤害，是指劳动者在从事职业活动或者与职业活动有关的活动时所遭受的不良因素的伤害和职业病伤害，即工伤以工伤事故或者患职业病为前提。健康权纠纷就是指由于侵权行为造成损害而引起的纠纷，但此时的损害应严格限制在人身损害，而不应包括对心理健康造成的损害。工伤是在特定领域造成的人身损害，而健康权纠纷则是除法律、法规规定特定领域人身损害以外的人身损害纠纷。

根据《工伤保险条例》第十四条的规定，在工作时间和工作场所内，因工作原因受到事故伤害的，应认定为工伤。本案中，刘某在项目施工中受伤，应认定为工伤，该案是工伤保险待遇纠纷。

(2)按照《最高人民法院关于审理人身损害赔偿案件适用法律若干问题的解释》第十二条和《工伤保险条例》第五十二条的规定，依法应当参加工伤保险统筹的用人单位的劳动者，因工伤事故遭受人身损害，劳动者或者其近亲属向人民法院起诉请求用人单位承担民事赔偿责任的，告知其按《工伤保险条例》的规定处理。因用人单位以外的第三人侵权造成劳动者人身损害，赔偿权利人请求第三人承担民事赔偿责任的，人民法院应予支持。

①用人单位的人身损害赔偿责任。

根据《工伤保险条例》，在中国境内的企、事业单位和个体工商户都要参加工伤保险统筹，为劳动者交纳工伤保险费。相对于人身损害赔偿责任而言，工伤保险具有特殊的优点：工伤保险实行用人单位无过错责任，并且不考虑劳动者是否有过错，只要发生工伤，工伤保险经办机构就应给予赔偿；工伤保险还有利于劳资关系和谐，避免劳资冲突和纠纷。因此，用人单位通过交纳保险费的方式承担责任，对用人单位和劳动者双方都有利。所以，发生工伤事故，工伤职工应当按照《工伤保险条例》的规定享受工伤保险待遇。

如果用人单位没有交纳工伤保险基金，发生工伤后该如何处理？根据《工伤保险条例》第六十条的规定，用人单位依照本条例规定应当参加工伤保险而未参加的，由劳动保障行政部门责令改正；未参加工伤保险期间用人单位职工发生工伤的，由该用人单位按照本条例规定的工伤保险待遇项目和标准支付费用。《工伤保险条例》第五十二条规定，职工与用人单位发生工伤待遇方面的争议，按照处理劳动争议的有关规定处理。用人单位未为职工投保工伤保险的，职工直接向法院起诉要求用人单位承担工伤事故损害赔偿责任的，法院应当告知其向用人单位申请工伤保险待遇；用人单位不给赔偿或对赔偿数额有异议的，向劳动仲裁部门申请仲裁；不服仲裁的，以工伤保险待遇纠纷为案由，向法院提起诉讼，由法院按劳动争议案件处理。

《社会保险法》于2011年7月1日实施，该法对于用人单位未交纳工伤保险基金的情况又有了新的规定，即职工所在用人单位不支付工伤保险待遇的，从工伤保险基金中先行支付。先行支付的工伤保险待遇应当由用人单位偿还，用人单位不偿还的，由社会保险经办机构追偿。

②由于第三人侵权造成职工受伤，应该由谁来承担责任的问题。

第三人又可以再分为受雇于同一单位的其他劳动者和其他任意第三人。

其他任意第三人侵权造成职工受伤，第三人不支付工伤医疗费用或者无法确定第三人的，由工伤保险基金先行支付。工伤保险基金先行支付后，有权向第三人追偿。这样处理就是因为工伤保险赔偿具有先天优势，能及时使受害人得到补偿。

同一单位的其他劳动者侵权造成职工受伤，又因为侵权人主观心态不同，可以分为非故意侵权和故意侵权，责任承担也应有所不同。若侵权人是非故意的，则由保险机构支付;若侵权人是故意的,可以参照《社会保险法》第四十二条处理。因为一方面,工伤保险赔偿就是为了及时补偿受害人,分担企业负担,是公益性质的;另一方面,侵权人故意实施侵权行为,就应当承担与其过错适当的责任,如果这时不允许保险机构向侵权人追偿,是明显不当的。

③受害职工在工伤保险赔偿不能得到充分补偿时,可以主张民事赔偿。

《最高人民法院关于审理人身损害赔偿案件适用法律若干问题的解释》第十二条第一款未对此作出规定,容易给人一种劳动者在遭受工伤事故致生命权、健康权、身体权受害后,只能请求工伤保险给付,而不能依侵权行为法的规定向加害人请求不足部分人身损害赔偿的印象,剥夺了劳动者获得完全救济的权利,不利于对劳动者权益的保护。工伤保险给付的性质是补偿性质,可能存在不能充分填补受害劳动者的损害的可能。因此,如果受害人在工伤保险赔偿后损害依然不能满足的,受害人有权请求侵权人承担侵权损害赔偿责任,人民法院应予受理,但在计算赔偿时应当扣除其已领得的工伤保险补偿。在无第三人侵权时,向用人单位主张;在同一单位其他劳动者非故意侵权时,由于侵权是在履行自己的工作职责,应由用人单位承担这一责任;在其他任意侵权人和同一单位的劳动者故意侵权时,向侵权人主张。

本案例纠纷属于劳动争议,必须先经劳动争议仲裁委员会仲裁,对仲裁裁决不服,才能向人民法院起诉。所以,人民法院受理该纠纷,并主持调解是错误的。该纠纷中公司虽然明知法院没有受理权限但未对此提出管辖权异议,主要是考虑到这样处理并未损害公司利益,也有利于纠纷的化解。本案例也给我们一些启示:工程施工前,应加强对特殊工种职工的培训,做到特殊岗位持证上岗,落实安全生产资金投入和安全生产责任制,及时排查事故隐患,以免发生工伤事故,给企业和个人造成损失。

【案例 2-57】

水利工程施工领域用工形式灵活,对专业技能和文化水平要求不高,劳务报酬却相对较高,农民工大多选择在这一领域打工。2012 年 10 月,家在山西农村的小王初中毕业后经老乡介绍来到北京某水利工地跟随包工头赵某从事钢筋工工作。刚到工地第五天,小王爬上 3 m 多高的脚手架开始一天的工作,没想到踩踏的脚手架突然垮塌。赵某找人将摔下来的小王送到了医院,经诊断为右跟骨粉碎性骨折,赵某在垫付两万元医疗费后便没了踪影。19 天后小王出了院,此次事故使小王的身体落下了残疾,出院后小王开始找赵某索赔,赵某却说已经支付了医疗费,拒绝再支付其他赔偿,无奈小王申请了法律援助。

受理该案后,考虑到建筑工程被层层分包转包后责任主体一时难以查清等现实情况,援助律师决定积极促成双方和解,并在和解中收集证据、理清责任主体。2012 年年底,援助律师到位于北京郊区的事故发生地,和小王的老板赵某协商此事,并调取相关证据。经过努力,双方达成初步的调解意向,然而在双方办理调解手续时,赵某在接到一个电话后却突然变卦,拒绝履行双方之前口头达成的调解协议。调解无望后,律师考虑诉讼程序,并准备诉讼材料。在调解的过程中,基本查清了该案的责任主体,律师将涉案项目的总包方某开发公司、某劳务分包公司以及包工头赵某作为被告起诉至北京某法院。庭审中,律师申请对小王的伤情做伤残等级鉴定,经鉴定为十级伤残。但三被告仍拒绝对小王作出任何赔偿，包工头赵某否认与小王之间存在雇用关系，辩称为小王垫付的医疗费是基于人道，某劳务分包公司否认其承包了涉案工程，总包方某开发公司拒绝提供其与劳务公司所签订的分包合同，刻意包庇劳务公司，并认为其不存在过错，也不应当承担赔偿责任。最终法院认为，由于层层分包关系的存在，小王不可能提供与开发公司、包工头存在直接劳动关系的证据材料，赵某虽否认小王与其存在雇用关系，但无法回避其向小王支付医疗费的事实，因此应当对小王的伤残承担赔偿责任，对于总包方某开发公司，作为有施工资质的企业法人，在整个工程的层层发包中，是唯一具备用工主体资格的发包人，由于其刻意包庇与其有劳务分包关系的劳务分包公司，并拒绝提供劳务分包合同，法院认定其将工程违法分包给不具有承包资质的赵某，对小王的伤残与赵某承担连带赔偿责任。

问：民工受伤总包单位要负连带责任吗？

解析：

在建筑领域，建筑工程大多被层层分包转包，像小王一样的农民工自身权益受到侵害后，很难查清谁应该对自己的损失承担赔偿责任。

《建筑法》第二十二条明确规定，总包单位应当将建筑工程发包给具有相应资质的承包单位。《最高人民法院关于审理人身损害赔偿案件适用法律若干问题的解释》第十一条规定，发包人、分包人知道或者应当知道接受发包或者分包业务的雇主没有相应资质或者安全生产条件的，应当与雇主承担连带赔偿责任。《关于确立劳动关系有关事项的通知》第四条规定，建筑施工、矿山企业等用人单位将工程或经营权发包给不具有用工主体资格的组织或自然人，对该组织或自然人招用的劳动者，由具备用工主体资格的发包方承担用工主体责任。

本案例中，小王受雇于赵某，小王在提供劳务时身体受到伤害，赵某理应承担相应的赔偿责任，工程的总包方某开发公司也因刻意包庇劳务分包公司，受到了法律的惩罚，这给那些试图隐藏证据、存在侥幸心理的当事人提了个醒——“法网恢恢，疏而不漏”，切莫自作聪明。要在层层转包工程中注意防范劳动法律风险：一是尽量避免违法分包和非法转包，尽量不采取挂靠方式分包建设工程；二是在与项目承包人签订承包合同时，不仅约定由项目承包人自行承担用工带来的劳动法律风险和民事法律风险、被追究经济责任后的追偿权，还应在承包人交纳的履约保证金中设置一定数量的用工风险保证金，以抵消项目承包人带给施工企业的难以确定的用工风险。

（二）企业解除劳动合同的法律风险

《劳动合同法》第三十九条规定，劳动者有下列情形之一的，用人单位可以解除劳动合同：

（1）在试用期间被证明不符合录用条件的；

（2）严重违反用人单位的规章制度的；

（3）严重失职，营私舞弊，给用人单位造成重大损害的；

（4）劳动者同时与其他用人单位建立劳动关系，对完成本单位的工作任务造成严重影响，或者经用人单位提出，拒不改正的；

（5）以欺诈、胁迫的手段或者乘人之危，使对方在违背真实意思的情况下订立或者变更劳动合同的情形；

(6)被依法追究刑事责任的。

【案例2-58】

柳先生系某养护公司职工,2006年入职时,柳先生与公司签订了为期5年的劳动合同。由于公司管理比较松散,柳先生从劳务市场上聘用了外地民工替自己上班完成生产任务,自己到外面从事其他职业,增加收入。2008年12月,柳先生请他人代自己上班的情况被公司发现,经过公司领导多次警告后,柳先生仍然没有改正,依旧从事着自己的第二职业。于是,2009年1月,某养护公司遂作出了与柳先生解除劳动合同的决定。但柳先生认为,自己已经完成了公司交给他的生产任务,没有违反劳动合同,公司无权将自己辞退。2009年2月,柳先生向当地劳动争议仲裁委员会提请仲裁。

问:养护公司解除与柳先生的劳动合同合法吗?

解析：

劳动者一旦与用人单位成立劳动关系,就必须严格遵守劳动合同的约定,履行应尽的义务,完成合同约定的劳动生产任务。如果劳动者不能按照约定履行劳动合同或请他人代为履行,用人单位就有权解除劳动合同。

劳动合同具有两个重要的特征:第一,相对性。主要是指劳动合同关系只能发生在特定的合同当事人之间。在本案例中,劳动合同的当事人是柳先生和某养护公司,劳动合同关系只能发生在该两者之间。第二,人身性。是指劳动合同所具有的人身性质,即劳动合同中的权利义务与劳动合同当事人的人身是不可分离的,劳动合同当事人以外的其他人不能代当事人行使权利和履行义务。

《劳动合同法》第二十九条规定:用人单位与劳动者应当按照劳动合同的约定,全面履行各自的义务。根据《劳动合同法》第三十九条的规定,劳动者同时与其他用人单位建立劳动关系,对完成本单位的工作任务造成严重影响,或者经用人单位提出,拒不改正的,用人单位可以解除劳动合同。在本案例中,柳先生聘请他人代自己完成劳动任务,违反了订立劳动合同的基本原则和《劳动合同法》的规定,也违反了劳动纪律和职业道德。某养护公司在发现柳先生违反用人单位规章制度的情况之后,并没有立即解除劳动合同,而是多次对其进行警告,而柳先生在受到单位的警告之后,依旧坚持违反劳动法规和用人单位的规章制度。在这种情况下,柳先生所在单位解除劳动合同,完全符合《劳动合同法》的相关规定,应当予以支持。

【案例2-59】

王某是某公司的销售员。2008年1月他和该公司签订了3年期的劳动合同。公司规定销售员必须完成工作定额,才可以领取基础工资,超额完成的部分按超额量提成领取奖金。2008年年底结算时,公司其他销售员销售业绩大幅度上升,而王某仅仅完成了销售定额。2009年2月,公司以王某销售业绩不好为由,决定辞退王某。王某不服,向劳动争议仲裁委员会提请仲裁,要求撤销辞退决定,继续履行合同。

问：公司以王某销售业绩不好为由辞退王某符合《劳动合同法》规定吗？

解析：

根据《劳动合同法》第四十条的规定，有下列情形之一的，用人单位提前30日以书面形式通知劳动者本人或者额外支付劳动者1个月工资后，可以解除劳动合同：

(1)劳动者患病或非因工负伤，在规定的医疗期满后不能从事原工作，也不能从事用人单位另行安排的工作的。

(2)劳动者不能胜任工作，经过培训或者调整工作岗位，仍不能胜任工作的。

(3)劳动合同订立时所依据的客观情况发生重大变化，致使劳动合同无法履行，经用人单位与劳动者协商，未能就变更劳动合同内容达成协议的。

本案例中，用人单位据以解除劳动合同的依据是《劳动合同法》第四十条“劳动者不能胜任工作，经过培训或者调整工作岗位，仍不能胜任工作的”的规定。但是，该公司辞退王某时，有两点不符合法律规定：首先，王某的销售业绩不好，不等于王某不能胜任工作。《劳动合同法》中的“不能胜任工作”是指不能按要求完成合同中约定的任务或者同工种、同岗位人员的工作量。王某完成了工作定额，只是相对于其他员工而言工作业绩不好，用人单位不得故意提高定额标准，也不能以工作业绩相对一般这种非客观的标准来衡量其是否胜任工作。其次，依据《劳动合同法》的规定，即使王某不能完成劳动合同约定的工作任务，不能胜任工作，用人单位也应该再给王某其他的机会，对王某进行培训或者调整工作岗位，如果经过培训或者岗位的调整，王某仍不能胜任工作时，才可以解除劳动合同。而且用人单位即使要解除劳动合同，也需提前30日书面通知或额外支付1个月工资才可。因此，该公司以王某销售业绩不好为由辞退王某，不符合《劳动合同法》规定，劳动争议仲裁委员会应该撤销该公司的辞退决定。

（三）未依法承担举证责任的法律风险

一般的举证规则为“谁主张，谁举证”。但劳动关系与其他民事关系不同，用人单位处于强势地位，从保护劳动者权益的角度，《劳动争议调解仲裁法》第六条规定，发生劳动争议，当事人对自己提出的主张，有责任提供证据。与争议事项有关的证据属于用人单位掌握管理的，用人单位应当提供；用人单位不提供的，应当承担不利后果。第三十九条规定，劳动者无法提供由用人单位掌握管理的与仲裁请求有关的证据，仲裁庭可以要求用人单位在指定期限内提供。用人单位在指定期限内不提供的，应当承担不利后果。《最高人民法院关于民事诉讼证据的若干规定》第六条规定，在劳动争议纠纷案件中，因用人单位作出开除、除名、辞退、解除劳动合同、减少劳动报酬、计算劳动者工作年限等决定而发生劳动争议的，由用人单位负举证责任。上述规定实际上是加重了企业的举证责任，也加大了企业的法律风险。如果企业在争议处理过程中未能依法承担举证责任，则要承担相应的法律后果。

（四）不履行调解协议的法律风险

调解作为一种纠纷解决方式，在化解社会矛盾方面具有其他纠纷解决方式无法替代的优势。尤其是劳动争议案件具有特殊性，与普通的民事案件不同，它不仅仅是劳动合同、劳动报酬的纠纷，还涉及劳动条件、劳动保护、安全卫生以及其他社会保障等问题。通过调解解决劳动争议，不但更有利于问题的解决，而且劳资双方不会伤和气，可以避免劳动争议解决后留下后遗症。因此，《劳动争议调解仲裁法》也十分注重发挥调解在化解劳动争议案件中的作用，尤其是其中赋予部分劳动调解协议可以申请支付令效力的规定，更是对以往劳动争议处理制度的一大突破。该法第十六条规定，因支付拖欠劳动报酬、工伤医疗费、经济补偿或者赔偿金事项达成调解协议，用人单位在协议约定期限内不履行的，劳动者可以持调解协议书依法向人民法院申请支付令。人民法院应当依法发出支付令。该规定不仅可以充分发挥支付令程序简洁、方便的特点，免去仲裁和诉讼的漫长周期和高额成本，而且直接由法院以强制执行的方式代表国家执行调解协议，强化了调解协议的法律效力。由于实践中不履行调解协议一方的通常是用人单位，因此《劳动争议调解仲裁法》的上述规定在加大劳动者权益保护力度的同时，也加大了企业的法律风险。

（五）怠于申请撤销仲裁裁决的法律风险

虽然《劳动争议调解仲裁法》规定一裁终局的裁决发生法律效力后，用人单位不得就同一争议事项再向仲裁委员会申请仲裁或向法院起诉，但为了保护用人单位的救济权利，《劳动争议调解仲裁法》同时也规定了用人单位可以向法院申请撤销仲裁裁决。

可以申请撤销仲裁裁决的具体情形包括：

（1）适用法律、法规确有错误的；

（2）劳动争议仲裁委员会无管辖权的；

（3）违反法定程序的；

（4）裁决所根据的证据是伪造的；

（5）对方当事人隐瞒了足以影响公正裁决的证据的；

（6）仲裁员在仲裁该案时有索贿受贿、徇私舞弊、枉法裁决行为的。

《劳动争议调解仲裁法》的上述规定赋予了用人单位救济的权利，企业在劳动争议处理过程中应该合法、合理地用好、用足这项权利，否则将可能给企业带来不必要的损失。

第八节　招标投标法律风险

我国《招标投标法》自2000年1月1日起施行，该法共包括六十八条，分别从招标、投标、开标、评标和中标等各主要阶段对招标投标活动作出了规定。

依据《招标投标法》，我国陆续发布了一系列规范招标投标活动的部门规章，其中主要有：

（1）2000年4月4日国务院批准，2000年5月1日国家发展计划委员会发布的《工程建设项目招标范围和规模标准规定》；

（2）2001年7月5日起施行的国家发展计划委员会、国家经济贸易委员会、建设部、铁道部、交通部、信息产业部、水利部联合发布的《评标委员会和评标办法暂行规定》；

（3）2003年5月1日起施行的国家发展计划委员会、建设部、铁道部、交通部、信息产业部、水利部、中国民用航空总局联合发布的《工程建设项目施工招标投标办法》；

（4）2003年8月1日起施行的国家发展和改革委员会、建设部、铁道部、交通部、信息产业部、水利部、中国民用航空总局联合发布的《工程建设项目勘察设计招标投标办法》；

(5)2005 年 3 月 1 日起施行的国家发展和改革委员会、建设部、铁道部、交通部、信息产业部、水利部、中国民用航空总局联合发布的《工程建设项目货物招标投标办法》；

(6)2011 年 11 月 30 日国务院第 183 次常务会议通过的《招标投标法实施条例》，自 2012 年 2 月 1 日起施行。

随着招标投标法律制度的日趋完善，招标投标法律风险成为一种比较常见的企业法律风险。在招标、投标、开标、评标、定标及合同签订与履行等几个阶段都存在着相应的法律风险。例如，投标人之间采取"投标联盟"、"有偿陪标"、"轮流坐庄"等方式串通投标、借用资质围标等。2008 年，国家有关部门专门开展了工程建设领域突出问题专项治理工作。

一、招标阶段的法律风险

（一）必须进行招标的项目不招标的法律风险

1. 必须进行招标的项目

根据《招标投标法》第三条的规定，在中华人民共和国境内进行下列工程建设项目包括项目的勘察、设计、施工、监理以及与工程建设有关的重要设备、材料等的采购，必须进行招标：

(1)大型基础设施、公用事业等关系社会公共利益、公众安全的项目；

(2)全部或者部分使用国有资金投资或者国家融资的项目；

(3)使用国际组织或者外国政府贷款、援助资金的项目。

根据《招标投标法实施条例》第二条的规定，招标投标法第三条所称工程建设项目，是指工程以及与工程建设有关的货物、服务。

前款所称工程，是指建设工程，包括建筑物和构筑物的新建、改建、扩建及其相关的装修、拆除、修缮等；所称与工程建设有关的货物，是指构成工程不可分割的组成部分，且为实现工程基本功能所必需的设备、材料等；所称与工程建设有关的服务，是指为完成工程所需的勘察、设计、监理等服务。

根据《工程建设项目招标范围和规模标准规定》的规定，关系社会公共利益、公众安全的基础设施项目的范围包括：

(1)煤炭、石油、天然气、电力、新能源等能源项目；

(2)铁路、公路、管道、水运、航空以及其他交通运输业等交通运输项目；

(3)邮政、电信枢纽、通信、信息网络等邮电通信项目；

(4)防洪、灌溉、排涝、引(供)水、滩涂治理、水土保持、水利枢纽等水利项目；

(5)道路、桥梁、地铁和轻轨交通、污水排放及处理、垃圾处理、地下管道、公共停车场等城市设施项目；

(6)生态环境保护项目；

(7)其他基础设施项目。

关系社会公共利益、公众安全的公用事业项目的范围包括：

(1)供水、供电、供气、供热等市政工程项目；

(2)科技、教育、文化等项目；

(3)体育、旅游等项目；

(4)卫生、社会福利等项目；

(5)商品住宅，包括经济适用住房；

(6)其他公用事业项目。

使用国有资金投资项目的范围包括：

(1)使用各级财政预算资金的项目；

(2)使用纳入财政管理的各种政府性专项建设基金的项目；

(3)使用国有企业、事业单位自有资金，并且国有资产投资者实际拥有控制权的项目。

国家融资项目的范围包括：

(1)使用国家发行债券所筹资金的项目；

(2)使用国家对外借款或者担保所筹资金的项目；

(3)使用国家政策性贷款的项目；

(4)国家授权投资主体融资的项目；

(5)国家特许的融资项目。

使用国际组织或者外国政府资金的项目的范围包括：

(1)使用世界银行、亚洲开发银行等国际组织贷款资金的项目；

(2)使用外国政府及其机构贷款资金的项目；

(3)使用国际组织或者外国政府援助资金的项目。

《工程建设项目招标范围和规模标准规定》规定的上述各类工程建设项目，包括项目的勘察、设计、施工、监理以及与工程建设有关的重要设备、材料等的采购，达到下列标准之一的，必须进行招标：

(1)施工单项合同估算价在200万元人民币以上的；

(2)重要设备、材料等货物的采购，单项合同估算价在100万元人民币以上的；

(3)勘察、设计、监理等服务的采购，单项合同估算价在50万元人民币以上的；

(4)单项合同估算价低于第(1)、(2)、(3)项规定的标准，但项目总投资额在3 000万元人民币以上的。

依法必须招标的工程建设项目，应当具备下列条件才能进行施工招标：

(1)招标人已经依法成立；

(2)初步设计及概算应当履行审批手续的，已经批准；

(3)招标范围、招标方式和招标组织形式等应当履行核准手续的，已经核准；

(4)有相应资金或者资金来源已经落实；

(5)有招标所需的设计图纸及技术资料。

2. 可以不招标的项目

如果建设项目不属于必须招标的项目，则可以招标也可以不招标。即使符合必须招标项目的条件，但是属于某些特殊情形的，也可以不招标。《招标投标法》第六十六条规定：涉及国家安全、国家秘密、抢险救灾或者属于利用扶贫资金实行以工代赈、需要使用农民工等特殊情况，不适宜招标的项目，按照国家有关规定可以不进行招标。

《工程建设项目施工招标投标办法》第十二条规定，工程建设项目有下列情形之一的，依法可以不进行施工招标：

(1)涉及国家安全、国家秘密或者抢险救灾而不适宜招标的；

(2)属于利用扶贫资金实行以工代赈需要使用农民工的；

(3)施工主要技术采用特定的专利或者专有技术的；

(4)施工企业自建自用的工程，且该施工企业资质等级符合工程要求的；

(5)在建工程追加的附属小型工程或者主体加层工程，原中标人仍具备承包能力的；

(6)法律、行政法规规定的其他情形。

《招标投标法实施条例》第九条规定，除招标投标法第六十六条规定的可以不进行招标的特殊情况外，有下列情形之一的，可以不进行招标：

(1)需要采用不可替代的专利或者专有技术；

(2)采购人依法能够自行建设、生产或者提供；

(3)已通过招标方式选定的特许经营项目投资人依法能够自行建设、生产或者提供；

(4)需要向原中标人采购工程、货物或者服务，否则将影响施工或者功能配套要求；

(5)国家规定的其他特殊情形。

3. 公开招标和邀请招标

招标方式分为公开招标和邀请招标。

1)公开招标

公开招标也称无限竞争招标，是指招标人以招标公告的方式邀请不特定的法人或者其他组织投标。采用公开招标方式，可以为所有符合投标条件的潜在投标人提供一个平等参与和充分竞争的机会。并不是所有依法必须进行招标的工程建设项目都要采取公开招标的方式。

根据《工程建设项目施工招标投标办法》第十一条的规定，下列施工招标项目应当公开招标：

(1)国务院发展计划部门确定的国家重点建设项目；

(2)省、自治区、直辖市人民政府确定的地方重点建设项目；

(3)全部使用国有资金投资或者国有资金投资占控股或者主导地位的工程建设项目。

《招标投标法实施条例》第三十条规定：对技术复杂或者无法精确拟定技术规格的项目，招标人可以分两阶段进行招标。第一阶段，投标人按照招标公告或者投标邀请书的要求提交不带报价的技术建议，招标人根据投标人提交的技术建议确定技术标准和要求，编制招标文件。第二阶段，招标人向在第一阶段提交技术建议的投标人提供招标文件，投标人按照招标文件的要求提交包括最终技术方案和投标报价的投标文件。招标人要求投标人提交投标保证金的，应当在第二阶段提出。

2)邀请招标

邀请招标又称有限竞争招标，是指招标人以投标邀请书的方式邀请特定的法人或者其他组织投标。根据《招标投标法》的规定，对于依法必须招标的项目，应当公开招标，只有符合规定的情形，才能进行邀请招标。

根据《工程建设项目施工招标投标办法》第十一条的规定，对于应当公开招标的施工招标项目，有下列情形之一的，经批准可以进行邀请招标：

(1)项目技术复杂或有特殊要求，只有少量几家潜在投标人可供选择的；

(2)受自然地域环境限制的；

(3)涉及国家安全、国家秘密或者抢险救灾，适宜招标但不宜公开招标的；

(4)拟公开招标的费用与项目的价值相比，不值得的；

(5)法律、法规规定不宜公开招标的。

《招标投标法实施条例》第八条规定，国有资金占控股或者主导地位的依法必须进行招标的项目，应当公开招标；但有下列情形之一的，可以邀请招标：

(1)技术复杂、有特殊要求或者受自然环境限制，只有少量潜在投标人可供选择；

(2)采用公开招标方式的费用占项目合同金额的比例过大。

有上述第(2)项所列情形，属于《招标投标法实施条例》第七条(按照国家有关规定需要履行项目审批、核准手续的依法必须进行招标的项目，其招标范围、招标方式、招标组织形式应当报项目审批、核准部门审批、核准。项目审批、核准部门应当及时将审批、核准确定的招标范围、招标方式、招标组织形式通报有关行政监督部门)规定的项目，由项目审批、核准部门在审批、核准项目时作出认定；其他项目由招标人申请有关行政监督部门作出认定。

为了保证邀请招标的竞争性，我国法律对邀请招标的对象有最低数量的规定。《招标投标法》第十七条第一款规定，招标人采用邀请招标方式的，应当向三个以上具备承担招标项目的能力、资信良好的特定的法人或者其他组织发出投标邀请书。

此外，《招标投标法》还规定，任何单位和个人不得将依法必须进行招标的项目化整为零或者以其他任何方式规避招标。企业如果违反上述规定，需要承担相应的法律责任，包括责令限期改正、处项目合同金额5‰以上10‰以下的罚款、对全部或者部分使用国有资金的项目暂停项目执行或者暂停资金拨付、对单位直接负责的主管人员和其他直接责任人员依法给予处分等。

(二)未按规定发布招标公告的法律风险

根据《招标投标法》第十六条的规定，招标人采用公开招标方式的，应当发布招标公告。依法必须招标的项目的招标公告，应当通过国家指定的报刊、信息网络或者其他媒体发布。因此，如果依法必须招标的项目没有通过国家指定的媒体发布，可能招致相关利害关系人提出请求，要求有关行政管理机关或者人民法院撤销招标文件或者宣布招标文件无效，从而引起法律纠纷，产生法律风险。国家发展改革委员会于2000年7月1日发布施行的《招标公告发布暂行办法》第四条再次强调，依法必须招标项目的招标公告必须在指定媒介发布，任何单位和个人不得非法限制招标公告的发布地点和发布范围。同时，第十九条规定，任何单位或者个人认为招标公告发布活动不符合本办法有关规定的，可向国家发展改革委员会投诉或者举报。

《招标投标法实施条例》第十六条规定：招标人应当按照资格预审公告、招标公告或者投标邀请书规定的时间、地点发售资格预审文件或者招标文件。资格预审文件或者招标文件的发售期不得少于5日。招标人发售资格预审文件、招标文件收取的费用应当限于补偿印刷、邮寄的成本支出,不得以营利为目的。第十七条规定:招标人应当合理确定提交资格预审申请文件的时间。依法必须进行招标的项目提交资格预审申请文件的时间,自资格预审文件停止发售之日起不得少于5日。第二十一条规定:招标人可以对已发出的资格预审文件或者招标文件进行必要的澄清或者修改。澄清或者修改的内容可能影响资格预审申请文件或者投标文件编制的,招标人应当在提交资格预审申请文件截止时间至少3日前,或者投标截止时间至少15日前,以书面形式通知所有获取资格预审文件或者招标文件的潜在投标人;不足3日或者15日的,招标人应当顺延提交资格预审申请文件或者投标文件的截止时间。

(三)招标文件以不合理的条件限制或者排斥潜在投标人以及对潜在投标人实行歧视待遇的法律风险

《招标投标法》第十八条第二款规定,招标人不得以不合理的条件限制或者排斥潜在投标人,不得对潜在投标人实行歧视待遇。第五十一条规定,招标人以不合理的条件限制或者排斥潜在投标人的,对潜在投标人实行歧视待遇的,强制要求投标人组成联合体共同投标的,或者限制投标人之间竞争的,责令改正,可以处1万元以上5万元以下的罚款。因此,招标人违反上述规定的,首先会招致行政处罚。《招标投标法实施条例》第二十八条规定:招标人不得组织单个或者部分潜在投标人踏勘项目现场。

《招标投标法实施条例》第三十二条规定,招标人不得以不合理的条件限制、排斥潜在投标人或者投标人。招标人有下列行为之一的,属于以不合理条件限制、排斥潜在投标人或者投标人:

(1)就同一招标项目向潜在投标人或者投标人提供有差别的项目信息;

(2)设定的资格、技术、商务条件与招标项目的具体特点和实际需要不相适应或者与合同履行无关;

(3)依法必须进行招标的项目以特定行政区域或者特定行业的业绩、奖项作为加分条件或者中标条件;

(4)对潜在投标人或者投标人采取不同的资格审查或者评标标准;

(5)限定或者指定特定的专利、商标、品牌、原产地或者供应商;

(6)依法必须进行招标的项目非法限定潜在投标人或者投标人的所有制形式或者组织形式;

(7)以其他不合理条件限制、排斥潜在投标人或者投标人。

《招标投标法实施条例》第三十三条规定:投标人参加依法必须进行招标的项目的投标,不受地区或者部门的限制,任何单位和个人不得非法干涉。

(四)招标人向他人透露已获取招标文件的潜在投标人的名称、数量或向他人泄露标底的法律风险

根据《招标投标法》第二十二条的规定,招标人不得向他人透露已获取招标文件的潜在投标人的名称、数量以及可能影响公平竞争的有关招标投标的其他情况。这主要是为了防止投标人之间相互串通,抬高投标报价,或者结成共同联盟,通过提高或者减低报价等手段有意让某个投标人中标,然后再从中捞取好处,损害招标人利益。

此外,《招标投标法》还规定,招标人设有标底的,标底必须保密。标底是我国工程招标中的一个特有概念,是依据国家统一的工程量计算规则、预算定额和计价办法计算出来的工程造价,是招标人对建设工程预算的期望值。根据《招标投标法》及有关规定,编制标底并不是强制性的,招标人可以不设标底,进行无标底招标。但是,在我国工程建设领域,标底在招标投标活动中始终得到较为普遍的应用。对于设有标底的招标项目,在开标前必须严格保密。对依法必须招标的项目,招标人如果违反上述规定,需要承担相应的法律责任,包括给予警告、并处1万元以上10万元以下的罚款、对单位直接负责的主管人员和其他直接责任人员依法给予处分等;构成犯罪的,还要依法追究刑事责任。此外,还可能导致投标人中标无效。

(五)招标人未按规定澄清、修改招标文件的法律风险

《招标投标法》第二十三条规定,招标人对已发出的招标文件进行必要的澄清或者修改的,应当在招标文件要求提交投标文件截止时间至少15日前,以书面形式通知所有招标文件收受人。该澄清或者修改的内容为招标文件的组成部分。招标人为了实现采购目标,拥有修改和澄清招标文件的权利是必要的。为了使得投标人有充足的时间对招标文件全部作出响应,并编制出有质量的投标文件,法律要求招标人必须在投标文件截止15日前,以书面形式将澄清或修改的内容通知所有的购买招标文件的人。如果招标人通知的时间少于15日则会导致通知无效。

(六)招标人未按规定设定投标截止日期的法律风险

根据《招标投标法》第二十四条的规定,在招标文件中,招标人应当确定投标人编制投标文件所需要的合理时间。但是,依法必须进行招标的项目,自招标文件开始发出之日起至投标人提交投标文件截止之日止,最短不得少于20日。

【案例2-60】

2010年8月8日,招标人发出招标文件,招标文件中规定了提交投标文件截止的日期为2010年8月25日。某投标人认为这个时间规定违反了《招标投标法》第二十四条规定。

问:是否违反了《招标投标法》第二十四条的规定?

解析:

是否违法应根据具体项目来确定。必须招标的项目,根据《招标投标法》应该符合两个条件:既要属于必须招标的项目范围,也要符合相应的规模标准。如果不同时符合这两个条件,就不是必须招标的项目。不是必须招标的项目也可以招标,但是就不受《招标投标法》第二十四条的"不得少于20日"的限制,而仅仅满足"投标人编制投标文件所需要的合理时间"就可以了。所以,如果这个案例中的项目不属于必须招标的项目,招标人的行为就不违法。否则,就是违法的。

二、投标阶段的法律风险

(一)投标人应当具备规定的资格条件

根据《招标投标法》第二十六条的规定,投标人应当具备承担招标项目的能力;国家有关规定对投标人资格条件或者招标文件对投标人资格条件有规定的，投标人应当具备规定的资格条件。

根据《工程建设项目施工招标投标办法》第三十五条的规定，招标人的任何不具独立法人资格的附属机构（单位），或者为施工招标项目的前期准备或者监理工作提供设计、咨询服务的任何法人及其任何附属机构（单位），都无资格参加该招标项目的投标。

《招标投标法实施条例》第三十四条规定：与招标人存在利害关系可能影响招标公正性的法人、其他组织或者个人，不得参加投标。单位负责人为同一人或者存在控股、管理关系的不同单位，不得参加同一标段投标或者未划分标段的同一招标项目投标。违反上述规定的，相关投标均无效。

（二）投标文件未对招标文件提出的实质性要求和条件作出响应的法律风险

1. 投标人不按照招标文件的要求编制投标文件

《招标投标法》第二十七条规定，投标人应当按照招标文件的要求编制投标文件。投标文件应当对招标文件提出的实质性要求和条件作出响应。《工程建设项目货物招标投标办法》第二十一条规定：招标人应当在招标文件中规定实质性要求和条件，说明不满足其中任何一项实质性要求和条件的投标将被拒绝，并用醒目方式标明；没有标明的要求和条件在评标时不得作为实质性要求和条件。对于非实质性要求和条件，应当允许偏差的最大范围、最高项数，以及对这些偏差进行调整的方法。国家对招标货物的技术、标准、质量等有规定的，招标人应当按照其规定在招标文件中提出相应要求。为此，《工程建设项目货物招标投标办法》第四十条、第四十三条规定：投标文件不响应招标文件的实质性要求和条件的，招标人应当拒收，作废标处理；评标委员会不得允许投标人通过修正或撤销其不符合要求的差异或保留，使之成为具有响应性的投标。同时，《工程建设项目施工招标投标办法》第五十条、第五十二条规定：投标文件不响应招标文件的实质性要求和条件的，招标人应当拒收，并不允许投标人通过修正或者撤销其不符合要求的差异或保留，使之成为具有响应性的投标。

根据《招标投标法》第二十七条的规定，投标人应当按照招标文件的要求编制投标文件。投标文件应当对招标文件的实质性要求作出响应。招标项目属于建设施工的，投标文件的内容应当包括拟派出的项目负责人与主要技术人员的简历、业绩和拟用于完成招标项目的机械设备等。根据《工程建设项目施工招标投标办法》的规定，投标文件一般包括下列内容：

（1）投标函；

（2）投标报价；

（3）施工组织设计；

（4）商务和技术偏差表。

投标人根据招标文件载明的项目实际情况，拟在中标后将中标项目的部分非主体、非关键性工作进行分包的，应在投标文件中载明。

2. 投标保证金

所谓投标保证金，是为防止投标人不审慎投标而由招标人在招标文件中设定的一种担保形式。

在发生下列情形时，招标人有权没收投标保证金：

(1)投标人在投标有效期内撤回其投标文件；

(2)中标未能在规定期限内提交履约保证金或签署合同协议。

关于投标保证金的额度和有效期限，《工程建设项目施工招标投标办法》第三十七条规定，招标人可以在招标文件中要求投标人提交投标保证金。投标保证金除现金外，可以是银行出具的银行保函、保兑支票、银行汇票或现金支票。《招标投标法实施条例》第二十六条规定：招标人在招标文件中要求投标人提交投标保证金的，投标保证金不得超过招标项目估算价的2%。投标保证金有效期应当与投标有效期一致。依法必须进行招标的项目的境内投标单位，以现金或者支票形式提交的投标保证金应当从其基本账户转出。招标人不得挪用投标保证金。

在提交投标文件截止时间后到招标文件规定的投标有效期终止之前，投标人不得补充、修改、替代或者撤回其投标文件。投标人补充、修改、替代投标文件的，招标人不予接受；投标人撤回投标文件的，其投标保证金将被没收。

确定中标单位后，招标人最迟应当在书面合同签订后 5 日内向中标人和未中标的投标人退还投标保证金及银行同期存款利息。

【案例 2-61】

某建筑公司是某施工项目的投标人，其投标时没有提交投标保证金。评标委员会以此为理由确认其所投的标书为废标。

问：这样的确认结果合法吗？

解析：

是否合法要根据具体情况确定。因为提交投标保证金并不是法律上的强制性规定，招标人可以不要求投标人提交。

《招标投标法》中并没有关于提交投标保证金的规定。

《工程建设项目施工招标投标办法》第三十七条规定：招标人可以在招标文件中要求投标人提交投标保证金。

《招标投标法实施条例》第五十一条规定，有下列情形之一的，评标委员会应当否决其投标：

(1)投标文件未经投标单位盖章和单位负责人签字；

(2)投标联合体没有提交共同投标协议；

(3)投标人不符合国家或者招标文件规定的资格条件；

(4)同一投标人提交两个以上不同的投标文件或者投标报价，但招标文件要求提交备选投标的除外；

(5)投标报价低于成本或者高于招标文件设定的最高投标限价；

(6)投标文件没有对招标文件的实质性要求和条件作出响应；

(7)投标人有串通投标、弄虚作假、行贿等违法行为。

以上法律、办法、条例都没有对提交投标保证金作出强制性规定。因此，如果招标文件要求投标人将投标保证金随投标文件提交给招标人的，投标人没有按照要求提交，该投标文件将被拒绝，作废标处理；如果没有这个要求，就不能以投标人没有提交投标保证金为由确认其标书为废标。

（三）未按规定送达和签收投标文件的法律风险

《招标投标法》第二十八条规定，投标人应当在招标文件要求提交投标文件的截止时间前，将投标文件送达投标地点；招标人收到投标文件后，应当签收保存，不得开启；投标人少于3个的，招标人应当依照本法重新招标；在招标文件要求提交投标文件的截止时间后送达的投标文件，招标人应当拒收。因此，投标人必须按照招标文件规定的地点，在规定的时间内送达投标文件。为保证送达的有效性，投递投标书的方式最好是直接送达或委托代理人送达，以便获得招标机构已收到投标书的回执。如果是以邮寄方式送达的，投标人必须留出邮寄的时间，保证投标文件能够在截止日之前送达招标人指定的地点，而不是以"邮戳为准"。投标人不能将投标文件送交招标文件规定地点的以外地方，如果投标人因为递交投标书的地点发生错误，而延误投标时间的，将被视为无效标而被拒收。招标人收到标书以后应当签收，不得开启。签收人要记录投标文件递交的日期和地点以及密封状况，签收人签名后应将所有递交的投标文件放置在保密安全的地方，任何人不得开启投标文件。此外，为了保证充分竞争，对于投标人少于3个的，应当重新招标。企业在招标、投标过程中应该严格遵守上述规定，否则任何一个环节的失误都可能会影响招标投标活动的效力。

（四）联合体投标的法律风险

《招标投标法》第三十一条规定：两个以上的法人或者其他组织可以组成一个联合体，以一个投标人的身份共同投标。法律之所以允许投标人之间组成联合体共同投标，主要是因为有些招标项目规模较大，有时单靠一家投标人难以完全胜任，而允许组成联合体投标，又可以让更多的投标人获得参与市场的机会并获取相应的利益。但是，投标人之间组成联合体投标，应注意以下法律风险：

（1）联合体各方均应当具备承担招标项目的相应行为能力，国家有关规定或者招标文件对投标人资格条件有规定的，联合体各方均应当具备规定的相应资格条件。由同一专业的单位组成的联合体，其资质等级按照就低不就高的原则确定。因此，联合体中若有任何一方不具有承担招标项目的相应行为能力和资格条件，将可能导致标书被宣布无效，或者在有关诉讼中合同被法院或者仲裁机构确认无效。

（2）联合体各方应当签订共同投标协议，明确约定各方在共同投标中的权利、义务和责任，并将共同投标协议连同投标文件一并提交招标人。联合体各方的共同投标协议应详细约定共同投标的职责分工和有关责任，也可约定共同投标事宜的事务执行人为某一联合体成员公司，由其具体负责事务的执行，如编制标书、报送资格预审文件及投递标书等，以避免联合体成员之间就共同投标事务发生争议和纠纷。对此，《工程建设项目施工招标投标办法》第四十四条规定：联合体各方应当指定牵头人，授权其代表所有联合体成员负责投标和合同实施阶段的主办、协调工作，并应当向招标人提交由所有联合体成员法定代表人签署的授权书。另外，若联合体未按照规定的时间准备并报送共同投标协议，或者共同投标协议约定的权利、义务不明确的，联合体的投标都有可能被宣布为废标或者无效。《招标投标法实施条例》第三十七条规定:招标人应当在资格预审公告、招标公告或者投标邀请书中载明是否接受联合体投标。招标人接受联合体投标并进行资格预审的,联合体应当在提交资格预审申请文件前组成。资格预审后联合体增减、更换成员的,其投标无效。联合体各方在同一招标项目中以自己名义单独投标或者参加其他联合体投标的,相关投标均无效。《招标投标法实施条例》第三十八条规定:投标人发生合并、分立、破产等重大变化的,应当及时书面告知招标人。投标人不再具备资格预审文件、招标文件规定的资格条件或者其投标影响招标公正性的,其投标无效。

(3)联合体中标的,联合体各方应共同与招标人签署合同。联合体在法律上不具有独立的法律人格,因此必须由联合体各方共同与招标人签署中标合同,亦不能单独由其中的一方与招标人签署合同,合同的履行亦当然应由联合体各方对招标人承担连带履行责任。各方若对招标人承担责任后,有权在联合体内部就自己承担的超过自己份额部分的责任,按照共同投标协议的约定向其他联合体成员追偿。

《建筑法》第二十九条第二款规定:总承包单位和分包单位就分包工程对建设单位承担连带责任。《建设工程质量管理条例》第二十七条规定:总承包单位与分包单位对分包工程的质量承担连带责任。上述法律、行政法规的规定表明,施工总承包与分包就分包工程承担连带责任,就分包工程对建设单位承担连带责任是指对分包工程的质量承担连带责任,而不是分包合同承担连带责任。联合承包的成员单位就承包合同对外承担连带责任,而不是联合承包的工程质量。二者承担连带责任的对象是不同的,责任负担也是不一样的,显然,联合承包的责任负担远远重于总承包与分包之间的连带责任形式。

(4)联合承包不同于合作开发房地产法律关系。《最高人民法院关于审理涉及国有土地使用权合同纠纷案件适用法律问题的解释》第十四条规定:本解释所称的合作开发房地产合同,是指当事人订立的以提供出让土地使用权、资金等作为共同投资,共享利润、共担风险合作开发房地产为基本内容的协议。合作开发的形式包括成立房地产项目公司和按照合同约定各自承担相应的权利义务。合作开发房地产的法律关系类似联营,但不同于联营。联营一般需要各方共同出资、共同经营、共担风险、共享利润,合作开发房地产不需要合作各方"共同经营"。合作开发房地产各方对内按照合同约定享有权利,承担义务;对外依照法律规定、合同约定承担连带责任,并不必然承担连带责任。

(五)投标人中途退出竞标的法律风险

在招标投标实践中,有些投标人在投送投标文件后,由于自身经营情况、财务状况、市场原材料及其他市场环境发生了变化,觉得没有必要继续参加投标竞争或者认为不应该再参加投标竞争,于是主动提出退出投标竞争,要求撤销投标。但是,如果投标人撤销投标是在投标截止时间之后,就会发生法律风险。因为投标在法律上是一种要约,在投标截止时间之后,投标作为要约已经生效,在投标有效期内该要约对投标人具有法律约束力。因此,投标人若决定撤回投标,必须在投标截止时间之前进行,即必须在要约生效之前。虽然根据《合同法》第十八条的规定,要约可以撤销。撤销要约的通知应当在受要约人发出承诺通知之前到达受要约人。但该法第十九条规定,有下列情形之一的,要约不得撤销:①要约人确定了承诺期限或者以其他形式明示要约不可撤销;②受要约人有理由认为要约是不可撤销的,并已经为履行合同作出了准备。在招标投标活动中,对于投标文件的有效期限都是有明确规定的，因此在该期限内投标人不得撤销投标。否则，投标人交纳的投标保证金将会被予以没收，若因此给招标人造成的信赖利益损失大于投标保证金的，招标人还有权要求投标人进行赔偿。

（六）投标人对招标人延长投标有效期的通知未作出答复或者不同意延长的法律风险

虽然《招标投标法》对投标有效期没有作出规定，但按照国际惯例和招标投标的实践需要，招标人通常都在招标文件中规定投标的有效期限。为了弥补《招标投标法》的立法漏洞，《工程建设项目施工招标投标办法》第二十九条第一款规定：招标文件应当规定一个适当的投标有效期，以保证招标人有足够的时间完成评标和与中标人签订合同。投标有效期从投标人提交投标文件截止之日起计算。在招标实践中，有时在投标有效期结束前，招标人出现了某些特殊情况，需要适当延长投标有效期，此时招标人就会向所有投标人发出通知，要求延长投标有效期和投标保证金有效期。如果投标人接到通知后不予答复或者表示不同意延长，该投标人的投标将会被作为投标失效处理，或者被视为投标已经撤回。这就是不作答复或者拒绝同意的法律风险。《工程建设项目施工招标投标办法》第二十九条第二款规定：在原投标有效期结束前，出现特殊情况的，招标人可以书面形式要求所有投标人延长投标有效期。投标人同意延长的，不得要求或被允许修改其投标文件的实质性内容，但应当相应延长其投标保证金的有效期；投标人拒绝延长的，其投标失效，但投标人有权收回其投标保证金。因延长投标有效期造成投标人损失的，招标人应当给予补偿，但因不可抗力需要延长投标有效期的除外。

（七）禁止投标人实施不正当竞争行为的规定

1. 投标人相互串通投标

《招标投标法实施条例》第三十九条规定：禁止投标人相互串通投标。

有下列情形之一的，属于投标人相互串通投标：

（1）投标人之间协商投标报价等投标文件的实质性内容；

（2）投标人之间约定中标人；

（3）投标人之间约定部分投标人放弃投标或者中标；

（4）属于同一集团、协会、商会等组织成员的投标人按照该组织要求协同投标；

（5）投标人之间为谋取中标或者排斥特定投标人而采取的其他联合行动。

《招标投标法实施条例》第四十条规定，有下列情形之一的，视为投标人相互串通投标：

（1）不同投标人的投标文件由同一单位或者个人编制；

（2）不同投标人委托同一单位或者个人办理投标事宜；

（3）不同投标人的投标文件载明的项目管理成员为同一人；

（4）不同投标人的投标文件异常一致或者投标报价呈规律性差异；

（5）不同投标人的投标文件相互混装；

（6）不同投标人的投标保证金从同一单位或者个人的账户转出。

2. 投标人与招标人串通投标

《招标投标法实施条例》第四十一条规定：禁止招标人与投标人串通投标。

有下列情形之一的，属于招标人与投标人串通投标：

(1)招标人在开标前开启投标文件并将有关信息泄露给其他投标人；

(2)招标人直接或者间接向投标人泄露标底、评标委员会成员等信息；

(3)招标人明示或者暗示投标人压低或者抬高投标报价；

(4)招标人授意投标人撤换、修改投标文件；

(5)招标人明示或者暗示投标人为特定投标人中标提供方便；

(6)招标人与投标人为谋求特定投标人中标而采取的其他串通行为。

3. 禁止投标人以向招标人或者评标委员会成员行贿的手段谋取中标

《招标投标法》第三十二条规定，禁止投标人以向招标人或者评标委员会成员行贿的手段谋取中标。

4. 以低于成本的报价竞标

《招标投标法》第三十三条规定，投标人不得以低于成本的报价竞标。在这里，所谓“成本”，应指投标人的个别成本，该成本一般应根据投标人的企业定额测定。《反不正当竞争法》第十一条规定：经营者不得以排挤竞争对手为目的，以低于成本的价格销售商品。认为低于成本销售商品属于不正当竞争行为，可以起到排挤竞争对手的效果，这个规定与《招标投标法》的实质是一致的。同时，低于成本竞标也易于导致承包单位的偷工减料。

5. 以他人名义投标或以其他方式弄虚作假，骗取中标

《招标投标法》第三十三条同时规定，投标人不得以他人名义投标或者以其他方式弄虚作假，骗取中标。

根据《工程建设项目施工招标投标办法》第四十八条的规定，以他人名义投标指投标人挂靠其他施工单位，或从其他单位通过受让或租借的方式获取资格或资质证书，或者由其他单位及其法定代表人在自己编制的投标文件上加盖印章或签字等行为。

《招标投标法实施条例》第四十二条规定：使用通过受让或者租借等方式获取的资格、资质证书投标的，属于招标投标法第三十三条规定的以他人名义投标。

投标人有下列情形之一的，属于招标投标法第三十三条规定的以其他方式弄虚作假的行为：

(1)使用伪造、变造的许可证件；

(2)提供虚假的财务状况或者业绩；

(3)提供虚假的项目负责人或者主要技术人员简历、劳动关系证明；

(4)提供虚假的信用状况；

(5)其他弄虚作假的行为。

三、开标、评标及定标阶段的法律风险

(一)未按规定时间、地点和方式开标的法律风险

根据《招标投标法》关于开标的相关规定，开标应当在招标文件确定的提交投标文件截止时间的同一时间公开进行；开标地点应当为招标文件中预先确定的地点。开标由招标人主持，邀请所有投标人参加。开标时，由投标人或者其推选的代表检查投标文件的密封情况，也可以由招标人委托的公证机构检查并公证；经确认无误后，由工作人员当众拆

封，宣读投标人名称、投标价格和投标文件的其他主要内容。招标人在招标文件要求提交投标文件的截止时间前收到的所有投标文件，开标时都应当当众予以拆封、宣读。开标过程应当记录，并存档备查。由于上述规定主要是从保护投标人利益的角度出发，所以招标人在开标过程中应该严格遵守，如果违反了其中的相关规定，很可能会导致投标人的投诉，进而产生相应的法律风险。

投标文件有下列情形之一的，招标人不予受理：

（1）逾期送达的或者未送达指定地点的；

（2）未按招标文件要求密封的。

（二）未按规定组成评标委员会的法律风险

《招标投标法》第三十七条规定，评标由招标人依法组建的评标委员会负责。

依法必须进行招标的项目，其评标委员会由招标人的代表和有关技术、经济等方面的专家组成，成员人数为5人以上单数，其中技术、经济等方面的专家不得少于成员总数的2/3。

前款专家应当从事相关领域工作满8年并具有高级职称或者具有同等专业水平，由招标人从国务院有关部门或者省、自治区、直辖市人民政府有关部门提供的专家名册或者招标代理机构的专家库内的相关专业的专家名单中确定；一般招标项目可以采取随机抽取方式，特殊招标项目可以由招标人直接确定。

与投标人有利害关系的人不得进入相关项目的评标委员会；已经进入的应当更换。

评标委员会成员的名单在中标结果确定前应当保密。

在评标过程中，如果评标委员会的组成违反了法律的规定，首先就会导致对评标结果公正性的质疑，进而导致整个招标投标活动无效。

（三）没有确定的评标标准和方法的法律风险

《招标投标法》第四十条规定：评标委员会应当按照招标文件确定的评标标准和方法，对投标文件进行评审和比较。

（四）未按规定评定废标的法律风险

《工程建设项目施工招标投标办法》第五十条规定，有下列情形之一的，招标人应当拒收：

（1）逾期送达；

（2）未按招标文件要求密封。

有下列情形之一的，评标委员会应当否决其投标：

（1）投标文件未经投标单位盖章和单位负责人签字；

（2）投标联合体没有提交共同投标协议；

（3）投标人不符合国家或者招标文件规定的资格条件；

（4）同一投标人提交两个以上不同的投标文件或者投标报价，但招标文件要求提交备选投标的除外；

（5）投标报价低于成本或者高于招标文件设定的最高投标限价；

（6）投标文件没有对招标文件的实质性要求和条件作出响应；

（7）投标人有串通投标、弄虚作假、行贿等违法行为。

2013 年修订的《工程建设项目货物招标投标办法》第四十一条规定，投标文件有下列情形之一的，招标人应当拒收：

(1)逾期送达；

(2)未按招标文件要求密封。

有下列情形之一的，评标委员会应当否决其投标：

(1)投标文件未经投标单位盖章和单位负责人签字；

(2)投标联合体没有提交共同投标协议；

(3)投标人不符合国家或者招标文件规定的资格条件；

(4)同一投标人提交两个以上不同的投标文件或者投标报价，但招标文件要求提交备选投标的除外；

(5)投标标价低于成本或者高于招标文件设定的最高投标限价；

(6)投标文件没有对招标文件的实质性要求和条件作出响应；

(7)投标人有串通投标、弄虚作假、行贿等违法行为。

依法必须招标的项目评标委员会否决所有投标的，或者评标委员会否决一部分投标后其他有效投标不足 3 个使得投标明显缺乏竞争，决定否决全部投标的，招标人在分析招标失败的原因并采取相应措施后，应当重新招标。

【案例 2-62】

某水利工程公司所投的投标文件只有单位的盖章而没有法人代表的签字，被评标委员会确定为废标。评标委员会的理由是：招标文件上明确规定必须既有单位的盖章，也要有法人代表的签字，否则就是废标。工程公司认为评标委员会的处理是不当的，与《工程建设项目施工招标投标办法》关于废标的规定不符。根据《工程建设项目施工招标投标办法》，只要有单位的盖章就不是废标。

问：评标委员会这样处理是否正确？

解析：

评标委员会的处理是正确的。《工程建设项目施工招标投标办法》第五十条规定，投标文件有下列情形之一的，由评标委员会初审后按废标处理：无单位盖章并无法定代表人或法定代表人授权的代理人签字或盖章的。

通过分析上面这个条款可以得出将被作为废标的条件是：投标文件上既没有单位的盖章，也没有法定代表人或法定代表人授权的代理人签字或盖章。但是，《工程建设项目施工招标投标办法》第五十条同时也规定，投标文件有下列情形之一的，由评标委员会初审后按废标处理：未按规定的格式填写，内容不全或关键字迹模糊、无法辨认的。本案例中的招标文件中如果规定了必须既有单位的盖章，也要有法定代表人的签字或盖章，就属于对投标文件格式的要求，如果投标文件仅有单位的盖章而没有法定代表人的签字或盖章，就是“未按规定的格式填写”，将被作为废标。而如果招标文件中没有这个规定，就不应以缺少单位盖章或者法定代表人签字或者盖章将投标文件认定为废标。

2012 年 2 月 1 日起开始施行的《招标投标法实施条例》对此有了更明确的规定，第五十一条规定，有下列情形之一的，评标委员会应当否决其投标：

(1)投标文件未经投标单位盖章和单位负责人签字；

(2)投标联合体没有提交共同投标协议；

(3)投标人不符合国家或者招标文件规定的资格条件；

(4)同一投标人提交两个以上不同的投标文件或者投标报价，但招标文件要求提交备选投标的除外；

(5)投标报价低于成本或者高于招标文件设定的最高投标限价；

(6)投标文件没有对招标文件的实质性要求和条件作出响应；

(7)投标人有串通投标、弄虚作假、行贿等违法行为。

因此，按照《招标投标法实施条例》，评标委员会的处理是妥当的。

(五)未按规定确定中标人的法律风险

根据《招标投标法》关于中标的规定，评标委员会完成评标后，应当向招标人提出书面评标报告，并推荐合格的中标候选人。招标人根据评标委员会提出的书面评标报告和推荐的中标候选人确定中标人。招标人也可以授权评标委员会直接确定中标人。

中标人的投标应当符合下列条件之一：

(1)能够最大限度地满足招标文件中规定的各项综合评价标准；

(2)能够满足招标文件的实质性要求，并且经评审的投标价格最低，但是投标价格低于成本的除外。

此外，《工程建设项目货物招标投标办法》第四十八条规定，国有资金占控股或者主导地位的依法必须进行招标的项目，招标人应当确定排名第一的中标候选人为中标人。排名第一的中标候选人放弃中标、因不可抗力提出不能履行合同、不按照招标文件要求提交履约保证金，或者被查实存在影响中标结果的违法行为等情形，不符合中标条件的，招标人可以按照评标委员会提出的中标候选人名单排序依次确定其他中标候选人为中标人。

招标人可以授权评标委员会直接确定中标人。

招标人如果违反上述规定确定中标人，需要承担相应的法律责任。《招标投标法》第五十七条规定：招标人在评标委员会依法推荐的中标候选人以外确定中标人的，依法必须进行招标的项目在所有投标被评标委员会否决后自行确定中标人的，中标无效。责令改正，可以处中标项目金额5‰以上10‰以下的罚款；对单位直接负责的主管人员和其他直接责任人员依法给予处分。

四、合同签订与履行阶段的法律风险

(一)招标人改变中标结果或者中标人放弃中标项目的法律风险

《招标投标法》第四十五条规定，中标人确定后，招标人应当向中标人发出中标通知书，同时将中标结果通知所有未中标的投标人。

中标通知书对招标人和中标人具有法律效力。中标通知书发出后，招标人与中标人之间实际上已经成立了一个对双方均有约束力的合同。这时，无论是招标人改变中标结果，还是中标人放弃中标项目都相当于单方违反了合同约定，因此需要承担相应的法律责任。

(二)招标人、中标人未按规定签订合同的法律风险

《招标投标法》第四十六条规定,招标人和中标人应当自中标通知书发出之日起30日内,按照招标文件和中标人的投标文件订立书面合同。

该书面合同不得要求投标人承担招标文件以外的任务或修改投标文件的实质性内容,更不能背离合同实质性内容另外签订协议;否则,因该合同违背了招标投标的原旨,应为无效。

此外,依据该条规定,招标人有权要求中标人按照招标文件中的规定提交履约保证金。一般来说,履约保证金在中标人履行合同后应予返还,但在工程合同中,招标人可将一部分保证金展期至工程完工后,即直到工程最后验收;在货物或服务采购合同中,招标人也可将一部分保证金展期至安装或调试之后。如果中标人拒绝提交履约保证金,可以视为放弃中标项目,应当承担违约责任。

(三)中标人不履行合同或转让中标项目的法律风险

依据《招标投标法》第四十八条、第六十条的规定,中标人应当按照合同约定履行义务,完成中标项目。中标人不履行与招标人订立的合同的,履约保证金不予退还,给招标人造成的损失超过履约保证金数额的,还应当对超过部分予以赔偿;没有提交履约保证金的,应当对招标人的损失承担赔偿责任。中标人不按照与招标人订立的合同履行义务,情节严重的,取消其2~5年内参加依法必须进行招标的项目的投标资格并予以公告,直至由工商行政管理机关吊销营业执照。

此外,依据《招标投标法》第四十八条、第五十八条的规定,中标人不得向他人转让中标项目,也不得将中标项目肢解后分别向他人转让。中标人按照合同约定或者经招标人同意,可以将中标项目的部分非主体、非关键性工作分包给他人完成。接受分包的人应当具备相应的资格条件,并不得再次分包。中标人违反上述规定的,转让、分包无效,并处转让、分包项目金额5‰以上10‰以下的罚款;有违法所得的,并处没收违法所得;可以责令停业整顿;情节严重的,由工商行政管理机关吊销营业执照。

第九节　诉讼法律风险

一、诉讼过程中的风险成因分析

在众多的诉讼风险成因当中,以下几个方面值得引起重视。

(一)法律本身的局限性

众所周知,一方面,法律是规范,不是规律本身,它总是体现人的意志。我国法律赋予了法官的自由裁量权,因为法官素质的差异性,以及思维的不同,在作出判决时,特别是法律规定不明确的情况下,结果往往差异较大,所以也就在无形之中,增加了企业的诉讼结果的不确定性。

(二)诉讼过程的复杂性和专业性增加了当事人在诉讼过程当中的不确定性

民事诉讼活动是专业性的活动,严格的诉讼程序贯穿诉讼过程的始终,当事人在诉讼的每一个阶段都必须严格按照法律程序来进行相应的诉讼活动，不可以突破程序法的规定，否则会招致败诉的风险，承担实体法上的不利后果。但是，缺乏专业法律素养的当事人在处理这些问题时，如果按照通常的生活标准去判断处理问题，常常容易造成一些符合常理但是违背“法理”的做法，造成不利后果。例如，最常见的诉讼时效问题，当事人作为债权人常常认为，欠债还钱，天经地义，什么时候要都可以，就是再过10年、20年也有理由要求国家保护。但是，按照法律的规定，超过了诉讼时效，当事人就丧失了胜诉权。

（三）企业对诉讼缺乏正确的认识，防范诉讼风险的机制不够健全

企业由于缺乏专门的法务工作人员，甚至有的中小企业连法律顾问也没有，在出现诉讼问题时，对相应的实体法与程序法不了解，不懂得如何应对和防范诉讼过程当中可能存在的风险，常常以常识代替专业判断，不做充分的诉讼准备工作，对于诉讼结果抱有侥幸心理，结果往往导致不利的后果。

二、民事诉讼中常见的17种诉讼风险

为了方便当事人避免常见的诉讼风险，减少不必要的损失，2003年12月23日最高人民法院制定并发布了《人民法院民事诉讼风险提示书》，对于当事人在民事诉讼中常见的17种诉讼风险进行了总结归纳，以提示当事人尽量避免诉讼中存在的风险。水利企业应当建立自己的诉讼风险预防体制，结合上述的《人民法院民事诉讼风险提示书》，在诉讼过程当中，灵活应用，认真应对。

（一）起诉不符合条件

根据《民事诉讼法》的有关规定，起诉必须符合以下四个基本条件：

（1）原告是与本案有直接利害关系的公民、法人和其他组织；

（2）有明确的被告；

（3）有具体的诉讼请求和事实、理由；

（4）属于人民法院受理民事诉讼的范围和受诉人民法院管辖。

起诉只有同时符合了上述四个条件，法院才会予以受理，否则就会不予受理或受理后依法驳回其起诉。

（二）诉讼请求不适当

当事人提出的诉讼请求应明确、具体、完整，对未提出的诉讼请求人民法院不会审理。当事人提出的诉讼请求要适当，不要随意扩大诉讼请求范围。无根据的诉讼请求，除得不到人民法院支持外，当事人还要负担相应的诉讼费用。对于原告来说，如果过度夸大或提出与案件无关的诉讼请求，让对方抓住了“把柄”，则不仅会影响到主张的实现，还会加大诉讼的成本和负担，白白赔上诉讼费，直至被法院驳回诉讼请求。

（三）逾期改变诉讼请求

当事人增加、变更诉讼请求或者提出反诉，超过规定期限的，可能不被受理。

（四）超过诉讼时效

当事人请求人民法院保护民事权利的期间一般为2年（特殊的为1年和4年）。原告向人民法院起诉后，被告提出证据证明原告的起诉已超过诉讼时效期间的，而如果原告没有充分证据反驳其主张，其诉讼请求将不会得到人民法院的支持。被告没有就原告超

过诉讼时效做出抗辩而最终执行了法院的判决之后，如果被告再主张原告超过诉讼时效，依法将不会得到支持。

（五）授权不明

当事人委托诉讼代理人代为承认、放弃、变更诉讼请求，进行和解，提起反诉或者上诉等事项的，应在授权委托书中特别注明。没有在授权委托书中明确、具体记明特别授权事项的，诉讼代理人就上述特别授权事项发表的意见不具有法律效力。因此，如果诉讼代理人超过了授权范围，则对超过授权范围的事项，法院不予支持，最终还是损害了被代理人的利益。另外，如果企业授权不明，还可能导致诉讼代理人擅作主张以谋取私利，如以企业名义达成有利于对方的不合理的和解协议，从而给企业造成经济损失。

（六）不按时交纳诉讼费用

当事人起诉或者上诉，不按时预交诉讼费用，或者提出缓交、减交、免交诉讼费用申请未获批准仍不交纳诉讼费用的，人民法院将会裁定按自动撤回起诉、上诉处理。当事人提出反诉，不按规定预交相应的案件受理费的，人民法院将不会审理。

（七）申请财产保全不符合规定

财产保全是防患于未然的主要制度，它可以使企业在胜诉之后保证判决书的执行。在申请财产保全可能和必要的情况下，如果当事人不申请或申请被驳回，则可能“打草惊蛇”，使得对方迅速转移财产，导致胜诉方后判决结果得不到有效执行。当事人申请财产保全，应当按规定交纳保全费用而没有交纳的，人民法院不会对申请保全的财产采取保全措施。当事人提出财产保全申请，未按人民法院要求提供相应财产担保的，人民法院将依法驳回其申请。申请人申请财产保全有错误的，除不能得到执行的保障外，还将要赔偿被申请人因财产保全所受到的损失。

（八）不能正确承担举证责任的风险

举证是企业的法定权利，如果企业不能提出应由己方提供的证据，就会承担举证不能所带来的败诉风险。

（1）建设工程施工合同的效力问题属于法院依职权审查的事项，承、发包双方均应当提交证明合同效力的证据。发包人应当提交建设工程施工合同（总包合同、工程分包合同、劳务分包合同、转包合同）、工程项目的建设用地规划许可证、工程规划许可证、土地使用权证、施工许可证、工程性质、资金来源、工程招标相关资料等证据。承包人应当提交建设工程施工合同、企业施工资质等级证明、挂靠经营协议、内部承包协议、工程投标相关资料等证据。

（2）应注意下列证据不能单独作为定案的依据：

①未成年人所作的与其年龄和智力水平不相当的证言；

②与一方当事人有亲属关系的证人出具的对该当事人有利的证言；

③没有其他证据印证并有疑点的视听资料；

④无法与原件、原物核对的复印件、复制品。

（3）在建筑施工的几个阶段做好证据的收集保管。

①合同签订阶段。在订立合同时，收集施工合同协议书，中标通知书，投标书及其附件，施工合同专用条款、施工合同通用条款，标准、规范及有关技术文件，图纸，工程量清

单，工程报价单或预算书等已形成的文件。

②开工阶段。开工阶段的证据文件包括合同（“黑白合同”）、合同各项附件（尤其是最终报价文件、图纸等部分）、材料设备的到货检验资料、材料设备的使用前检验资料。

③履约过程。在合同履行过程中，收集双方有关工程的洽商、变更等书面协议或文件。履约过程中可以收集的证据有：施工许可证，甲方要求延期开工的函件，回填土的证据、土方外运的证据，租用发电设备等的证据，甲方要求暂停施工的证据，施工配合等非乙方原因导致工期或质量问题的证据，会议记录，验收记录，证明付款条件满足的证据，停水、停电及工期顺延的证据，等待施工指令的证据，固定甲方违约的证据，甲方要求设计变更的证据，甲供材料或甲方指定材料、设备、配件的证据（工期和质量责任），竣工报告的提交证据，工程交付使用的证据，区分房屋质量责任的证据（寻找有实力的分包）。

④竣工结算阶段。竣工结算阶段的证据文件包括：竣工结算报告，竣工结算报告的提交证据、对方签收证据，工程联络单。

（九）超过举证时限提供证据

众所周知，许多证据是稍纵即逝的，所以在收集案件的证据时一定要及时有效，并及时采取相应的措施进行固定。如网络侵权的网页证据的收集，应当及时请求公证机关作出公证。因为经过公证的证据不但是所有类型的证据当中证明力最高的，而且可以防止取证不及时以至于使日后取证困难，甚至取证不能的情况。另外，也可以向法院申请证据保全。

在诉讼实践中经常可以看到这样的情况：一方在庭审前搜集了大量证据，但是为了能在举证时故意“留一手”，打对方一个措手不及而不及时提交，结果导致超过举证期限，法院拒绝采纳，使得企业原本有利的证据不能有效地向法院提出，进而可能导致败诉风险。当事人向人民法院提交的证据，应当在当事人协商一致并经人民法院认可或者人民法院指定的期限内完成。超过上述期限提交的，人民法院可能视其放弃了举证的权利，除非是符合法律和司法解释规定的新的证据。因此，当事人在取证的过程中，如果感到在举证期限内不能完成取证并提交证据的话，一定要及时地申请延长举证期限。

（十）不提供或者不充分提供证据

除法律和司法解释规定不需要提供证据证明外，当事人提出诉讼请求或者反驳对方的诉讼请求，应提供证据证明。

发包人应提交的主要证据有：

（1）招标文件；

（2）设计图纸；

（3）设计变更文件；

（4）施工许可证等法定开工手续；

（5）甲供设备、材料清单；

（6）四方验收单、竣工验收备案表、重要隐蔽工程验收资料等；

（7）监理报告等；

（8）单位工程竣工验收报告、四方竣工验收单和竣工验收备案表；

（9）承包人未能按期开工、竣工的证据，包括承包人不具备施工能力的监理通知、签证文件等；

(10)工程存在质量问题的证据，包括返工通知、照片、第三方修复证明等；

(11)索赔证据；

(12)逾期竣工损失的证据；

(13)工程保修合同、保修单、修复通知、修复费用的证据；

(14)审计结论；

(15)监理报告；

(16)工程款支付明细等。

承包人应提交的主要证据有：

(1)投标预算书等投标文件；

(2)中标通知书、中标预算书、中标施工组织设计、中标承诺书等中标文件；

(3)施工图纸、设计交底、竣工图纸；

(4)洽商变更单、工程签证单；

(5)发包人的指令书、确认书；

(6)设备、材料供应清单；

(7)暂估价设备、材料价格，发包人确认单；

(8)提交竣工结算资料的证据；

(9)工程备忘录、施工日志、隐蔽工程记录、会议纪要等；

(10)履行过程中工程量增加的证据；

(11)原材料和人工费价格大幅增加的证据；

(12)发包人或监理机构签发的开工令或开工通知；

(13)工程不符合开工条件的证据，包括停工通知、施工场地未达到“三通一平”等；

(14)工程进度计划、施工方案等；

(15)发包人未按期支付工程预付款和进度款、设计变更导致工程量增加等证据；

(16)导致工期延误的客观原因，包括自然灾害、气象报告和资料、政府文件等证据；

(17)工期顺延申请和签证确认文件；

(18)工程存在质量问题的证据，包括照片、摄像资料、监理报告等；

(19)竣工验收资料、竣工图；

(20)施工单位隐蔽工程、分部分项工程质量验收申请文件；

(21)隐蔽工程验收单与验收机构、监理工程质量评估报告、四方竣工验收单；

(22)索赔证据，包括索赔意向通知书、索赔报告、业主指令、监理会议纪要、施工组织计划、自然条件证明文件等；

(23)停工、窝工损失的证据，包括现场人员名单、租赁设备合同、费用清单等。

双方均需要提交的证据有：

(1)结算协议；

(2)施工合同(总包合同、分包合同、转包合同、挂靠协议、“黑白合同”、补充协议及合同备案表)；

(3)未完工程交接记录、照片、录音、录像等；

(4)往来函件、对方的签收记录；

(5)工程预付款、材料设备款、工程进度款、工程结算款支付的证据等。

当事人向人民法院提供证据，应当提供原件或者原物，特殊情况下也可以提供经人民法院核对无异的复制件或者复制品。提供的证据不符合上述条件的，可能影响证据的证明力，甚至可能不被采信，进而导致诉讼主张可能不被法院支持的法律风险。

有些用心不良的人为了能够争得诉讼的胜果，不择手段地采用伪造、篡改甚至毁灭证据的方式来制造虚假的证据以为己方争取有利的局面。因而，对于伪造证据的风险一定要有所防范。

(十一)证人不出庭作证

证人不出庭作证包括两种情形：第一是自己的证人不出庭作证，此时可能导致的风险是企业的主张不被法院采信；第二是如果对方证人未到庭，但出于各种理由法官并没有一概否认书面证人证言的，则可能会因为无法当面询问证人而导致诉讼主张得不到法院支持。除属于法律和司法解释规定的证人确有困难不能出庭的特殊情况外，当事人提供证人证言的，证人应当出庭作证并接受质询。如果证人不出庭作证，可能影响该证人证言的证据效力，甚至不被采信。

(十二)不按规定申请审计、评估、鉴定

申请审计、评估、鉴定是在诉讼中法官对某些难以判断的专业性问题进行鉴定的手段。当事人申请审计、评估、鉴定，未在人民法院指定期限内提出申请或者不预交审计、评估、鉴定费用，或者不提供相关材料，致使争议的事实无法通过审计、评估、鉴定结论予以认定的，可能对申请人产生不利的裁判后果。

(十三)不按时出庭或者中途退出法庭

原告经传票传唤，无正当理由拒不到庭，或者未经法庭许可中途退出法庭的，人民法院将按自动撤回起诉处理；被告反诉的，人民法院将对反诉的内容缺席审判。被告经传票传唤，无正当理由拒不到庭，或者未经法庭许可中途退出法庭的，人民法院将缺席判决。不按时出庭或者中途退出法庭不仅是对诉讼的消极面对，而且还是对自身权利的放弃，法院将会缺席审理。

(十四)不准确提供送达地址

适用简易程序审理的案件，人民法院按照当事人自己提供的送达地址送达诉讼文书时，因当事人提供的己方送达地址不准确，或者送达地址变更未及时告知人民法院，致使人民法院无法送达，造成诉讼文书被退回的，诉讼文书也视为送达，这可能会影响当事人的权益。

(十五)超过期限申请强制执行

向人民法院申请强制执行的期限，双方或者一方当事人是公民的为1年，双方是法人或者其他组织的为6个月。期限自生效法律文书确定的履行义务期限届满之日起算。超过上述期限申请的，人民法院不予受理。

(十六)无财产或者无足够财产可供执行

被执行人没有财产或者没有足够财产履行生效法律文书确定义务的，人民法院可能对未履行的部分裁定中止执行，申请执行人的财产权益将可能暂时无法实现或者不能完全实现。

(十七)不履行生效法律文书确定义务

被执行人未按生效法律文书指定期间履行给付金钱义务的,将要支付迟延履行期间的双倍债务利息。被执行人未按生效法律文书指定期间履行其他义务的,将要支付迟延履行金。

三、诉讼成本及转嫁办法

(一)诉讼成本的构成

在我国,当事人的诉讼成本主要由三个部分组成:经济成本、时间成本和心理成本。

1. 经济成本

当事人进行诉讼的经济成本的第一个部分是诉讼费用。民事诉讼费用是指当事人在人民法院进行民事诉讼及相关活动,依法交纳和支付的费用,包括案件受理费和其他费用。

其他诉讼费用主要包括:

(1)勘验、鉴定、公告、翻译费;证人、鉴定人员出庭的交通费、住宿费、生活费和误工补贴费。

(2)保全申请费和实际支出;执行判决、仲裁和调解协议的费用。

(3)人民法院认为应当由当事人负担的其他费用,包括:第一,非财产案件当事人应当负担勘验、鉴定、公告、翻译所实际支出的费用;第二,财产案件和行政案件的当事人自行收集提供有关证据确有困难,法院认为确有必要的异地调查取证和异地调解本案时按国家规定标准所支出的差旅费用。

诉讼费是诉讼成本的一个非常重要的组成部分,这本身就蕴含着一种风险,即打官司不仅没有争取到经济利益,反而白白承担了诉讼费用。另外,案件审结以后,法院对于诉讼费用的分配是决定性的。从理论上来讲,诉讼费用应当由败诉者承担。但是,在实践中往往出现很多诉讼费分担的情况,企业承担不该承担的诉讼费用也是诉讼风险的一种。

当事人进行诉讼的经济成本的第二个部分是律师费用(也包括非律师人员的诉讼代理收费)。

当事人除支付以上两部分费用外,还存在其他的正当经济支出,如当事人为了诉讼支付的差旅费、交通费、误工费、打印费、咨询费等。

2. 时间成本

我国民事诉讼法规定一审普通审理期限为6个月,二审为3个月,但由于法院可以申请延长,再加上当事人可以无休止地申诉,因此当事人在案件上的时间花费也是惊人的。一个简单的民商事案件经过一审、二审、再审,拖上几年甚至十几年也是不足为奇的。

3. 心理成本

诉讼给当事人造成的精神损耗是一个客观事实。有的案件,用“提心吊胆”、“心力交瘁”等词语形容当事人的心态一点也不为过。

(二)诉讼成本的转嫁策略

(1)必须在起诉状中明确地提出要求被告承担诉讼费用的诉讼请求。在实践当中,许多当事人在起诉状中未曾提出要求对方当事人承担诉讼费用的诉讼请求，直接导致自己胜诉后，还承担了部分甚至全部诉讼费用。

(2)对于诉讼费用承担的相关法律有充分的了解，以便及时审时度势地根据诉讼进展选择适当的诉讼策略，以减少不必要的诉讼费用损失。2006 年 12 月 19 日国务院颁布的《诉讼费用交纳办法》，对诉讼费用的收取作出了全新的规定。例如，对于受理费用减半收取的规定，以调解方式结案或者当事人申请撤诉的，减半交纳案件受理费。企业如果了解这个规定，当诉讼的发展不利于己方时，可以主动与对方寻求调解结案，或者主动撤诉，这样就可以主动为己方挽回一半的案件受理费用的损失，从而减少诉讼成本。这也不失为一种间接的诉讼成本转嫁的方法。

四、起诉或应诉注意事项

起诉或应诉作为诉讼的开始阶段，企业在这个阶段应当特别注意。因为作为起诉方来说，起诉阶段的诉讼请求的提出、管辖法院的选择、被告的确定等将为今后漫长的诉讼奠定基调，如果在起诉阶段不进行慎重、缜密的思考，一旦诉状递交以后启动的诉讼可能会出现自己为自己设置的绊脚石，更严重的会导致法院直接裁定不予受理或者法院在案件受理后发现案件不符合起诉条件而裁定驳回起诉。

作为被告的应诉一方，面对诉状应该积极、审慎地考虑选择应诉还是和解。如果准备应诉，一定要注意在答辩期间自己所享有的法律赋予的权利，例如提出管辖权异议的权利等。因而，在应诉阶段，答辩状和提出管辖权异议将成为应诉方旗开得胜的关键，切不可消极视之，坐失良机，使自己陷入被动的境地。

由此可见，无论是起诉一方还是应诉一方，在诉讼的开始阶段都不可大意，都应该持着慎重、严肃的态度对待诉讼的开始阶段。

(一)起诉需要注意的问题

如前所述，起诉作为诉讼的启动程序，将直接奠定随后开始的诉讼基调，甚至直接决定诉讼的成败，每一个企业在诉讼的开始阶段必须慎重对待。

1. 注意审查案件是否符合起诉条件

起诉是诉讼启动的程序，但是向法院递交了诉状以后并不会必然地引起诉讼程序的开始。按照我国民事诉讼法的规定，只有符合法定条件的起诉才会启动诉讼程序，法院对于不符合法定起诉条件的将裁定不予受理，即便是在受理以后，法院发现案件不符合法定的起诉条件也会裁定驳回起诉。

企业通过诉讼请求法院保护有明确的限制条件，一方面并不是任何纠纷都可以通过诉讼的手段来解决，另一方面也并不是任何纠纷法院都可以受理。按照我国民事诉讼法的规定，受诉法院受理案件一般要审查案件是否符合四个基本条件。原告的起诉只有完全符合四个基本条件，受诉的人民法院才会受理，才有可能达到起诉方的目的。对前述四个基条条件的具体解释如下：

(1)所谓与案件有直接利害关系，是指依照法律规定，原告必须与起诉案件的权利义务有直接的利害关系。

(2)虽然有明确的被告，但是该被告为不适格的被告。对于这种情况，人民法院应当告知当事人更换适格的被告。如果原告拒不更换的,人民法院可以裁定不予受理。

(3)对原告在起诉状或口头起诉中,具体的诉讼请求、事实和理由叙述不清,或者不充分的,人民法院应当要求原告补正,但不能以此为借口,驳回当事人的起诉。

(4)《民事诉讼法》和相关法律规定已明确界定了人民法院的受案范围,对于不属于受理范围的案件,人民法院应当通知当事人向有管辖权的机关要求解决争议。

(5)对管辖的问题,还必须遵循《民事诉讼法》的级别管辖和特殊地域管辖的规定,具体见《民事诉讼法》第十八条至第二十一条以及最高人民法院关于《民事诉讼法》的司法解释的具体规定。

①级别管辖。

按照我国民事诉讼法的规定,基层法院管辖第一审民事案件;中级法院的第一审案件有三类,即重大的涉外案件、本辖区内有重大影响的案件以及最高人民法院确定由中级法院管辖的案件;高级人民法院管辖本辖区内有重大影响的第一审民事案件;最高人民法院管辖的案件有两类,即在全国有重大影响的案件和认为应当由本院审理的案件。

②地域管辖。

地域管辖一般按照原告就被告的原则,即被告在哪个法院辖区,原告就应当到哪个法院起诉。除该原则外,还包括"被告就原告"地域管辖的例外,即原告在哪个法院辖区就可以到哪个法院起诉。另外,《最高人民法院关于适用〈中华人民共和国民事诉讼法〉若干问题的意见》当中,对于一些特殊的地域管辖作出了专门的规定。

③专属管辖。

在我国,专属管辖只适用于以下三种情况:

第一,因不动产纠纷提起的诉讼,由不动产所在地人民法院管辖。

第二,因港口作业中发生的纠纷提起的诉讼,由港口所在地人民法院管辖。

第三,因继承遗产纠纷提起的诉讼,由被继承人死亡时住所地或主要遗产所在地人民法院管辖。

这里的不动产是指不能移动或移动后会降低或丧失其价值的财产,如土地以及土地上的房屋、森林、草原、河流等。

④协议管辖。

合同的双方当事人可以在书面合同中协议选择被告住所地、合同履行地、合同签订地、原告住所地、标的物所在地人民法院管辖,但不得违反本法对级别管辖、专属管辖的规定。协议管辖只适用于第一审民事案件,二审及再审民事案件不得以协议的方式约定管辖法院。协议管辖只适用于合同纠纷,其他民事纠纷不适用协议管辖。协议管辖的约定必须采用书面形式和明示形式。

(6)原告起诉必须要有具体的诉讼请求。诉讼请求就是起诉一方在诉状中提出的请求法院判决对方当事人承担的民事责任。诉讼请求一定要具体明确,否则请求就无法得到满足,也会令法官与对方当事人无所适从。很多起诉书中虽然列明了具体的索赔项目,但是缺乏具体的索赔数额,可能因此被法院驳回。例如,"要求被告赔偿经济损失"这样的表述是不具体的,应改为"要求被告赔偿经济损失人民币××元"。诉讼请求按照请求内容的不同可分为三类,即确认之诉、给付之诉和变更之诉。

确认之诉,是指原告请求法院确认其与被告之间存在某种民事法律关系的诉。实践当中,常常会出现一些由于法律关系不明确的纠纷和争议,如双方签订的合同是否合法有效,即确认双方当事人之间是否存在合同上的权利义务关系。根据当事人请求目的的不同,确认之诉又可以分为肯定的确认之诉和否定的确认之诉两种:①肯定的确认之诉,又称为积极的确认之诉,是指当事人请求法院确认其主张的法律关系存在的诉,例如请求法院确认与对方当事人之间存在合同关系、收养关系;②否定的确认之诉,又称为消极的确认之诉,是指当事人请求法院确认其主张的法律关系不存在的诉,例如要求法院确认与对方之间不存在买卖关系、连带责任等。

给付之诉,是指原告请求法院判令被告履行一定的民事义务的诉。当事人提起给付之诉需要具备两个条件:一是当事人必须享有某种请求权,同时对方当事人负有相对应的给付义务;二是当事人依法享有的请求权已到履行期,而对方当事人拒绝履行或履行不合格。给付的内容既可以是财产,也可以是行为。如果是行为,既可以是积极的行为,也可以是消极的行为即不作为。

变更之诉,亦称形成之诉,是指原告请求法院以判决改变或消灭既存的某种民事法律关系的诉。提起变更之诉需要具备两个条件:一是双方当事人对现存的法律关系无争议,并须有法律明文规定,或者有一定的法律事实存在;二是原告必须列举法律关系发生变更或者消灭的法律事实,并且这种新的法律关系事实引起的诉讼当事人通过非诉途径无法解决。

另外,在提出诉讼请求时,还需要特别注意的是,在请求权竞合的情况下,可以选择其中之一行使,即可以选择两者之中有利于自己的一种诉因提起诉讼。对方当事人的一个侵权行为如可以依据不同的规定提出不同的诉讼请求,一定要仔细斟酌选择能使自己利益最大的诉讼请求。而且,一旦所选择的诉讼请求得不到法院的支持,就不可以变更另一个诉讼请求进行诉讼,所以一定要慎之又慎!

(二)应诉需要注意的问题

1. 认真仔细地阅读诉状,从诉状中了解原告及其争议的标的

了解的内容主要是原告的身份,包括原告是法人还是自然人;原告是群体诉讼还是个体诉讼;原告是否聘请了律师或者其他诉讼代理人参加诉讼。

2. 了解对方当事人提出的事实和理由

了解基本事实的同时,被告应当特别注意了解原告在诉状当中所列的证据,即原告对于这些事实掌握了哪些证据,这些证据的形式如何,是否可靠。此外,还应当了解原告在诉状中对案件认定的理由是否充分、是否有法律依据,其引用的法律是否妥当等。

3. 如有可能提出管辖权异议

所谓管辖权异议,是指当事人认为受诉法院对案件无权管辖,即无权受理时,向受诉法院提出不服管辖的意见或主张。一个案件的管辖法院应当是确定的,但确定之前有多种选择,当事人有时为了选择有利于自己的法院来受理案件而任意曲解法律对管辖权的规定,而有的受理法院为了多接案子或者为了保护当地利益而予以受理,作为被告一方要审慎对待,不可以轻易地应诉答辩。被告方在提出管辖权异议的时候要注意三点:一是提出管辖权异议的主体应是本案的当事人;二是当事人应以书面的形式提出;三是对管辖权

异议应在答辩期内提出。

4. 试探庭外和解

在感到案件胜诉无望的情况下，考虑与对方和解也不失为一种明智的选择。所谓和解，是指双方当事人通过协商自行解决纠纷的方法。在与对方的谈判过程当中尽量争取比判决更加温和的和解结果。

5. 注意及时提出反诉

反诉是指在一个已经开始的民事诉讼（本诉）程序中，本诉被告以本诉原告为被告，向受诉法院提出的与本诉有牵连的独立的反请求。反诉的目的意在吞并或抵消本诉，是保障本诉被告人民事权益的一项重要制度。提起反诉的条件是：

（1）反诉必须针对原告提起，而不能对原告以外其他人提起。

（2）只能向审理本诉的法院提起。

（3）提起的时间，必须在举证期限届满前。

（4）反诉提出的诉讼请求必须与本诉有牵连关系，即要求反诉要么基于同一事实关系，要么基于同一法律关系，要么基于某种权利义务，都应与本诉有一定的联系才能提起。

五、财产保全当中的风险控制

财产保全，是指人民法院为了保证将来发生法律效力的判决得以执行，对当事人的财产或者争议的标的物采取的一种临时性强制保护措施。财产保全的目的有两个：一是防止争议的财产或物品被处分或者自然灭失，确保当事人实体权利能够得以实现；二是保证生效的判决能够得到顺利执行，以维护法院生效裁判的权威性和严肃性。根据我国民事诉讼法规定，财产保全可以分为诉前财产保全和诉讼中财产保全两大类，申请财产保全可以很好地避免“赢了官司输了钱”的窘境出现。

（一）诉前财产保全

诉前财产保全，是指在紧急情况下，法院不立即采取财产保全措施，利害关系人的合法权利会受到难以弥补的损害，因此法律赋予利害关系人在起诉前有权申请人民法院采取财产保全措施。例如，双方当事人签订买卖合同，按照合同规定买方应当按约定给付卖方一定数额的预付款，事后发现卖方有欺诈的行为，根本没有履约能力，而且所付货款有被转移的可能，如不及时采取强制保全措施加以控制，必将产生难以弥补的损失。

诉前财产保全的适用条件如下：

第一，需要采取诉前财产保全的申请必须具有给付内容，即申请人将来提起案件的诉讼请求具有财产给付内容。换句话说，该诉讼请求应属于给付之诉。

第二，情况紧急，不立即采取相应的保全措施，可能使申请人的合法权益受到难以弥补的损失。这一点是诉前财产保全所特别强调的。因为诉讼开始以前，对于法院来说，双方的权利义务关系处于不明的状态，不到万不得已，法院决不会轻易满足申请人的要求而采取相应的措施。

第三，由利害关系人提出诉前财产保全申请。利害关系人即与被申请人发生争议，或者认为权利受到被申请人侵犯的人。

第四，诉前财产保全申请人必须提供担保。申请人如不提供担保，人民法院会驳回申请人在起诉前提出的财产保全申请。诉前的财产保全与诉中财产保全最大的不同之处就在于此，这一点应当引起企业的足够重视。

在采取诉前财产保全时，尤其值得注意的还有，诉前财产保全的申请人即利害关系人必须在人民法院采取保全措施后 15 日内提起诉讼，使与被保全的财产的有关争议能够通过审判得到解决。如果利害关系人未在 15 日内向人民法院起诉，人民法院就会解除财产保全措施。这样不但企业在申请保全阶段的目的必然落空，而且很可能会承担被采取保全措施一方因此而造成的损失。

（二）诉讼中财产保全

诉讼中财产保全，是指人民法院在受理案件之后、作出判决之前，对当事人的财产或者争执标的物采取限制当事人处分的强制措施。

企业要采用诉讼中财产保全应当具备如下条件：

第一，需要对争议的财产采取诉讼中财产保全的案件必须是给付之诉，即该案的诉讼请求具有财产给付内容。

第二，将来的生效判决因为主观或者客观的因素导致不能执行或者难以执行。主观因素主要是当事人有转移、毁损、隐匿财物的行为或者可能采取这种行为；客观因素主要是诉讼标的物是容易变质、腐烂的物品，如果不及时采取保全措施将会造成更大损失。

第三，诉讼中财产保全发生在民事案件受理后、法院尚未作出生效判决前。在一审或二审程序中，如果案件尚未审结，就可以申请财产保全。如果法院的判决已经生效，当事人可以申请强制执行，但是不得申请财产保全。

第四，诉讼中财产保全一般应当由当事人提出书面申请。当事人没有提出申请的，人民法院在必要时也可以裁定采取财产保全措施。但是，人民法院一般很少以职权裁定财产保全，因为根据国家赔偿法的规定，人民法院依职权采取财产保全或者先予执行错误的，应当由人民法院依法承担赔偿责任。

第五，人民法院可以责令当事人提供担保。人民法院依据申请人的申请，在采取诉讼中财产保全措施前，可以责令申请人提供担保。提供担保的数额应当相当于请求保全的数额。申请人不提供担保的，人民法院可以驳回申请。在发生诉讼中财产保全错误给申请人造成损失的情况下，被申请人可以直接从申请人提供担保的财产中得到赔偿。这一点值得企业在诉讼过程中引起足够的重视。

另外，企业在申请财产保全的时候，无论是诉前财产保全还是诉中财产保全，都必须按照规定交纳保全费用。

（三）诉前财产保全与诉讼中财产保全的区别

第一，申请的主体不同。诉前财产保全是在起诉前由利害关系人向人民法院提出；诉讼中财产保全是当事人在诉讼进行中申请财产保全。诉前财产保全由利害关系人提出申请，法院不得依职权采取保全措施。诉讼中财产保全应当由申请人提出申请，必要时人民法院可以依职权采取保全措施。

第二，申请财产保全的时间不同。诉前财产保全必须在起诉前向有管辖权的人民法院提出申请；诉讼中财产保全应当在案件受理后、判决生效前提出申请。

第三，对申请人是否提供担保的要求不同。诉前财产保全，申请人必须提供担保，不提供担保的,驳回申请。诉讼中财产保全,人民法院责令提供担保的,申请人必须提供担保,不提供担保的,驳回申请。没有责令申请人提供担保的,申请人可以不提供担保。人民法院依职权采取保全措施的,有关的利害关系人也可以不提供担保。

(四)错误申请财产保全造成损失的类型

(1)申请人对被申请人的资金、实物申请保全措施,影响被申请人的正常生产经营活动,使其在利润上遭受损失;

(2)由于财产保全,扣押、查封了被申请人的某项财物或产品,使得被申请人不能履行与他人的合法合同,而致其承担违约责任遭受损失;

(3)申请人申请对某项特定物进行财产保全,使被申请人无法从事某项特定活动而造成的损失;

(4)因错误地申请财产保全,致使被申请人在商业信誉、企业形象上遭受的损失;

(5)申请人对被申请人的股票、债券、实物等进行保全措施,使被申请人在市场价格波动的情况下无法出售,造成的跌价损失;

(6)申请人对被申请人的债权等采取保全措施,请法院予以划扣,造成被申请人的利息损失;

(7)申请人对被申请人的实物申请财产保全措施,造成的保管费用支出。

除以上类型外,还存在申请人对被申请人的实物进行保全,由于实物无法长期保存或自然损耗造成的损失等其他情况。

六、庭审当中的风险控制

庭审当中的风险主要是指案件庭审阶段企业可能遭遇的诉讼风险,可以大致地将这个阶段的诉讼风险归纳为如下几个方面。

(一)证人(包括鉴定人)不出庭作证的风险

证人不愿意出庭作证是较常见的一种情形。证人、鉴定人不愿意出庭的原因,可能是自己感觉出庭不是件光彩的事情,也可能是对出庭作证有所顾虑,怕得罪人而将来遭到报复打击。

证人或者鉴定人如果不能够出庭作证,严重的情况下,会使得相关的证人证言或者鉴定结论不被法院所采纳,甚至会因为关键证据的缺失而直接导致自己承担败诉的不利后果。要有效地防范这种不利局面的出现,可以从以下两个方面着手:

(1)在联系证人或者鉴定机构、鉴定人的时候,一定要事先对其做好思想上的工作,尽量地向其通陈利弊,以诚感人,努力地打消他们的后顾之忧。

(2)在证据的准备方面,一定要充分地准备,主要包括与出庭作证的证人或者鉴定人相配合的其他方面的证据。另外,自己要对法院可能会对己方提供的证人提出的问题,事先有准备。

(二)原告不按时出庭或者中途退庭的风险

按照《民事诉讼法》及相关规定,原告起诉后,经传票传唤,无正当理由拒不出庭或者未经法庭许可中途退庭的按照撤诉处理。

如果在诉讼过程当中被告向法院对原告提起了反诉,在这种情况下如果原告不按时出庭或者未经法院许可中途退庭，将在反诉当中作为被告被缺席判决。

(三)被告不按时出庭或者中途退庭的风险

《民事诉讼法》第一百四十四条规定：被告经传票传唤，无正当理由拒不到庭的，或者未经法庭许可中途退庭的，可以缺席判决。因此，当企业作为被告一方时，不能一味地消极逃避，甚至于以为不出庭法院就拿自己没办法了。这种想法是完全错误的，企业应当以积极的行动来应对对方的诉讼，在出庭前应准备好充分的预留时间，尤其是异地诉讼，原则上应提前到达，更不能在出庭前忘记开庭时间，必要时还要提前提醒律师，以争取诉讼中的主动，避免该种风险的出现。

七、诉讼中的协调及风险控制

有时候企业在诉讼进行过程当中，可以根据诉讼的进展情况采取诉讼以外的方式来解决问题。主要包括法院的调解和主动与对方当事人进行和解。

(一)法院调解

法院调解又称诉讼中调解，是指在法院审判人员的主持下，双方当事人就民事权益争议自愿、平等地进行协商，达成协议，解决纠纷的诉讼活动和结案方式。法院的调解是当事人用于协商解决纠纷、结束诉讼、维护自己的合法权益，审结民事案件、经济纠纷案件的制度。

1. 诉讼中调解的效力

人民法院审理民事案件，应遵循查明事实、分清是非、自愿与合法的原则，调解不成，应及时判决。法院调解，可以由当事人的申请开始，也可以由人民法院依职权主动开始。调解案件时，当事人应当出庭；如果当事人不出庭，可以由经过特别授权的委托代理人到场协商。

调解可以由审判员一人主持，也可以由合议庭主持，并尽可能就地进行。除法律规定的特殊原因外，一般应当公开调解。在法院调解中，被邀请的单位和个人应当协助人民法院进行调解。在审判人员的主持下，双方当事人自愿、协商达成调解协议，协议内容符合法律规定的，应予批准。

调解达成协议，人民法院应当制作调解书。调解书应当写明诉讼请求、案件的事实和调解结果，由审判人员、书记员署名，加盖人民法院印章，送达双方当事人签收后，即具有法律效力。

下列案件调解达成协议人民法院可以不制作调解书：

(1)调解和好的离婚案件；

(2)调解维持收养关系的案件；

(3)能够即时履行义务的案件；

(4)其他不需要制作调解书的案件。

2. 企业要注意防范诉讼调解潜在的陷阱

在实践当中，法官总是倾向于通过调解的方式结案。作为一审法官，他们不希望当事人在事后提出上诉。因为一旦二审法院将其裁判更改甚至全盘否定的话，一审法官办理的该件案件就被视为错案，直接影响到一审法官的工作评价。但是，一旦案件能够通过调解结案的话，当事人就丧失了上诉的机会。因而，在案件的审理过程当中，法官通常希望通过调解的方式结案。企业在诉讼过程中对于这一点要有清醒的认识，切不可轻信法官调解的观点，被其意见左右。特别是法官的调解意见与己方的见解差距较大时，更应当仔细斟酌，避免出现不可挽回的严重后果。

3. 注意调解书的生效时间

通过法院调解结案制作的调解书在对方签收以后具有强制的执行力。实际上法律赋予了当事人在签收以前，即使是已经达成了调解协议，仍有一次反悔的机会，当事人可以通过拒绝签收而阻止其生效。

(二)诉讼和解

诉讼和解是指在诉讼进行中，双方当事人在法官面前，就争议的事项进行自主协商、互相妥协或作出让步，以达成和解协议，从而解决纠纷、终结诉讼程序的一种行为。诉讼和解是双方在相互认可的方案下自主地解决了问题。但是，和解过程当中应当注意如下几个问题。

1. 和解的期间

按照我国相关法律的规定，诉讼和解发生在诉讼进行中即在法院受理案件后、一审判决作出前及当事人上诉后、二审判决作出前。但在上诉期间，当事人不得为和解，因为上诉期间当事人所能为的与本案有关的诉讼法律行为只能是上诉或不上诉。

2. 和解协议的生效形式及时间

当事人达成和解合意、协议经法院审查后，记入法庭笔录，由双方当事人签名或盖章，调解法官和书记员署名并加盖人民法院印章后即生效。当事人认为需要制作和解书的，由法官制作，但不影响原笔录的效力。和解协议的生效时间仍自当事人确认法庭笔录并签名或盖章时起。

3. 诉讼费用的承担

民事诉讼法对于因诉讼和解而结案时诉讼费用的负担没有作出具体规定。在实践当中，对和解的处理即让原告撤诉，则达成和解时诉讼费用应由撤诉方即原告减半负担。如果作为起诉方的企业当初起诉的时候诉讼请求的标的额比较大的话，这也是一笔不小的开支。

4. 和解后的反悔

和解协议一旦经法院确认后，当事人就不得对已和解部分之事项再发生争执，即既不能上诉，也不能对已和解部分的诉讼标的再行起诉。因而，企业在决定和解的时候一定要慎重，不能抱有和解后不满意再行诉讼解决的错误想法。

八、诉讼终结后的善后处置(含再审等)

诉讼终结是指在诉讼进行中，由于出现特定情形，使诉讼程序不能继续进行下去，或者失去了继续进行的意义，从而结束诉讼程序。

诉讼终结与诉讼中止也不同。前者系永远结束，诉讼程序不再恢复；后者是暂时停止，一旦条件成熟，诉讼程序会立即恢复。

（一）诉讼终结情形

按照我国《民事诉讼法》的规定，有下列情形之一的，终结诉讼：

(1)原告死亡，没有继承人，或者继承人放弃诉讼权利的；

(2)被告死亡，没有遗产，也没有应当承担义务的人的；

(3)离婚案件一方当事人死亡的；

(4)追索赡养费、扶养费、抚育费以及解除收养关系案件的一方当事人死亡的。

需要注意的是，原告死亡，需要等待其近亲属表明是否参加诉讼，或者原告丧失诉讼行为能力，尚未确定法定代理人，或者作为原告的法人或者其他组织终止，尚未确定权利义务承受人而中止诉讼满 3 个月，仍无人继续诉讼的，才会引起诉讼终结。

（二）终结诉讼裁定一经作出，诉讼程序即终结

终结诉讼由人民法院作出裁定，其可以是口头的，也可以是书面的。裁定一经作出，诉讼程序即终结。按照《民事诉讼法》的相关规定，诉讼终结以后当事人就丧失上诉及申请复议的权利；当事人也不能以同一事实和理由，就同一诉讼标的再行起诉，法院也不得再行受理此案。这一点需要引起诉讼企业的足够重视。

这时，一般情况下，企业只能以诉讼以外的其他救济方式，如和解、调解等方式来实现自己的权利、弥补自己的损失。但是，诉讼终结并不意味着从根本上丧失了寻求司法救济的机会，即企业也并不会因此而丧失了向法院请求救济的机会。企业可以通过申诉的途径来第二次寻求司法上的救济。

（三）申请再审条件

根据《民事诉讼法》的规定，当事人提出再审申请，必须同时符合下列条件。

(1)有权申请再审的主体，只能是案件当事人。

案件的当事人包括原告、被告或者上诉人、被上诉人，有独立请求权第三人及判决其承担实体义务的无独立请求权第三人，当事人的法定代表人依法亦有权代当事人申请再审。

(2)当事人申请再审的对象，只能是人民法院已经发生法律效力的判决、裁定和调解协议。

对于没有生效的裁判，可以提起上诉，但不得申请再审。

(3)申请再审应当具备法定的事由。

根据《民事诉讼法》的规定，当事人的申请符合下列情形之一的，人民法院应当再审：

①有新的证据，足以推翻原判决、裁定的；

②原判决、裁定认定的基本事实缺乏证据证明的；

③原判决、裁定认定事实的主要证据是伪造的；

④原判决、裁定认定事实的主要证据未经质证的；

⑤对审理案件需要的证据，当事人因客观原因不能自行收集，书面申请人民法院调查收集，人民法院未调查收集的；

⑥原判决、裁定适用法律确有错误的；

⑦违反法律规定，管辖错误的；

⑧审判组织的组成不合法或者依法应当回避的审判人员没有回避的；

⑨无诉讼行为能力人未经法定代理人代为诉讼或者应当参加诉讼的当事人,因不能归责于本人或者其诉讼代理人的事由,未参加诉讼的;

⑩违反法律规定,剥夺当事人辩论权利的;

⑪未经传票传唤,缺席判决的;

⑫原判决、裁定遗漏或者超出诉讼请求的;

⑬据以作出原判决、裁定的法律文书被撤销或者变更的。

对违反法定程序可能影响案件正确判决、裁定的情形,或者审判人员在审理该案件时有贪污受贿、徇私舞弊、枉法裁判行为的,人民法院应当再审。

根据《民事诉讼法》的规定,当事人对已经发生法律效力的调解书,提出证据证明调解违反自愿原则或者调解协议的内容违反法律的,可以申请再审。经人民法院审查属实的,应当再审。

(4)当事人申请再审,必须向有管辖权的法院提出。

依据《民事诉讼法》的相关规定,可受理再审申请的法院为原审法院的上一级人民法院。

(5)当事人申请再审必须在法定期限内提出,即在裁判发生效力后两年内提起。

(6)必须向人民法院提交书面申请,申请书应当写明申请人的基本情况,原审法院的名称、案由及案件编号,当事人争议的事实和理由,原判决书、裁定书或调解书认定的事实、理由和适用的法律,申请再审的具体诉讼请求以及申请再审的事实、理由和法律根据。同时,当事人提交申请书时,必须附上原审人民法院的判决书、裁定书。

综上所述,诉讼终结并不意味着诉讼之门已经完全关闭。水利企业在诉讼终结后不应当懈怠,应当做好如下的善后事宜:一是将现有的证据保存完好的同时,应当尽可能地寻找新的证据,这样不但可以掌握主动,适时地提出申诉,从而引起再审程序;而且,还可以防范对方引起再审时,己方由于准备不足或证据缺失而处于不利的地位。二是如果对于法院作出的终结诉讼的裁定有所质疑的话,应当积极寻找证据,通过引起再审程序来维护自己的合法权益。

九、执行阶段的风险控制

在实践当中,判决不能兑现的现象经常出现,企业常常是赢了官司却拿不到钱。判决得不到执行主要是由两种原因造成的。一是对方当事人确实没有履行能力;二是对方当事人虽然具有履行能力却拒不履行,甚至恶意地通过转移资产、虚假破产等非法手段逃避债务。对于第一种情况,就常常会使得企业面临赢了官司却拿不到钱并且白白地支出了诉讼费用的窘境。因而,企业在提起诉讼阶段一定要核实对方是否具有良好的偿债能力,对于那些根本就没有偿债能力的人来说,起诉也只能是徒劳,甚至会进一步扩大损失。对于第二种情况,企业可以通过向法院申请强制执行的方式来启动执行程序以维护自己的合法权益。

(一)民事执行程序

民事执行程序也称民事强制执行或者强制执行,是指国家机关依债权人的申请,依据已经生效的判决,运用国家强制力,强制债务人履行义务,以实现债权人的民事权利的活动。执行程序是民事诉讼程序的最后阶段。

1. 执行程序特点

(1)执行权由人民法院统一行使。无论生效的法律文书是由何种机构作出的,凡应通过民事执行程序加以实现的,只能由人民法院执行。

(2)执行程序的目的在于实现生效法律文书所规定的内容。

(3)执行手段具有强制性。

2. 申请执行和移送执行

根据《民事诉讼法》的规定,执行程序的开始有两种形式,即申请执行和移送执行。

1)申请执行

申请执行是指一方当事人拒绝履行生效法律文书所确定的交付财物或履行某项行为的义务,而另一方当事人申请人民法院强制执行的行为。生效法律文书的执行,必须是生效法律文书所确定的权利人或其继承人、权利承受人。

申请执行应当具备下列条件:

(1)申请执行的法律文书已经生效。作为执行根据的法律文书,包括人民法院作出的民事判决书、裁定书、调解书、支付令,仲裁机构作出的裁决书、调解书,公证机关制作的依法赋予强制执行效力的债权文书,行政机关制作的依法由人民法院执行的决定书。

(2)申请执行人是生效法律文书确定的权利人或其继承人、权利承受人。

(3)申请执行人在法定期限内提出申请。按法律的规定,申请执行期限为 2 年。申请执行的期限,从法律文书所确定履行期限的最后 1 日开始计算。如果法律文书规定义务人分期履行的,应从每次义务应当履行期的最后 1 日计算,即在分期履行的债务中,当债务人拒绝履行义务时,债权人只能分期申请执行,对先期未履行部分可以申请执行;对未到履行期限的部分无权申请执行。

(4)申请执行的法律文书具有给付内容,且执行标的和被执行人明确。

(5)执行根据所确定的义务人(债务人)在生效法律文书确定的期限内未履行义务。

(6)属于受申请执行的人民法院管辖。

2)移送执行

移送执行是指人民法院的判决、裁定发生法律效力后,由负责审理该案的审判员将案件直接移送执行员,从而开始执行程序,它是法院行使职权以及国家干预原则的体现。

根据《最高人民法院关于人民法院执行工作若干问题的规定(试行)》第十九条,发生法律效力的具体给付赡养费、扶养费、抚育费内容的法律文书、民事制裁决定书,以及刑事附带民事判决、裁定、调解书,由审判庭移送执行机构执行。这类案件的权利人一般处于生活或者生产、经营的困境中,急需实现其权利。

申请执行和移送执行是法院开始执行程序的两种不同的方式。申请执行是原则,也是启动执行程序的主要方式。而移送执行是例外,是执行程序开始的辅助方式。

(二)执行阶段的法律风险控制

1. 执行管辖的法律风险控制

执行案件的管辖包括以下情况:

(1)由法院制作的发生法律效力的民事判决、裁定,以及刑事判决、裁定中的财产部分，由一审法院执行。例如，甲和乙是房东和房客的关系，甲向一审法院起诉请求乙腾退房屋未获支持，甲上诉至中级法院胜诉，但是乙不予理睬法院判决。于是甲申请中级法院强制执行，中级法院不予受理该申请，而是告知甲到一审的初级法院申请执行。如果甲仍然要求中级法院执行，中级法院又无法受理，甲的执行期限就会错过，那时甲将不得不承担无法执行的法律风险。

(2)发生法律效力的支付令由制作支付令的法院负责执行。

(3)在国内仲裁过程中，当事人申请财产保全，经仲裁机构提交法院的，由被申请人住所地或被申请保全财产所在地的基层法院裁定并执行；申请证据保全的，由证据所在地的基层法院裁定并执行。在涉外仲裁过程中，则由中级法院裁定并执行。

(4)外国法院作出的发生法律效力的判决、裁定和外国仲裁机构的仲裁裁决，需要我国法院承认和执行的，由有管辖权的中级法院、被执行人住所地或者其财产所在地中级法院承认和执行。

(5)仲裁机构作出的国内仲裁裁决、公证机关依法赋予强制执行效力的公证债权文书，由被执行人住所地或被执行的财产所在地法院执行。

(6)专利管理机关依法作出的处理决定和处罚决定，由被执行人住所地或财产所在地的省、自治区、直辖市有权受理专利纠纷案件的中级法院执行。

(7)国务院各部门，各省、自治区、直辖市人民政府和海关依照法律、法规作出的处理决定和处罚决定，由被执行人住所地或财产所在地的中级法院执行。

除上述规定外，《最高人民法院关于人民法院执行工作若干问题的规定(试行)》还对一些执行管辖中的特殊事项作出了规定：

(1)执行管辖权竞合的解决。两个以上的法院对执行案件都有管辖权的，当事人可以向其中一个法院申请执行；当事人向两个以上法院申请执行的，由最先立案的法院管辖。

(2)执行管辖权争议的解决。法院之间因执行管辖权发生争议的，由双方协商解决；协商不成的，报请双方共同的上级法院指定管辖。

(3)执行管辖权的转移。基层法院和中级法院管辖的执行案件，因特殊情况需要由上级法院执行的，可以报请上级法院执行。

2. 申请执行的法律风险控制

1)执行申请不当的法律风险

申请执行需要经过法院依法进行审查。一般说来，对于手续不完整或有所欠缺的申请，法院可作出退回当事人补正的处理。因此，企业在申请执行时如遇到这类麻烦将会导致申请时间过长或者重新补正的时间懈怠。同时，执行请求漏项，会导致未请求部分视为放弃的风险。执行请求的增加、变更应在执行期限内提出，逾期则不予执行，也会导致按放弃权利处理的风险。

2)申请执行人不在法定期限内申请执行的风险

根据《民事诉讼法》第二百三十九条的规定，申请执行的期间为 2 年。申请执行时效的中止、中断，适用法律有关诉讼时效中止、中断的规定。前款规定的期间，从法律文书规定履行期间的最后一日起计算；法律文书规定分期履行的，从规定的每次履行期间的最后一日起计算;法律文书未规定履行期间的,从法律文书生效之日起计算。在法院对申请执行的审查事项里,对于超过申请执行期限又无正当理由的,不予执行,当事人须承担丧失申请执行权的风险。在分期履行的情况下,如果当事人在每一次对方不履行义务时,都未在两年期限内及时申请执行,而是直到对方最后一笔也未履行时,才按照最后一笔的履行期间的最后一日起计算的两年内去申请执行,这样就造成了前几笔的付款都超过两年的申请执行期限,法院就不会再受理,也不会再给予强制执行。

3)不按时交纳申请执行费的风险

申请人无法定理由不按规定的时间和数额交纳申请执行费的,将承担按自动撤回申请处理的风险。应当预交申请执行费的案件包括:依法向法院申请执行仲裁裁决、公证债权文书的;人数不确定的代表人诉讼中,未参加登记的权利人依照《民事诉讼法》的规定向人民法院申请执行的;当事人依法申请执行人民法院发生法律效力的判决、裁定、调解书和支付令的。

4)申请执行法律文件欠缺的风险

向法院申请执行所需要提交的主要文件有:申请执行书,作为执行根据的生效法律文书,申请执行人的身份证明,继承人或者权利人申请执行的,应当提交继承或者承受权利的证明文件。缺失任何文件,都会造成申请执行时间的延误。

3.执行被中止和终结的法律风险

《最高人民法院关于人民法院执行工作若干问题的规定(试行)》第一百零二条规定,有下列情形之一的,人民法院认为按照《民事诉讼法》第二百三十二条第一款第(五)项的规定裁定中止执行:

(1)人民法院已受理以被执行人为债务人的破产申请的;

(2)被执行人确无财产可供执行的;

(3)执行的标的物是其他法院或仲裁机构正在审理的案件争议标的物,需要等待该案件审理完毕确定权属的;

(4)一方当事人申请执行仲裁裁决,另一方当事人申请撤销仲裁裁决的;

(5)仲裁裁决的被申请执行人依照《民事诉讼法》第二百一十七条第二款的规定向人民法院提出不予执行请求,并提供适用担保的。

人民法院执行案件的执行期限一般为6个月,案件裁定执行中止的,执行中止的期间应当扣除。即在案件执行中止的同时,案件的执行期限不随之中止。

企业申请延期是一个应对执行风险的策略,一旦在执行中出现难以执行的情况,企业应当申请延期以把握执行的进展,防止执行难、执行乱、执行期限等的风险。

有下列情形之一的,法院裁定终结执行:

(1)申请人撤销申请的;

(2)据以执行的法律文书被撤销的;

(3)追索赡养费、扶养费、抚育费案件的权利人死亡的;

(4)作为被执行人的公民因生活困难无力偿还借款,无收入来源,又丧失劳动能力的;

(5)法院认为应当终结执行的其他情形。

《最高人民法院关于人民法院执行工作若干问题的规定(试行)》第一百零五条规定,

在执行中，被执行人被法院宣告破产的，执行法院应当裁定终结执行。

人民法院作出终结执行的裁定后，已经采取的执行措施应当解除或撤销。

《民事诉讼法》和《最高人民法院关于人民法院执行工作若干问题的规定(试行)》中规定，申请人有义务向人民法院提供被执行人的财产状况和线索，因此申请人应当提供被执行人住所地、工作单位、收入情况、银行账号及财产状况，包括动产、不动产、知识产权或其他可供执行的权益；如果被执行人为法人，还应注明该法人的出资人投资是否到位，是否抽逃、转移注册资金等，如不能提供，法院又无法查实被执行人可供执行财产的，则可能带来执行中止或执行终结的后果。

(三)执行和解的风险控制

执行和解是指在执行过程中，双方当事人可以自愿达成和解协议，变更生效法律文书确定的履行义务主体、标的物及其数额、履行期限和履行方式。

按照相关法律规定，执行和解协议是当事人对自己权利的处分，只要确系出于自愿，且不违反法律和损害国家、集体、第三人的合法权益，人民法院应予认可。双方当事人依法达成执行和解协议后，原执行程序就不再进行。

和解协议一般应当采取书面形式。执行人员应当将和解协议副本附卷。无书面协议的，执行人员应将和解协议的内容记入笔录，并由双方当事人签名或盖章。一方当事人不履行或不完全履行和解协议的，享有权利的一方应当及时地向原执行法院提出恢复对原生效法律文书执行的申请。人民法院可以根据对方当事人的申请，恢复对原生效法律文书的执行，但和解协议已履行的部分应当扣除。

申请恢复执行原法律文书，适用民事诉讼法关于申请执行的期限，即自和解协议生效之日起计算，不得超过2年规定。申请执行期限因达成执行中的和解协议而中止，其期限自和解协议所定履行期限的最后一日起连续计算。

另外，可以与对方当事人达成暂缓执行的协议并要求对方当事人提供执行担保，以最大程度地防范可能面对的风险。执行担保是指在执行中，被执行人或第三人以财产向人民法院提供担保，并经申请执行人同意的，人民法院可以决定暂缓执行及暂缓执行的期限。被执行人逾期仍不履行的，人民法院有权执行被执行人的担保财产或者担保人的财产。

第三章　水利企业经理人行政法律风险

第一节　行政法律责任概述

行政责任，是指因违反有关行政管理的法律规范的规定，但尚未构成犯罪的行为所依法应当受到的法律制裁。

行政责任分为公民和法人因违反行政管理法律、法规的行为而应承担的行政责任，以及国家工作人员因违反政纪或在执行职务时违反行政法规的行为。

根据追究的机关不同，行政责任的承担方式主要包括行政处分、行政赔偿和行政处罚。在我国工程建设领域，对建设单位、勘察设计单位、施工单位、工程监理单位等参建单位而言，行政处罚是更为常见的行政责任承担形式。

一、行政处分

依据《公务员法》第五十六条，行政处分分为警告、记过、记大过、降级、撤职、开除。受撤职处分的，按照规定降低级别。受行政处分期间，不得晋升职务和级别；其中受到除警告以外的行政处分的，不得晋升工资档次。

在党纪处分方面，中国共产党颁布的《中国共产党纪律处分条例》及其配套规定，具体规定党员违反廉洁自律规定行为、贪污贿赂行为、违反财经纪律行为等违犯党纪行为及其量纪标准，明确警告、严重警告、撤销党内职务、留党察看和开除党籍5种党纪处分。

【案例3-1】

某市水利局局长姜某，兼任局属国有工程公司董事长，副局长李某具体分管公司工作。2002年在一机场建设项目上，陷入融资骗局，姜某、李某拍板让工程公司与“骗子业主”签订合同，被骗400余万元至今不能追回。后当地检察院起诉，经过法院二审判决，认为姜某、李某犯“签订、履行合同失职被骗罪”，判处二人各有期徒刑二年缓期三年执行。法院判决前，李某退休。

问：应该对姜某、李某作出何种行政处分？

解析：

国家对公务员设定了职业纪律和职务要求。对于公务员违反这些要求，行政机关进行处理的方式有三种：

(1)行政处分。是行政机关内部对公务员实施的惩戒措施，分为警告、记过、记大过、降职、降级、撤职、开除公职。

(2)追偿权。行政机关可以要求有重大过失或故意造成损害的公务员承担部分或全部赔偿费用。

(3)追究刑事责任。公务员在执行职务的过程中如果有以下违法行为,并且情节严重构成犯罪的,国家依法追究其刑事责任。一是因不履行法定的作为义务而构成的行政失职、渎职;二是在行使职权过程中因超越权限而形成的行政越权;三是因滥用行政自由裁量权并达到一定程度而造成的滥用职权;四是因违反法定程序而构成的程序违法。

对于开除公职的处分,《行政机关公务员处分条例》第十七条第二款规定,行政机关公务员依法被判处刑罚的,给予开除处分。第五十二条规定,有违法违纪行为应当受到处分的行政机关公务员,在处分决定机关作出处分决定前已经退休的,不再给予处分;但是,依法应当给予降级、撤职、开除处分的,应当按照规定相应降低或者取消其享受的待遇。

结合本案可见,仅被判刑一条理由就足以给予姜某、李某开除处分。本案实际处理结果如下:

(1)姜某的任免机关在检察院立案后,省局认为姜某不宜继续履行职责,根据《行政机关公务员处分条例》第三十八条的规定,暂停了姜某工作;并指派两名监察部门人员对涉嫌违法违纪的姜某进行调查;后经任免机关领导成员集体讨论,对姜某给予免职、开除处分,拒绝了姜某希望保留公务员身份的要求。

(2)在检察院立案后,暂停了李某工作。鉴于李某在作出处分决定之前已办理退休手续,按照规定不再给予其处分,但取消了其享受的待遇。

二、行政处罚

行政处罚是指国家行政机关及其他依法可以实施行政处罚权的组织(授权的企事业单位、社会团体),对公民、法人或其他组织违反行政管理法律、法规、规章尚不构成犯罪的行为所实施的制裁。

(一)行政处罚种类

行政处罚包括治安、工商行政、财政金融、文教卫生、环境保护等方面的各类处罚。根据《行政处罚法》第八条的规定,行政处罚包括以下几类。

1. 警告

警告是违法者承担的行政责任中最为轻微的一种。它是由行政机关依法对违法者提出的一种谴责性的警示。

2. 罚款

罚款是行政机关对违法者的一种经济制裁,是行政机关责令违法者交纳一定数额金钱的责任形式。在违反工程建设法律规范的行政责任中,罚款是适用范围较为广泛的一种。

3. 没收违法所得、没收非法财物

比如,根据《招标投标法》的规定,投标人相互串通投标或者与招标人串通投标的,投标人以向招标人或者评标委员会成员行贿的手段谋取中标的,中标无效,处中标项目金额5‰以上10‰以下的罚款,对单位直接负责的主管人员和其他直接责任人员处单位罚款数额5‰以上10‰以下的罚款;有违法所得的,并处没收违法所得。

4. 责令停产停业

责令停产停业是行政主体对违反行政法律规范的企业,在一定期限内剥夺其从事生产或经营活动权利的一种行政处罚。责令停产停业有一定期限,指令违法企业在此期间整改。在违法企业整改并认识到自己的违法行为之后,应允许其恢复营业。比如,某市消防部门在检查中发现该市某岩土公司违法储存易燃易爆危险化学物品,就可以依据其职权对该公司采取责令停产停业的行政处罚措施。

5. 暂扣或者吊销许可证、暂扣或者吊销执照

暂扣或者吊销许可证、暂扣或者吊销执照是指行政主体对于具有违法行为的相对人,暂时地扣留或者吊销其许可证或执照,从而停止或撤销了违法者从事某项活动或享有某项权利的一种处罚。这是一种比责令停产停业更为严厉的处罚,主要适用于比较严重的违法行为。例如,根据《安全生产法》的规定,生产经营单位不具备《安全生产法》和其他有关法律、行政法规和国家标准或者行业标准规定的安全生产条件,经停产停业整顿仍不具备安全生产条件的,予以关闭;有关部门应当依法吊销其有关证照。

6. 行政拘留

行政拘留是行政责任中一种较为严厉的责任形式,是公安机关短期剥夺违法者人身自由的行政责任形式。行政拘留的期限是 1 日以上, 15 日以下。

根据《治安管理处罚法》第三十七条的规定,在车辆、行人通行的地方施工,对沟井坎穴不设覆盖物、防围和警示标志的,或者故意损毁、移动覆盖物、防围和警示标志的行为,处 5 日以下拘留或者 500 元以下罚款;情节严重的,处 5 日以上 10 日以下拘留,可以并处 500 元以下罚款。因此,在施工的时候,建设施工方必须采取相应的安全防范措施,如在车辆、行人通行的地方施工,要对沟井坎穴设覆盖物、防围和警示标志,以免车辆、行人发生危险。这里的“覆盖物、防围”是指在道路施工中为了防止非机动车、行人跌落或机动车损毁的发生,用于遮拦开凿挖掘的沟井坎穴所开的铁板、帆布、毡布、护栏、塑料布等。“警示标志”是指警示灯、旗帜、标志杆、警告牌等。

7. 法律、行政法规规定的其他行政处罚

结合行政处罚法规定的六种具体行政处罚种类,我国工程建设领域的法律、行政法规所设定的行政处罚种类主要有警告,罚款,没收违法所得,没收违法建筑物、构筑物和其他设施,责令停业整顿,责令停止执业业务,降低资质等级,吊销资质证书(同时吊销营业执照)、执业资格证书或其他许可证、执照等。

作为水利企业,在施工合同签订或履行过程中,常遇到这样的困扰:发包人以种种理由要对水利企业施工进行罚款,罚款金额小到数十元,大到数十万元,数量不等、名目繁多,从工地工人随地大小便罚款到工期延误罚款等。尽管水利企业觉得发包人随意罚款对自己很不公平,但因款项支付权掌握在发包人手中,有时却不得不忍气吞声地接受罚款。虽然发包人罚款几乎成了工程界一个不成文的惯例,但是,发包人真的有权对水利企业进行罚款吗?

罚款属于行政处罚的一个种类,有权作出罚款的机关只能是行政执法部门。并且《行政处罚法》对罚款的限额和罚款的作出程序等进行了严格的规定。作为平等关系的合同一方的发包人,不具有行政执法部门的职能,无权对承包方进行罚款。但是,各级法

院在认定以上问题时，也存在不同的观点，比如有些法官会认为罚款可以理解为违约金，也有判决支持建设单位对水利企业的罚款。所以，水利企业应尽量避免签订高额罚款或处罚字样的合同，以防止法院作出对自己不利的判决。

【案例3-2】

某县中学教学楼工程为5层外廊式砖混结构，建筑面积3 535 m^2，楼层为预应力多孔板混凝土梁结构。1999年10月31日竣工验收，2000年4月4日正式投入使用。2000年6月5日，校方发现部分大梁及五层多功能厅、阶梯挑梁出现不同程度的裂缝，最宽处达15 mm左右。经省质量安全监督总站组织省设计院、省检测中心专家对事故进行全面分析鉴定，并经建设部建筑管理司质量技术处、勘察设计司技术质量处负责同志现场察看，一致认为，造成质量事故的主要原因是：施工图设计文件未严格按该地区6度抗震设防的规定进行设计，结构体系不合理，整体性差，构造措施不符合要求；施工单位施工的混凝土梁不能满足设计混凝土强度等级的要求，梁的质量不均匀，离差太大。

事故发生后，省建设厅、市县建设局等有关部门采取了一系列有效措施保证师生的安全，并对事故进行了认真的调查处理。2001年8月3日，省建设厅就这起事故的处理情况发出了《质量事故通报》，对有关责任单位和责任人作出了严肃处理，对中学教学楼质量事故有关责任单位和责任人主要处理如下：

(1)对事故主要责任方某规划设计院责令停业整顿，整顿经市建设局验收合格后，方可承接新的设计任务。收回该项目设计负责人二级注册建筑师资格证书，5年内不得承担设计任务。

(2)对事故次要责任方市建筑工程总公司黄牌警告，收回项目经理三级项目经理资格证书，1年内不得担任施工项目经理。

(3)事故造成的经济损失，待加固结束后由市建设局根据各方责任大小另行处理。

(二)行政处罚程序

行政处罚程序包括简易程序、听证程序和一般程序。

1. 简易程序

简易程序是指针对违法事实确凿并有法定依据，对公民处以50元以下、对法人或者其他组织处以1 000元以下罚款或警告的行政处罚而设定的行政处罚程序。适用简易程序可以当场作出行政处罚决定。

2. 听证程序

听证程序是指针对行政执法机关作出吊销资质证书、执业资格证书，责令停产停业、责令停业整顿(包括属于停业整顿性质的，责令在规定的时限内不得承接新的业务)、责令停止执业业务，没收违法建筑物、构筑物和其他设施以及处以较大数额罚款等行政处罚，而设定的行政处罚程序。对于适用听证程序的行政处罚，行政机关在作出行政处罚决定前，应当告知当事人有要求举行听证的权利；当事人要求听证的，行政机关应当组织听证。当事人不承担行政机关组织听证的费用。

3. 一般程序

一般程序是指普遍适用的行政处罚程序，适用于除适用简易程序的行政处罚外的其他行政处罚。

行政处罚程序应遵守如下规定:公民、法人或者其他组织违反行政管理秩序的行为,行政机关必须查明事实,没有法定依据或者不遵守法定程序的,行政处罚无效。行政机关在作出行政处罚决定之前,应当告知当事人作出行政处罚决定的事实理由和依据,并告知当事人依法享有的权利。行政机关及其执法人员违反该规定,未向当事人告知行政处罚的事实、理由和依据的,行政处罚决定不能成立。公民、法人或者其他组织对行政机关所给予的行政处罚,享有陈述权、申辩权;行政机关不得因当事人申辩而加重处罚。行政机关必须充分听取当事人的意见,对当事人提出的事实、理由和证据,应当进行复核;当事人提出的事实、理由或者证据成立的,行政机关应当采纳。行政机关及其执法人员违反该规定,拒绝听取当事人的陈述、申辩的,行政处罚决定不成立。对行政处罚不服的,有权依法申请行政复议或者提起行政诉讼。公民、法人或者其他组织因行政机关违法给予行政处罚造成损害的,有权依法提出赔偿要求。

行政处罚决定一旦作出,就具有法律效力,当事人应当在行政处罚决定的期限内予以履行。当事人对行政处罚决定不服申请行政复议或者提起行政诉讼的,除法律另有规定的外,行政处罚不停止执行。

(三)行政处罚和行政处分的区别

行政处罚和行政处分尽管都属于行政责任,但二者截然不同。其差异主要表现在:

第一,性质不同。行政处罚属于外部行政行为,处分属于内部行政行为。

第二,决定机关不同。行政处罚由具有行政处罚权的行政执法机关作出,而处分由与被处分者有职务从属关系的行政机关或监察机关作出。

第三,对象不同。行政处罚的对象是实施了违法行为的行政管理相对人,处分的对象则是行政机关工作人员。

第四,形式不同。行政处罚主要包括警告、罚款、没收违法所得、没收非法财物、责令停产停业、暂扣或吊销许可证、暂扣或吊销执照、行政拘留等形式,处分主要采取警告、记过、记大过、降级、撤职、开除等形式。

第五,救济途径不同。对行政处罚不服可以采取行政复议或行政诉讼救济,对处分不服,只能通过行政申诉救济。

三、行政赔偿

行政赔偿是指国家行政机关及其工作人员在行使职权时,违法侵犯公民、法人或其他组织的合法权益并造成损害,由国家行政机关依法承担赔偿责任。

第二节 建设工程法律责任规定

在工程建设活动中,建设工程主体若违反建设工程法律法规所规定的法定义务,或者行为主体之间的约定义务,则需要承担相应的民事、行政或刑事法律责任。

一、《招标投标法》关于法律责任的规定

（一）应该招标而未招标的法律责任

招标人有下列限制或者排斥潜在投标人行为之一的，由有关行政监督部门依照《招标投标法》第五十一条的规定（招标人以不合理的条件限制或者排斥潜在投标人的，对潜在投标人实行歧视待遇的，强制要求投标人组成联合体共同投标的，或者限制投标人之间竞争的，责令改正，可以处 1 万元以上 5 万元以下的罚款）处罚：

（1）依法应当公开招标的项目不按照规定在指定媒介发布资格预审公告或者招标公告；

（2）在不同媒介发布的同一招标项目的资格预审公告或者招标公告的内容不一致，影响潜在投标人申请资格预审或者投标。

依法必须进行招标的项目的招标人不按照规定发布资格预审公告或者招标公告，构成规避招标的，依照《招标投标法》第四十九条的规定（违反本法规定，必须进行招标的项目而不招标的，将必须进行招标的项目化整为零或者以其他任何方式规避招标的，责令限期改正，可以处项目合同金额5‰以上 10‰以下的罚款；对全部或者部分使用国有资金的项目，可以暂停项目执行或者暂停资金拨付；对单位直接负责的主管人员和其他直接责任人员依法给予处分）处罚。

招标人有下列情形之一的，由有关行政监督部门责令改正，可以处 10 万元以下的罚款：

（1）依法应当公开招标而采用邀请招标；

（2）招标文件、资格预审文件的发售、澄清、修改的时限，或者确定的提交资格预审申请文件、投标文件的时限不符合《招标投标法》和《招标投标法实施条例》的规定；

（3）接受未通过资格预审的单位或者个人参加投标；

（4）接受应当拒收的投标文件。

招标人有前款第（1）项、第（3）项、第（4）项所列行为之一的，对单位直接负责的主管人员和其他直接责任人员依法给予处分。

（二）招标代理机构法律责任

招标代理机构在所代理的招标项目中投标、代理投标或者向该项目投标人提供咨询的，接受委托编制标底的中介机构参加受托编制标底项目的投标或者为该项目的投标人编制投标文件、提供咨询的，依照《招标投标法》第五十条的规定（招标代理机构违反本法规定，泄露应当保密的与招标投标活动有关的情况和资料的，或者与招标人、投标人串通损害国家利益、社会公共利益或者他人合法权益的，处 5 万元以上 25 万元以下的罚款，对单位直接负责的主管人员和其他直接责任人员处单位罚款数额 5% 以上 10% 以下的罚款；有违法所得的，并处没收违法所得；情节严重的，暂停直至取消招标代理资格；构成犯罪的，依法追究刑事责任。给他人造成损失的，依法承担赔偿责任。前款所列行为影响中标结果的，中标无效）追究法律责任。

（三）招标人法律责任

（1）招标人以不合理的条件限制或者排斥潜在投标人的，对潜在投标人实行歧视待

遇的,强制要求投标人组成联合体共同投标的,或者限制投标人之间竞争的,责令改正,可以处1万元以上5万元以下的罚款。

(2)依法必须进行招标的项目的招标人向他人透露已获取招标文件的潜在投标人的名称、数量或者可能影响公平竞争的有关招标投标的其他情况的,或者泄露标底的,给予警告,可以并处1万元以上10万元以下的罚款;对单位直接负责的主管人员和其他直接责任人员依法给予处分;构成犯罪的,依法追究刑事责任。上述所列行为影响中标结果的,中标无效。

(3)依法必须进行招标的项目,招标人违反《招标投标法》规定,与投标人就投标价格、投标方案等实质性内容进行谈判的,给予警告,对单位直接负责的主管人员和其他直接责任人员依法给予处分。上述所列行为影响中标结果的,中标无效。

(4)招标人在评标委员会依法推荐的中标候选人以外确定中标人的,或依法必须进行招标的项目在所有投标被评标委员会否决后自行确定中标人的,中标无效。责令改正,可以处中标项目金额5‰以上10‰以下的罚款;对单位直接负责的主管人员和其他直接责任人员依法给予处分。

(5)招标人超过《招标投标法实施条例》规定的比例收取投标保证金、履约保证金或者不按照规定退还投标保证金及银行同期存款利息的,由有关行政监督部门责令改正,可以处5万元以下的罚款;给他人造成损失的,依法承担赔偿责任。

(四)投标人法律责任

(1)投标人相互串通投标或者与招标人串通投标的,投标人以向招标人或者评标委员会成员行贿的手段谋取中标的,中标无效,处中标项目金额5‰以上10‰以下的罚款,对单位直接负责的主管人员和其他直接责任人员处单位罚款数额5%以上10%以下的罚款;有违法所得的,并处没收违法所得;情节严重的,取消其1~2年内参加依法必须进行招标的项目的投标资格并予以公告,直至由工商行政管理机关吊销营业执照;构成犯罪的,依法追究刑事责任。给他人造成损失的,依法承担赔偿责任。投标人未中标的,对单位的罚款金额按照招标项目合同金额依照招标投标法规定的比例计算。

(2)投标人以他人名义投标或者以其他方式弄虚作假,骗取中标的,中标无效,给招标人造成损失的,依法承担赔偿责任;构成犯罪的,依法追究刑事责任。依法必须进行招标的项目的投标人有上述所列行为尚未构成犯罪的,处中标项目金额5‰以上10‰以下的罚款,对单位直接负责的主管人员和其他直接责任人员处单位罚款数额5%以上10%以下的罚款;有违法所得的,并处没收违法所得;情节严重的,取消其1~3年内参加依法必须进行招标的项目的投标资格并予以公告,直至由工商行政管理机关吊销营业执照。依法必须进行招标的项目的投标人未中标的,对单位的罚款金额按照招标项目合同金额依照招标投标法规定的比例计算。

投标人有下列行为之一的,属于《招标投标法》第五十三条规定的情节严重行为,由有关行政监督部门取消其1~2年内参加依法必须进行招标的项目的投标资格:

(1)以行贿谋取中标;

(2)3年内2次以上串通投标;

(3)串通投标行为损害招标人、其他投标人或者国家、集体、公民的合法利益,造成直接经济损失30万元以上；

（4）其他串通投标情节严重的行为。

投标人自《招标投标法》第五十三条第二款规定的处罚执行期限届满之日起3年内又有该款所列违法行为之一的，或者串通投标、以行贿谋取中标情节特别严重的，由工商行政管理机关吊销营业执照。

投标人有下列行为之一的，属于《招标投标法》第五十四条规定的情节严重行为，由有关行政监督部门取消其1～3年内参加依法必须进行招标的项目的投标资格：

（1）伪造、变造资格、资质证书或者其他许可证件骗取中标；

（2）3年内2次以上使用他人名义投标；

（3）弄虚作假骗取中标给招标人造成直接经济损失30万元以上；

（4）其他弄虚作假骗取中标情节严重的行为。

投标人自《招标投标法》第五十四条第二款规定的处罚执行期限届满之日起3年内又有该款所列违法行为之一的，或者弄虚作假骗取中标情节特别严重的，由工商行政管理机关吊销营业执照。

出让或者出租资格、资质证书供他人投标的，依照法律、行政法规的规定给予行政处罚；构成犯罪的，依法追究刑事责任。

（五）评标委员会法律责任

评标委员会成员收受投标人的财物或者其他好处的，评标委员会成员或者参加评标的有关工作人员向他人透露对投标文件的评审和比较、中标候选人的推荐以及与评标有关的其他情况的，给予警告，没收收受的财物，可以并处3 000元以上5万元以下的罚款，对有所列违法行为的评标委员会成员取消担任评标委员会成员的资格，不得再参加任何依法必须进行招标的项目的评标；构成犯罪的，依法追究刑事责任。

国家工作人员以任何方式非法干涉选取评标委员会成员的，依照《招标投标法实施条例》第八十一条的规定追究法律责任。

国家工作人员利用职务便利，以直接或者间接、明示或者暗示等任何方式非法干涉招标投标活动，有下列情形之一的，依法给予记过或者记大过处分；情节严重的，依法给予降级或者撤职处分；情节特别严重的，依法给予开除处分；构成犯罪的，依法追究刑事责任：

（1）要求对依法必须进行招标的项目不招标，或者要求对依法应当公开招标的项目不公开招标；

（2）要求评标委员会成员或者招标人以其指定的投标人作为中标候选人或者中标人，或者以其他方式非法干涉评标活动，影响中标结果；

（3）以其他方式非法干涉招标投标活动。

（六）中标人法律责任

（1）中标人将中标项目转让给他人的，将中标项目肢解后分别转让给他人的，违反《招标投标法》和《招标投标法实施条例》规定将中标项目的部分主体、关键性工作分包给他人的，或者分包人再次分包的，转让、分包无效，处转让、分包项目金额5‰以上10‰以下的罚款；有违法所得的，并处没收违法所得；可以责令停业整顿；情节严重的，由工商行政管理机关吊销营业执照。

(2)中标人无正当理由不与招标人订立合同,在签订合同时向招标人提出附加条件,或者不按照招标文件要求提交履约保证金的,取消其中标资格,投标保证金不予退还。对依法必须进行招标的项目的中标人,由有关行政监督部门责令改正,可以处中标项目金额10‰以下的罚款。

招标人和中标人不按照招标文件和中标人的投标文件订立合同,合同的主要条款与招标文件、中标人的投标文件的内容不一致,或者招标人、中标人订立背离合同实质性内容的协议的,由有关行政监督部门责令改正,可以处中标项目金额5‰以上10‰以下的罚款。

中标人不履行与招标人订立的合同的,履约保证金不予退还,给招标人造成的损失超过履约保证金数额的,还应当对超过部分予以赔偿;没有提交履约保证金的,应当对招标人的损失承担赔偿责任。

(3)中标人不按照与招标人订立的合同履行义务,情节严重的,取消其2~5年内参加依法必须进行招标的项目的投标资格并予以公告,直至由工商行政管理机关吊销营业执照。

(七)行政监督机关法律责任

对招标投标活动依法负有职责的国家机关工作人员徇私舞弊、滥用职权或者玩忽职守,构成犯罪的,依法追究刑事责任;不构成犯罪的,依法给予行政处分。

(八)行政处罚

(1)招标人与中标人不按照招标文件和中标人的投标文件订立合同的,或者招标人、中标人订立背离合同实质性内容的协议的,责令改正;可以处中标项目金额5‰以上10‰以下的罚款。

(2)《招标投标法》第五章规定的行政处罚,由国务院规定的有关行政监督部门决定。《招标投标法》已对实施行政处罚的机关作出规定的除外。

【案例3-3】

基本案情:某医科大学附属第三医院医技大楼设计建筑面积为19 945 m^2,预计造价7 400万元,其中土建工程造价约为3 402万元,配套设备暂定造价为3 998万元。2001年初,该工程项目进入G省建设工程交易中心以总承包方式向社会公开招标。

经常以"某房地产有限公司总经理"身份对外交往的包工头郑某得知该项目的情况后,即分别到G省和某市4家建筑公司活动,要求挂靠这4家公司参与投标。这4家公司在未对郑某的某房地产有限公司的资质和业绩进行审查的情况下,就同意其挂靠,并分别商定了"合作"条件:一是投标保证金由郑某支付;二是某市那家建筑公司代郑某编制标书,由郑某支付"劳务费",其余三家公司的经济标书由郑某编制;三是项目中标后全部或部分工程由郑某组织施工,挂靠单位收取占工程造价3%~5%的管理费。上述4家公司违法出让资质证明,为郑某搞串标活动提供了条件。2001年1月,郑某给4家公司各汇去30万元投标保证金,并支付给某市那家建筑公司1.5万元编制标书的"劳务费"。

为揽到该项目,郑某还拉拢G省建设工程交易中心评标处副处长张某、办公室副主任陈某。郑某以咨询业务为名,经常请张某、陈某吃喝玩乐,并送给张某港币5万元、人民币 1 000 元，以及人参、茶叶、香烟等物品；送给陈某港币 3 万元和洋酒等物品。张某、陈某两人积极为郑某提供“咨询”服务，不惜泄露招标投标中有关保密事项，甚至带郑某到审核标底现场向有关人员打探标底，后因现场监督严格而未得逞。

2001 年 1 月 22 日下午开始评标。评标委员会置该项目招标文件规定于不顾，把原定安排在 22 日下午评技术标、23 日上午评经济标两段评标内容集中在一个下午进行，致使许多评标委员没有足够时间对标书进行认真、细致的评审，未能发现一些标书中明显存在的违反招标文件规定的错误。同时，评标委员在评审中还把标底价 50% 以上的配套设备暂定价 3 998 万元剔除，使造价总体下浮变为部分下浮，影响了评标结果的合理性。24 日 19:20 左右，评标结束，中标单位为深圳市总公司。由于郑某挂靠的 4 家公司均未能中标，郑某便鼓动这 4 家公司向有关部门投诉，设法改变评标结果。因不断发生投诉，有关单位未发出中标通知书。

案件审理：

G 省纪委、省监察厅、省建设厅组成联合调查组，对 G 省建设工程交易中心个别工作人员在某医科大学附属第三医院医技大楼工程招标投标中的违纪违法问题展开调查。现已查实该工程项目在招标投标中存在包工头串标、建筑施工单位出让资质证照、评标委员会不依法评标、省交易中心个别工作人员收受包工头钱物等违纪违法问题。经省建设厅、省监察厅研究决定，取消该项目招标投标结果，依法重新组织招标投标。目前，涉嫌违纪违法的交易中心工作人员张某、陈某已被停职，立案审查，其非法收受的钱物已被依法收缴。省纪委、省监察厅将依照有关法规和党纪政纪对涉案单位和人员进行严肃处理。

这是 G 省建立有形建筑市场以来查处的首宗建设工程交易中心工作人员违纪违法案件，本案中的有关当事人违反了多项法律强制性规定，依法应当受到惩处。但本案的行政处理结果引发了一些议论。

首先，《招标投标法》规定了 6 种“中标无效”的法定情形。在本案中，从招标人和招标代理机构的行为看，并无导致中标无效的法定事由。而从投标人郑某的行为看，虽然实施了串标和骗标的行为，但由于中标人并不是郑某，所以也不符合中标无效的法定情形。因此，尽管本案中存在着一系列的违法违纪行为，但并不必然导致中标无效，行政监督部门作出的处理决定是不符合法律规定的。

其次，工程建设项目的招标投标活动，是建设工程合同订立的过程，在法律性质上属于民事行为。作为整个招标投标活动的组成部分，中标自然也属于民事行为的一种，应当受到民法的调整。《民法通则》根据法律效力不同，把民事行为分为民事法律行为（合法有效的民事行为）、无效的民事行为及可撤销、可变更的民事行为。而判定民事行为是否有效，只能由法院或仲裁机构做出，除此以外的任何机构均无权确认民事行为的法律效力。《招标投标法》规定的 6 种“中标无效”情形，属于无效的民事行为，只能由人民法院依法确认无效；也就是说，人民法院是确认“中标无效”的唯一权力主体。如果赋予行政监督部门宣布“中标无效”的权力，就从根本上犯了行政法律规范与民事法律规范相竞合的错误。这在法律上是讲不通的。

二、《建筑法》关于法律责任的规定

《建筑法》关于法律责任的规定有以下 17 条：

（1）违反本法规定，未取得施工许可证或者开工报告未经批准擅自施工的，责令改正，对不符合开工条件的责令停止施工，可以处以罚款。

（2）发包单位将工程发包给不具有相应资质条件的承包单位的，或者违反本法规定将建筑工程肢解发包的，责令改正，处以罚款。

超越本单位资质等级承揽工程的，责令停止违法行为，处以罚款，可以责令停业整顿，降低资质等级；情节严重的，吊销资质证书；有违法所得的，予以没收。

未取得资质证书承揽工程的，予以取缔，并处罚款；有违法所得的，予以没收。

以欺骗手段取得资质证书的，吊销资质证书，处以罚款；构成犯罪的，依法追究刑事责任。

（3）建筑施工企业转让、出借资质证书或者以其他方式允许他人以本企业的名义承揽工程的，责令改正，没收违法所得，并处罚款，可以责令停业整顿，降低资质等级；情节严重的，吊销资质证书。对因该项承揽工程不符合规定的质量标准造成的损失，建筑施工企业与使用本企业名义的单位或者个人承担连带赔偿责任。

（4）承包单位将承包的工程转包的，或者违反本法规定进行分包的，责令改正，没收违法所得，并处罚款，可以责令停业整顿，降低资质等级；情节严重的，吊销资质证书。

承包单位有前款规定的违法行为的，对因转包工程或者违法分包的工程不符合规定的质量标准造成的损失，与接受转包或者分包的单位承担连带赔偿责任。

（5）在工程发包与承包中索贿、受贿、行贿，构成犯罪的，依法追究刑事责任；不构成犯罪的，分别处以罚款，没收贿赂的财物，对直接负责的主管人员和其他直接责任人员给予处分。

对在工程承包中行贿的承包单位，除依照前款规定处罚外，可以责令停业整顿，降低资质等级或者吊销资质证书。

（6）工程监理单位与建设单位或者建筑施工企业串通，弄虚作假、降低工程质量的，责令改正，处以罚款，降低资质等级或者吊销资质证书；有违法所得的，予以没收；造成损失的，承担连带赔偿责任；构成犯罪的，依法追究刑事责任。

工程监理单位转让监理业务的，责令改正，没收违法所得，可以责令停业整顿，降低资质等级；情节严重的，吊销资质证书。

（7）违反本法规定，涉及建筑主体或者承重结构变动的装修工程擅自施工的，责令改正，处以罚款；造成损失的，承担赔偿责任；构成犯罪的，依法追究刑事责任。

（8）建筑施工企业违反本法规定，对建筑安全事故隐患不采取措施予以消除的，责令改正，可以处以罚款；情节严重的，责令停业整顿，降低资质等级或者吊销资质证书；构成犯罪的，依法追究刑事责任。

建筑施工企业的管理人员违章指挥、强令职工冒险作业，因而发生重大伤亡事故或者造成其他严重后果的，依法追究刑事责任。

（9）建设单位违反本法规定，要求建筑设计单位或者建筑施工企业违反建筑工程质量、安全标准,降低工程质量的,责令改正,可以处以罚款;构成犯罪的,依法追究刑事责任。

(10)建筑设计单位不按照建筑工程质量、安全标准进行设计的,责令改正,处以罚款;造成工程质量事故的,责令停业整顿,降低资质等级或者吊销资质证书,没收违法所得,并处罚款;造成损失的,承担赔偿责任;构成犯罪的,依法追究刑事责任。

(11)建筑施工企业在施工中偷工减料的,使用不合格的建筑材料、建筑构配件和设备的,或者有其他不按照工程设计图纸或者施工技术标准施工的行为的,责令改正,处以罚款;情节严重的,责令停业整顿,降低资质等级或者吊销资质证书;造成建筑工程质量不符合规定的质量标准的,负责返工、修理,并赔偿因此造成的损失;构成犯罪的,依法追究刑事责任。

(12)建筑施工企业违反本法规定,不履行保修义务或者拖延履行保修义务的,责令改正,可以处以罚款,并对在保修期内因屋顶、墙面渗漏、开裂等质量缺陷造成的损失,承担赔偿责任。

(13)本法规定的责令停业整顿、降低资质等级和吊销资质证书的行政处罚,由颁发资质证书的机关决定;其他行政处罚,由建设行政主管部门或者有关部门依照法律和国务院规定的职权范围决定。

依照本法规定被吊销资质证书的,由工商行政管理部门吊销其营业执照。

(14)违反本法规定,对不具备相应资质等级条件的单位颁发该等级资质证书的,由其上级机关责令收回所发的资质证书,对直接负责的主管人员和其他直接责任人员给予行政处分;构成犯罪的,依法追究刑事责任。

(15)政府及其所属部门的工作人员违反本法规定,限定发包单位将招标发包的工程发包给指定的承包单位的,由上级机关责令改正;构成犯罪的,依法追究刑事责任。

(16)负责颁发建筑工程施工许可证的部门及其工作人员对不符合施工条件的建筑工程颁发施工许可证的,负责工程质量监督检查或者竣工验收的部门及其工作人员对不合格的建筑工程出具质量合格文件或者按合格工程验收的,由上级机关责令改正,对责任人员给予行政处分;构成犯罪的,依法追究刑事责任;造成损失的,由该部门承担相应的赔偿责任。

(17)在建筑物的合理使用寿命内,因建筑工程质量不合格受到损害的,有权向责任者要求赔偿。

综上,《建筑法》共有十一条规定了依法追究刑事责任的内容,主要体现在:第六十五条规定诈骗的刑事责任;第六十八条规定索贿、受贿、行贿构成犯罪的刑事责任;第六十九条规定降低工程质量标准的刑事责任;第七十条规定擅自施工的刑事责任;第七十一条规定安全事故的刑事责任;第七十二条规定建设单位违反建筑工程质量、安全标准、降低工程质量的刑事责任;第七十三条规定建筑设计单位质量事故的刑事责任;第七十四条规定施工企业质量事故的刑事责任;第七十七条和第七十九条规定有关主管部门滥用职权或玩忽职守、徇私舞弊的刑事责任;第七十八条规定政府及有关主管部门限定招标单位的刑事责任。

《建筑法》共有九条规定了依法承担民事责任的内容,主要体现在:第六十六条规定转让、出借资质证书的民事责任；第六十七条规定转包、非法分包的民事责任；第六十九条规定降低工程质量标准的民事责任；第七十条规定擅自改变建筑主体或者承重结构的民事责任；第七十三条规定建筑设计单位不按照建筑工程质量、安全标准进行设计的民事责任；第七十四条规定施工企业质量事故的民事责任；第七十五条规定施工企业不履行保修义务的民事责任；第七十九条规定有关主管部门滥用职权或玩忽职守、徇私舞弊的民事责任；第八十条规定建筑质量责任的赔偿责任。

《建筑法》共有三条规定了依法承担行政责任的内容，主要体现在：第六十八条规定索贿、受贿、行贿构成犯罪的行政责任；第七十七条规定有关主管部门人员滥用职权或玩忽职守、徇私舞弊颁发资质等级证书的行政责任；第七十九条规定有关主管部门人员滥用职权或玩忽职守、徇私舞弊颁发施工许可证或违法竣工验收的行政责任。

【案例3-4】

甲银行因建办公楼与乙建筑承包公司签订了工程总承包合同。其后，经甲同意，乙分别与丙建筑设计院和丁建筑工程公司签订了工程勘察设计合同和工程施工合同。勘察设计合同约定由丙对甲的办公楼及其附属工程提供设计服务，并按勘察设计合同的约定交付有关的设计文件和资料。施工合同约定由丁根据丙提供的设计图纸进行施工，工程竣工时依据国家有关验收规定及设计图纸进行质量验收。合同签订后，丙按时将设计文件和有关资料交付给丁，丁依据设计图纸进行施工。工程竣工后，甲会同有关质量监督部门对工程进行验收，发现工程存在严重质量问题，是由于设计不符合规范所致。原来丙未对现场进行仔细勘察即自行进行设计导致设计不合理，给甲带来了重大损失。丙以与甲没有合同关系为由拒绝承担责任，乙又以自己不是设计人为由推卸责任，甲遂以丙为被告向法院起诉。法院受理后，追加乙为共同被告，判决乙与丙对工程建设质量问题承担连带责任。

问：为什么法院判决乙与丙一起对工程质量问题承担责任？

解析：

本案例中，甲是发包人，乙是总承包人，丙和丁是分包人。《建筑法》第二十九条规定：建筑工程总承包单位可以将承包工程中的部分工程发包给具有相应资质条件的分包单位；但是，除总承包合同中约定的分包外，必须经建设单位认可。施工总承包的，建筑工程主体结构的施工必须由总承包单位自行完成。建筑工程总承包单位按照总承包合同的约定对建设单位负责；分包单位按照分包合同的约定对总承包单位负责。总承包单位和分包单位就分包工程对建设单位承担连带责任。禁止总承包单位将工程分包给不具备相应资质条件的单位。禁止分包单位将其承包的工程再分包。

对工程质量问题，乙作为总承包人应承担责任，而丙和丁也应该依法分别向发包人甲承担责任。总承包人以不是自己勘察设计和建筑安装的理由企图不对发包人承担责任，以及分包人以与发包人没有合同关系为由不向发包人承担责任，都是没有法律依据的。所以，本案判决乙和丙共同承担连带责任是正确的。

必须说明的是，《建筑法》第二十八条规定：禁止承包单位将其承包的全部建筑工程转包给他人,禁止承包单位将其承包的全部建筑工程肢解以后以分包的名义分别转包给他人。本案例中,乙作为总承包人不自行施工,而将工程全部转包他人,虽经发包人同意,但违反法律禁止性规定,其与丙和丁所签订的两个分包合同均是无效合同。建设行政主管部门应依照《建筑法》和《建设工程质量管理条例》的有关规定,对其进行行政处罚。

三、《安全生产法》关于法律责任的规定

(一)安全生产监督管理部门相关法律责任

(1)负有安全生产监督管理职责的部门的工作人员,有下列行为之一的,给予降级或者撤职的行政处分;构成犯罪的,依照刑法有关规定追究刑事责任:

对不符合法定安全生产条件的涉及安全生产的事项予以批准或者验收通过的。

发现未依法取得批准、验收的单位擅自从事有关活动或者接到举报后不予取缔或者不依法予以处理的。

对已经依法取得批准的单位不履行监督管理职责,发现其不再具备安全生产条件而不撤销原批准或者发现安全生产违法行为不予查处的。

在监督检查中发现重大事故隐患,不依法及时处理的。

负有安全生产监督管理职责的部门的工作人员有上述规定以外的滥用职权、玩忽职守、徇私舞弊行为的,依法给予处分;构成犯罪的,依照刑法有关规定追究刑事责任。

(2)负有安全生产监督管理职责的部门,要求被审查、验收的单位购买其指定的安全设备、器材或者其他产品的,在对安全生产事项的审查、验收中收取费用的,由其上级机关或者监察机关责令改正,责令退还收取的费用;情节严重的,对直接负责的主管人员和其他直接责任人员依法给予行政处分。

(3)承担安全评价、认证、检测、检验工作的机构,出具虚假证明,构成犯罪的,依照刑法有关规定追究刑事责任;尚不够刑事处罚的,没收违法所得,违法所得在5 000元以上的,并处违法所得2倍以上5倍以下的罚款,没有违法所得或者违法所得不足5 000元的,单处或者并处5 000元以上2万元以下的罚款,对其直接负责的主管人员和其他直接责任人员处5 000元以上5万元以下的罚款;给他人造成损害的,与生产经营单位承担连带赔偿责任。对有上述违法行为的机构,撤销其相应资格。

(二)生产经营单位相关法律责任

(1)生产经营单位的决策机构、主要负责人、个人经营的投资人不依照安全生产法规定保证安全生产所必需的资金投入,致使生产经营单位不具备安全生产条件的,责令限期改正,提供必需的资金;逾期未改正的,责令生产经营单位停产停业整顿。

有上述违法行为,导致发生生产安全事故,构成犯罪的,依照刑法有关规定追究刑事责任;尚不够刑事处罚的,对生产经营单位的主要负责人给予撤职处分,对个人经营的投资人处2万元以上20万元以下的罚款。

(2)生产经营单位的主要负责人未履行本法规定的安全生产管理职责的,责令限期改正;逾期未改正的,责令生产经营单位停产停业整顿。

生产经营单位的主要负责人有上述违法行为,导致发生生产安全事故的,给予撤职处分;构成犯罪的,依照刑法有关规定追究刑事责任。

生产经营单位的主要负责人依照上述规定受刑事处罚或者撤职处分的，自刑罚执行完毕或者受处分之日起，5 年内不得担任任何生产经营单位的主要负责人；对重大、特别重大生产安全事故负有责任的，终身不得担任本行业生产经营单位的主要负责人。

（3）生产经营单位的主要负责人未履行本法规定的安全生产管理职责，导致发生生产安全事故的，由安全生产监督管理部门依照下列规定处以罚款：

①发生一般事故的，处上 1 年年收入 30% 的罚款；

②发生较大事故的，处上 1 年年收入 40% 的罚款；

③发生重大事故的，处上 1 年年收入 60% 的罚款；

④发生特别重大事故的，处上 1 年年收入 80% 的罚款。

（4）生产经营单位的安全生产管理人员未履行本法规定的安全生产管理职责的，责令限期改正；导致发生生产安全事故的，暂停或者撤销其与安全生产有关的资格；构成犯罪的，依照刑法有关规定追究刑事责任。

（5）生产经营单位有下列行为之一的，责令限期改正，可以处 5 万元以下的罚款；逾期未改正的，责令停产停业整顿，并处 5 万元以上 10 万元以下的罚款，对其直接负责的主管人员和其他直接责任人员处 1 万元以上 2 万元以下的罚款：

①未按照规定设置安全生产管理机构或者配备安全生产管理人员的；

②危险物品的生产、经营、储存单位以及矿山、金属冶炼、建筑施工、道路运输单位的主要负责人和安全生产管理人员未按照规定经考核合格的；

③未按照规定对从业人员、被派遣劳动者、实习学生进行安全生产教育和培训，或者未按照规定如实告知有关的安全生产事项的；

④未如实记录安全生产教育和培训情况的；

⑤未将事故隐患排查治理情况如实记录或者未向从业人员通报的；

⑥未按照规定制订生产安全事故应急救援预案或者未定期组织演练的；

⑦特种作业人员未按照规定经专门的安全作业培训并取得相应资格，上岗作业的。

（6）生产经营单位有下列行为之一的，责令停止建设或者停产停业整顿，限期改正；逾期未改正的，处 50 万元以上 100 万元以下的罚款，对其直接负责的主管人员和其他直接责任人员处 2 万元以上 5 万元以下的罚款；构成犯罪的，依照刑法有关规定追究刑事责任：

①未按照规定对矿山、金属冶炼建设项目或者用于生产、储存、装卸危险物品的建设项目进行安全评价的；

②矿山、金属冶炼建设项目或者用于生产、储存、装卸危险物品的建设项目没有安全设施设计或者安全设施设计未按照规定报经有关部门审查同意的；

③矿山、金属冶炼建设项目或者用于生产、储存、装卸危险物品的建设项目的施工单位未按照批准的安全设施设计施工的；

④矿山、金属冶炼建设项目或者用于生产、储存危险物品的建设项目竣工投入生产或者使用前，安全设施未经验收合格的。

（7）生产经营单位有下列行为之一的，责令限期改正，可以处 5 万元以下的罚款；逾期未改正的，处 5 万元以上 20 万元以下的罚款，对其直接负责的主管人员和其他直接责任人员处 1 万元以上 2 万元以下的罚款；情节严重的，责令停产停业整顿；构成犯罪的，依照刑法有关规定追究刑事责任：

①未在有较大危险因素的生产经营场所和有关设施、设备上设置明显的安全警示标志的；

②安全设备的安装、使用、检测、改造和报废不符合国家标准或者行业标准的；

③未对安全设备进行经常性维护、保养和定期检测的；

④未为从业人员提供符合国家标准或者行业标准的劳动防护用品的；

⑤危险物品的容器、运输工具，以及涉及人身安全、危险性较大的海洋石油开采特种设备和矿山井下特种设备未经具有专业资质的机构检测、检验合格，取得安全使用证或者安全标志，投入使用的；

⑥使用应当淘汰的危及生产安全的工艺、设备的。

(8)生产经营单位有下列行为之一的，责令限期改正，可以处 10 万元以下的罚款；逾期未改正的，责令停产停业整顿，并处 10 万元以上 20 万元以下的罚款，对其直接负责的主管人员和其他直接责任人员处 2 万元以上 5 万元以下的罚款；构成犯罪的，依照刑法有关规定追究刑事责任：

①生产、经营、运输、储存、使用危险物品或者处置废弃危险物品，未建立专门安全管理制度、未采取可靠的安全措施的；

②对重大危险源未登记建档，或者未进行评估、监控，或者未制订应急预案的；

③进行爆破、吊装以及国务院安全生产监督管理部门会同国务院有关部门规定的其他危险作业，未安排专门人员进行现场安全管理的；

④未建立事故隐患排查治理制度的。

(9)生产经营单位未采取措施消除事故隐患的，责令立即消除或者限期消除；生产经营单位拒不执行的，责令停产停业整顿，并处 10 万元以上 50 万元以下的罚款，对其直接负责的主管人员和其他直接责任人员处 2 万元以上 5 万元以下的罚款。

(10)生产经营单位将生产经营项目、场所、设备发包或者出租给不具备安全生产条件或者相应资质的单位或者个人的，责令限期改正，没收违法所得；违法所得 10 万元以上的，并处违法所得 2 倍以上 5 倍以下的罚款；没有违法所得或者违法所得不足 10 万元的，单处或者并处 10 万元以上 20 万元以下的罚款；对其直接负责的主管人员和其他直接责任人员处 1 万元以上 2 万元以下的罚款；导致发生生产安全事故给他人造成损害的，与承包方、承租方承担连带赔偿责任。

生产经营单位未与承包单位、承租单位签订专门的安全生产管理协议或者未在承包合同、租赁合同中明确各自的安全生产管理职责，或者未对承包单位、承租单位的安全生产统一协调、管理的，责令限期改正，可以处 5 万元以下的罚款，对其直接负责的主管人员和其他直接责任人员可以处 1 万元以下的罚款；逾期未改正的，责令停产停业整顿。

(11)两个以上生产经营单位在同一作业区域内进行可能危及对方安全生产的生产经营活动，未签订安全生产管理协议或者未指定专职安全生产管理人员进行安全检查与协调的，责令限期改正，可以处 5 万元以下的罚款，对其直接负责的主管人员和其他直接责任人员可以处 1 万元以下的罚款；逾期未改正的，责令停产停业。

(12)生产经营单位有下列行为之一的,责令限期改正,可以处5万元以下的罚款,对其直接负责的主管人员和其他直接责任人员可以处1万元以下的罚款;逾期未改正的,责令停产停业整顿;构成犯罪的,依照刑法有关规定追究刑事责任:

①生产、经营、储存、使用危险物品的车间、商店、仓库与员工宿舍在同一座建筑内,或者与员工宿舍的距离不符合安全要求的;

②生产经营场所和员工宿舍未设有符合紧急疏散需要、标志明显、保持畅通的出口,或者锁闭、封堵生产经营场所或者员工宿舍出口的。

(13)生产经营单位与从业人员订立协议,免除或者减轻其对从业人员因生产安全事故伤亡依法应承担的责任的,该协议无效;对生产经营单位的主要负责人、个人经营的投资人处2万元以上10万元以下的罚款。

(14)生产经营单位的从业人员不服从管理,违反安全生产规章制度或者操作规程的,由生产经营单位给予批评教育,依照有关规章制度给予处分;构成犯罪的,依照刑法有关规定追究刑事责任。

(15)违反本法规定,生产经营单位拒绝、阻碍负有安全生产监督管理职责的部门依法实施监督检查的,责令改正;拒不改正的,处2万元以上20万元以下的罚款;对其直接负责的主管人员和其他直接责任人员处1万元以上2万元以下的罚款;构成犯罪的,依照刑法有关规定追究刑事责任。

(16)生产经营单位的主要负责人在本单位发生生产安全事故时,不立即组织抢救或者在事故调查处理期间擅离职守或者逃匿的,给予降级、撤职的处分,并由安全生产监督管理部门处上一年年收入60%~100%的罚款;对逃匿的处15日以下拘留;构成犯罪的,依照刑法有关规定追究刑事责任。

生产经营单位的主要负责人对生产安全事故隐瞒不报、谎报或者迟报的,依照上述规定处罚。

有关地方人民政府、负有安全生产监督管理职责的部门,对生产安全事故隐瞒不报、谎报或者迟报的,对直接负责的主管人员和其他直接责任人员依法给予处分;构成犯罪的,依照刑法有关规定追究刑事责任。

(17)生产经营单位不具备本法和其他有关法律、行政法规和国家标准或者行业标准规定的安全生产条件,经停产停业整顿仍不具备安全生产条件的,予以关闭;有关部门应当依法吊销其有关证照。

(18)发生生产安全事故,对负有责任的生产经营单位除要求其依法承担相应的赔偿等责任外,由安全生产监督管理部门依照下列规定处以罚款:

①发生一般事故的,处20万元以上50万元以下的罚款;

②发生较大事故的,处50万元以上100万元以下的罚款;

③发生重大事故的,处100万元以上500万元以下的罚款;

④发生特别重大事故的,处500万元以上1 000万元以下的罚款;情节特别严重的,处1 000万元以上2 000万元以下的罚款。

(19)本法规定的行政处罚,由安全生产监督管理部门和其他负有安全生产监督管理职责的部门按照职责分工决定。予以关闭的行政处罚由负有安全生产监督管理职责的部门报请县级以上人民政府按照国务院规定的权限决定；给予拘留的行政处罚由公安机关依照治安管理处罚法的规定决定。

(20)生产经营单位发生生产安全事故造成人员伤亡、他人财产损失的，应当依法承担赔偿责任；拒不承担或者其负责人逃匿的，由人民法院依法强制执行。

四、《建设工程安全生产管理条例》关于法律责任的规定

《建设工程安全生产管理条例》是《建筑法》和《安全生产法》在工程建设领域的进一步细化与延伸，分为八章七十一条，分别对建设单位、施工单位、工程监理单位以及勘察、设计和其他有关单位的安全责任作出了规定，自2004年2月1日起施行。

《建设工程安全生产管理条例》规定，施工单位的主要负责人、项目负责人、专职安全生产管理人员应当经建设行政主管部门或者其他有关部门考核合格后方可任职。施工单位应当对管理人员和作业人员每年至少进行一次安全生产教育培训。

对于建设工程项目的专职安全生产管理人员，规定配置为：

建筑工程、装修工程按照建筑面积：1万m^2及以下的工程至少1人；1万~5万m^2的工程至少2人；5万m^2以上的工程至少3人，应当设置安全主管，按土建、机电设备等专业设置专职安全生产管理人员。

土木工程、线路管道、设备按照建筑安装总造价：5 000万元以下的工程至少1人；5 000万~1亿元的工程至少2人；1亿元以上的工程至少3人，应当设置安全主管，按土建、机电设备等专业设置专职安全生产管理人员。

工程项目采用新技术、新工艺、新材料或致害因素多、施工作业难度大的工程项目，施工现场专职安全生产管理人员的数量应当根据施工实际情况，在前述规定的配置标准上增配。

劳务分包企业建设工程项目施工人员50人以下的，应当设置1名专职安全生产管理人员；50~200人的，应设2名专职安全生产管理人员；200人以上的，应根据所承担的分部分项工程施工危险实际情况增配，并不少于企业总人数的5%。

施工作业班组应设置兼职安全巡查员，对本班组的作业场所进行安全监督检查。

(1)违反本条例的规定，县级以上人民政府建设行政主管部门或者其他有关行政管理部门的工作人员，有下列行为之一的，给予降级或者撤职的行政处分；构成犯罪的，依照刑法有关规定追究刑事责任：

①对不具备安全生产条件的施工单位颁发资质证书的；

②对没有安全施工措施的建设工程颁发施工许可证的；

③发现违法行为不予查处的；

④不依法履行监督管理职责的其他行为。

(2)违反本条例的规定，建设单位未提供建设工程安全生产作业环境及安全施工措施所需费用的，责令限期改正；逾期未改正的，责令该建设工程停止施工。

建设单位未将保证安全施工的措施或者拆除工程的有关资料报送有关部门备案的，责令限期改正，给予警告。

(3)违反本条例的规定，建设单位有下列行为之一的，责令限期改正，处20万元以上

50 万元以下的罚款;造成重大安全事故,构成犯罪的,对直接责任人员,依照刑法有关规定追究刑事责任;造成损失的,依法承担赔偿责任:

①对勘察、设计、施工、工程监理等单位提出不符合安全生产法律、法规和强制性标准规定的要求的;

②要求施工单位压缩合同约定的工期的;

③将拆除工程发包给不具有相应资质等级的施工单位的。

(4)违反本条例的规定,勘察单位、设计单位有下列行为之一的,责令限期改正,处 10 万元以上 30 万元以下的罚款;情节严重的,责令停业整顿,降低资质等级,直至吊销资质证书;造成重大安全事故,构成犯罪的,对直接责任人员,依照刑法有关规定追究刑事责任;造成损失的,依法承担赔偿责任:

①未按照法律、法规和工程建设强制性标准进行勘察、设计的;

②采用新结构、新材料、新工艺的建设工程和特殊结构的建设工程,设计单位未在设计中提出保障施工作业人员安全和预防生产安全事故的措施建议的。

(5)违反本条例的规定,工程监理单位有下列行为之一的,责令限期改正;逾期未改正的,责令停业整顿,并处 10 万元以上 30 万元以下的罚款;情节严重的,降低资质等级,直至吊销资质证书;造成重大安全事故,构成犯罪的,对直接责任人员,依照刑法有关规定追究刑事责任;造成损失的,依法承担赔偿责任:

①未对施工组织设计中的安全技术措施或者专项施工方案进行审查的;

②发现安全事故隐患未及时要求施工单位整改或者暂时停止施工的;

③施工单位拒不整改或者不停止施工,未及时向有关主管部门报告的;

④未依照法律、法规和工程建设强制性标准实施监理的。

(6)注册执业人员未执行法律、法规和工程建设强制性标准的,责令停止执业 3 个月以上 1 年以下;情节严重的,吊销执业资格证书,5 年内不予注册;造成重大安全事故的,终身不予注册;构成犯罪的,依照刑法有关规定追究刑事责任。

(7)违反本条例的规定,为建设工程提供机械设备和配件的单位,未按照安全施工的要求配备齐全有效的保险、限位等安全设施和装置的,责令限期改正,处合同价款 1 倍以上 3 倍以下的罚款;造成损失的,依法承担赔偿责任。

(8)违反本条例的规定,出租单位出租未经安全性能检测或者经检测不合格的机械设备和施工机具及配件的,责令停业整顿,并处 5 万元以上 10 万元以下的罚款;造成损失的,依法承担赔偿责任。

(9)违反本条例的规定,施工起重机械和整体提升脚手架、模板等自升式架设设施安装、拆卸单位有下列行为之一的,责令限期改正,处 5 万元以上 10 万元以下的罚款;情节严重的,责令停业整顿,降低资质等级,直至吊销资质证书;造成损失的,依法承担赔偿责任:

①未编制拆装方案、制定安全施工措施的;

②未由专业技术人员现场监督的;

③未出具自检合格证明或者出具虚假证明的;

④未向施工单位进行安全使用说明,办理移交手续的。

施工起重机械和整体提升脚手架、模板等自升式架设设施安装、拆卸单位有前款规定的第①项、第③项行为，经有关部门或者单位职工提出后，对事故隐患仍不采取措施，因而发生重大伤亡事故或者造成其他严重后果，构成犯罪的，对直接责任人员，依照刑法有关规定追究刑事责任。

(10)违反本条例的规定，施工单位有下列行为之一的，责令限期改正；逾期未改正的，责令停业整顿，依照《安全生产法》的有关规定处以罚款；造成重大安全事故，构成犯罪的，对直接责任人员，依照刑法有关规定追究刑事责任：

①未设立安全生产管理机构、配备专职安全生产管理人员或者分部分项工程施工时无专职安全生产管理人员现场监督的；

②施工单位的主要负责人、项目负责人、专职安全生产管理人员、作业人员或者特种作业人员，未经安全教育培训或者经考核不合格即从事相关工作的；

③未在施工现场的危险部位设置明显的安全警示标志，或者未按照国家有关规定在施工现场设置消防通道、消防水源，配备消防设施和灭火器材的；

④未向作业人员提供安全防护用具和安全防护服装的；

⑤未按照规定在施工起重机械和整体提升脚手架、模板等自升式架设设施验收合格后登记的；

⑥使用国家明令淘汰、禁止使用的危及施工安全的工艺、设备、材料的。

(11)违反本条例的规定，施工单位挪用列入建设工程概算的安全生产作业环境及安全施工措施所需费用的，责令限期改正，处挪用费用20%以上50%以下的罚款；造成损失的，依法承担赔偿责任。

(12)违反本条例的规定，施工单位有下列行为之一的，责令限期改正；逾期未改正的，责令停业整顿，并处5万元以上10万元以下的罚款；造成重大安全事故，构成犯罪的，对直接责任人员，依照刑法有关规定追究刑事责任：

①施工前未对有关安全施工的技术要求作出详细说明的；

②未根据不同施工阶段和周围环境及季节、气候的变化，在施工现场采取相应的安全施工措施，或者在城市市区内的建设工程的施工现场未实行封闭围挡的；

③在尚未竣工的建筑物内设置员工集体宿舍的；

④施工现场临时搭建的建筑物不符合安全使用要求的；

⑤未对因建设工程施工可能造成损害的毗邻建筑物、构筑物和地下管线等采取专项防护措施的。

施工单位有前款规定第④项、第⑤项行为，造成损失的，依法承担赔偿责任。

(13)违反本条例的规定，施工单位有下列行为之一的，责令限期改正；逾期未改正的，责令停业整顿，并处10万元以上30万元以下的罚款；情节严重的，降低资质等级，直至吊销资质证书；造成重大安全事故，构成犯罪的，对直接责任人员，依照刑法有关规定追究刑事责任；造成损失的，依法承担赔偿责任：

①安全防护用具、机械设备、施工机具及配件在进入施工现场前未经查验或者查验不合格即投入使用的；

②使用未经验收或者验收不合格的施工起重机械和整体提升脚手架、模板等自升式

架设设施的；

③委托不具有相应资质的单位承担施工现场安装、拆卸施工起重机械和整体提升脚手架、模板等自升式架设设施的；

④在施工组织设计中未编制安全技术措施、施工现场临时用电方案或者专项施工方案的。

(14)违反本条例的规定，施工单位的主要负责人、项目负责人未履行安全生产管理职责的，责令限期改正；逾期未改正的，责令施工单位停业整顿；造成重大安全事故、重大伤亡事故或者其他严重后果，构成犯罪的，依照刑法有关规定追究刑事责任。

作业人员不服管理、违反规章制度和操作规程冒险作业造成重大伤亡事故或者其他严重后果，构成犯罪的，依照刑法有关规定追究刑事责任。

施工单位的主要负责人、项目负责人有前款违法行为，尚不够刑事处罚的，处2万元以上20万元以下的罚款或者按照管理权限给予撤职处分；自刑罚执行完毕或者受处分之日起，5年内不得担任任何施工单位的主要负责人、项目负责人。

(15)施工单位取得资质证书后，降低安全生产条件的，责令限期改正；经整改仍未达到与其资质等级相适应的安全生产条件的，责令停业整顿，降低其资质等级直至吊销资质证书。

(16)本条例规定的行政处罚，由建设行政主管部门或者其他有关部门依照法定职权决定。

违反消防安全管理规定的行为，由公安消防机构依法处罚。

有关法律、行政法规对建设工程安全生产违法行为的行政处罚决定机关另有规定的，从其规定。

五、《建设工程质量管理条例》关于法律责任的规定

《建设工程质量管理条例》于2000年1月10日经国务院第25次常务会议通过，2000年1月30日实施。

(一)建设单位法律责任

(1)建设单位将建设工程发包给不具有相应资质等级的勘察、设计、施工单位或者委托给不具有相应资质等级的工程监理单位的，责令改正，处50万元以上100万元以下的罚款。

(2)建设单位将建设工程肢解发包的，责令改正，处工程合同价款0.5%以上1%以下的罚款；对全部或者部分使用国有资金的项目，并可以暂停项目执行或者暂停资金拨付。

(3)建设单位有下列行为之一的，责令改正，处20万元以上50万元以下的罚款：

①迫使承包方以低于成本的价格竞标的；

②任意压缩合理工期的；

③明示或者暗示设计单位或者施工单位违反工程建设强制性标准，降低工程质量的；

④施工图设计文件未经审查或者审查不合格，擅自施工的；

⑤建设项目必须实行工程监理而未实行工程监理的；

⑥未按照国家规定办理工程质量监督手续的；

⑦明示或者暗示施工单位使用不合格的建筑材料、建筑构配件和设备的；

⑧未按照国家规定将竣工验收报告、有关认可文件或者准许使用文件报送备案的。

(4)建设单位未取得施工许可证或者开工报告未经批准，擅自施工的，责令停止施工，限期改正，处工程合同价款1%以上2%以下的罚款。

(5)建设单位有下列行为之一的，责令改正，处工程合同价款2%以上4%以下的罚款；造成损失的，依法承担赔偿责任：

①未组织竣工验收，擅自交付使用的；

②验收不合格，擅自交付使用的；

③对不合格的建设工程按照合格工程验收的。

《建设工程质量管理条例》第五十九条规定：违反本条例规定，建设工程竣工验收后，建设单位未向建设行政主管部门或者其他有关部门移交建设项目档案的，责令改正，处1万元以上10万元以下的罚款。

(二)勘察、设计、施工、工程监理单位法律责任

(1)勘察、设计、施工、工程监理单位超越本单位资质等级承揽工程的，责令停止违法行为，对勘察、设计单位或者工程监理单位处合同约定的勘察费、设计费或者监理酬金1倍以上2倍以下的罚款；对施工单位处工程合同价款2%以上4%以下的罚款；可以责令停业整顿，降低资质等级；情节严重的，吊销资质证书；有违法所得的，予以没收。

未取得资质证书承揽工程的，予以取缔，依照上述规定处以罚款；有违法所得的，予以没收。

以欺骗手段取得资质证书承揽工程的，吊销资质证书，依照以上规定处以罚款；有违法所得的，予以没收。

(2)勘察、设计、施工、工程监理单位允许其他单位或者个人以本单位名义承揽工程的，责令改正，没收违法所得，对勘察、设计单位和工程监理单位处合同约定的勘察费、设计费和监理酬金1倍以上2倍以下的罚款；对施工单位处工程合同价款2%以上4%以下的罚款；可以责令停业整顿，降低资质等级；情节严重的，吊销资质证书。

(3)承包单位将承包的工程转包或者违法分包的，责令改正，没收违法所得，对勘察、设计单位处合同约定的勘察费、设计费25%以上50%以下的罚款；对施工单位处工程合同价款0.5%以上1%以下的罚款；可以责令停业整顿，降低资质等级；情节严重的，吊销资质证书。

工程监理单位转让工程监理业务的，责令改正，没收违法所得，处合同约定的监理酬金25%以上50%以下的罚款；可以责令停业整顿，降低资质等级；情节严重的，吊销资质证书。

(4)违反本条例规定，有下列行为之一的，责令改正，处10万元以上30万元以下的罚款：

①勘察单位未按照工程建设强制性标准进行勘察的；

②设计单位未根据勘察成果文件进行工程设计的；

③设计单位指定建筑材料、建筑构配件的生产厂、供应商的；

④设计单位未按照工程建设强制性标准进行设计的。

有上述所列行为，造成重大工程质量事故的，责令停业整顿，降低资质等级；情节严重的，吊销资质证书；造成损失的，依法承担赔偿责任。

(5)施工单位在施工中偷工减料的，使用不合格的建筑材料、建筑构配件和设备的，或者有不按照工程设计图纸或者施工技术标准施工的其他行为的，责令改正，处工程合同价款2%以上4%以下的罚款；造成建设工程质量不符合规定的质量标准的，负责返工、修理，并赔偿因此造成的损失；情节严重的，责令停业整顿，降低资质等级或者吊销资质证书。

(6)施工单位未对建筑材料、建筑构配件、设备和商品混凝土进行检验，或者未对涉及结构安全的试块、试件以及有关材料取样检测的，责令改正，处10万元以上20万元以下的罚款；情节严重的，责令停业整顿，降低资质等级或者吊销资质证书；造成损失的，依法承担赔偿责任。

(7)施工单位不履行保修义务或者拖延履行保修义务的，责令改正，处10万元以上20万元以下的罚款，并对在保修期内因质量缺陷造成的损失承担赔偿责任。

(8)工程监理单位有下列行为之一的，责令改正，处50万元以上100万元以下的罚款，降低资质等级或者吊销资质证书，有违法所得的，予以没收；造成损失的，承担连带赔偿责任：

①与建设单位或者施工单位串通，弄虚作假、降低工程质量的；

②将不合格的建设工程、建筑材料、建筑构配件和设备按照合格签字的。

(9)工程监理单位与被监理工程的施工承包单位以及建筑材料、建筑构配件和设备供应单位有隶属关系或者其他利害关系承担该项建设工程的监理业务的，责令改正，处5万元以上10万元以下的罚款，降低资质等级或者吊销资质证书；有违法所得的，予以没收。

(10)违反本条例规定，涉及建筑主体或者承重结构变动的装修工程，没有设计方案擅自施工的，责令改正，处50万元以上100万元以下的罚款；房屋建筑使用者在装修过程中擅自变动房屋建筑主体和承重结构的，责令改正，处5万元以上10万元以下的罚款。有上述所列行为，造成损失的，依法承担赔偿责任。

(三)其他相关部门人员法律责任

(1)发生重大工程质量事故隐瞒不报、谎报或者拖延报告期限的，对直接负责的主管人员和其他责任人员依法给予行政处分。

(2)供水、供电、供气、公安消防等部门或者单位明示或者暗示建设单位或者施工单位购买其指定的生产供应单位的建筑材料、建筑构配件和设备的，责令改正。

(3)注册建筑师、注册结构工程师、监理工程师等注册执业人员因过错造成质量事故的，责令停止执业1年；造成重大质量事故的，吊销执业资格证书，5年以内不予注册；情节特别恶劣的，终身不予注册。

(4)建设单位、设计单位、施工单位、工程监理单位违反国家规定，降低工程质量标准，造成重大安全事故，构成犯罪的，对直接责任人员依法追究刑事责任。

(5)国家机关工作人员在建设工程质量监督管理工作中玩忽职守、滥用职权、徇私舞弊，构成犯罪的，依法追究刑事责任；尚不构成犯罪的，依法给予行政处分。

(6)建设、勘察、设计、施工、工程监理单位的工作人员因调动工作、退休等原因离开该单位后，被发现在该单位工作期间违反国家有关建设工程质量管理规定，造成重大工程质量事故的，仍应当依法追究法律责任。

六、《建设工程勘察设计管理条例》关于法律责任的规定

《建设工程勘察设计管理条例》于2000年9月20日由国务院第31次常务会议通过，2000年9月25日实施。《建设工程勘察设计管理条例》包括四十五条，分别对勘察设计的资质资格管理、建设工程勘察设计发包与承包、建设工程勘察设计文件的编制与实施作出了规定。

(1)违反本条例第八条规定(建设工程勘察、设计单位应当在其资质等级许可的范围内承揽建设工程勘察、设计业务。禁止建设工程勘察、设计单位超越其资质等级许可的范围或者以其他建设工程勘察、设计单位的名义承揽建设工程勘察、设计业务。禁止建设工程勘察、设计单位允许其他单位或者个人以本单位的名义承揽建设工程勘察、设计业务)的，责令停止违法行为，处合同约定的勘察费、设计费1倍以上2倍以下的罚款，有违法所得的，予以没收；可以责令停业整顿，降低资质等级；情节严重的，吊销资质证书。

未取得资质证书承揽工程的，予以取缔，依照前款规定处以罚款；有违法所得的，予以没收。以欺骗手段取得资质证书承揽工程的，吊销资质证书，依照本条第一款规定处以罚款；有违法所得的，予以没收。

(2)违反本条例规定，未经注册，擅自以注册建设工程勘察、设计人员的名义从事建设工程勘察、设计活动的，责令停止违法行为，没收违法所得，处违法所得2倍以上5倍以下罚款；给他人造成损失的，依法承担赔偿责任。

(3)违反本条例规定，建设工程勘察、设计注册执业人员和其他专业技术人员未受聘于一个建设工程勘察、设计单位或者同时受聘于两个以上建设工程勘察、设计单位，从事建设工程勘察、设计活动的，责令停止违法行为，没收违法所得，处违法所得2倍以上5倍以下的罚款；情节严重的，可以责令停止执行业务或者吊销资格证书；给他人造成损失的，依法承担赔偿责任。

(4)违反本条例规定，发包方将建设工程勘察、设计业务发包给不具有相应资质等级的建设工程勘察、设计单位的，责令改正，处50万元以上100万元以下的罚款。

(5)违反本条例规定，建设工程勘察、设计单位将所承揽的建设工程勘察、设计转包的，责令改正，没收违法所得，处合同约定的勘察费、设计费25%以上50%以下的罚款，可以责令停业整顿，降低资质等级；情节严重的，吊销资质证书。

(6)违反本条例规定，有下列行为之一的，依照《建设工程质量管理条例》第六十三条的规定给予处罚：

①勘察单位未按照工程建设强制性标准进行勘察的；

②设计单位未根据勘察成果文件进行工程设计的；

③设计单位指定建筑材料、建筑构配件的生产厂、供应商的；

④设计单位未按照工程建设强制性标准进行设计的。

(7)本条例规定的责令停业整顿、降低资质等级和吊销资质证书、资格证书的行政处罚,由颁发资质证书、资格证书的机关决定;其他行政处罚,由建设行政主管部门或者其他有关部门依据法定职权范围决定。依照本条例规定被吊销资质证书的,由工商行政管理部门吊销其营业执照。

(8)国家机关工作人员在建设工程勘察、设计活动的监督管理工作中玩忽职守、滥用职权、徇私舞弊,构成犯罪的,依法追究刑事责任;尚不构成犯罪的,依法给予行政处分。

七、工程建设强制性条文关于法律责任的规定

《中华人民共和国标准化法》自 1989 年 4 月 1 日起施行。我国《标准化法》分为五章二十六条,分别对标准的制定、标准的实施作出了规定。依据《标准化法》,我国陆续发布了与工程建设标准有关的一系列行政法规、部门规章。其中主要有:

(1)《中华人民共和国标准化法实施条例》;

(2)《工程建设国家标准管理办法》;

(3)《工程建设行业标准管理办法》;

(4)《实施工程建设强制性标准监督规定》;

(5)其他行业的标准管理方法,如水利、交通、铁路等。

《标准化法》按照标准的级别不同,把标准分为国家标准、行业标准、地方标准和企业标准。根据《标准化法》的规定,国家标准、行业标准分为强制性标准和推荐性标准。根据《工程建设国家标准管理办法》的规定,下列工程建设国家标准属于强制性标准:

(1)工程建设勘察、规划、设计、施工(包括安装)及验收等通用的综合标准和重要的通用的质量标准;

(2)工程建设通用的有关安全、卫生和环境保护的标准;

(3)工程建设通用的术语、符号、代号、量与单位、建筑模数和制图方法标准;

(4)工程建设重要的通用试验、检验和评定方法等标准;

(5)工程建设重要的通用的信息技术标准;

(6)国家需要控制的其他工程建设通用的标准。

强制性标准以外的标准是推荐性标准。

(一)建设单位法律责任

建设单位有下列行为之一的,责令改正,并处以 20 万元以上 50 万元以下的罚款:①明示或者暗示施工单位使用不合格的建筑材料、建筑构配件和设备的;②明示或者暗示设计单位或者施工单位违反工程建设强制性标准,降低工程质量的。

(二)勘察、设计单位法律责任

勘察、设计单位违反工程建设强制性标准进行勘察、设计的,责令改正,并处以 10 万元以上 30 万元以下的罚款。

有上述行为,造成工程质量事故的,责令停业整顿,降低资质等级;情节严重的,吊销资质证书;造成损失的,依法承担赔偿责任。

(三)施工单位法律责任

施工单位违反工程建设强制性标准的,责令改正,处工程合同价款 2% 以上 4% 以下

的罚款;造成建设工程质量不符合规定的质量标准的,负责返工、修理,并赔偿因此造成的损失;情节严重的,责令停业整顿,降低资质等级或者吊销资质证书。

(四)工程监理单位法律责任

工程监理单位违反强制性标准规定,将不合格的建设工程以及建筑材料、建筑构配件和设备按照合格签字的,责令改正,处50万元以上100万元以下的罚款,降低资质等级或者吊销资质证书;有违法所得的,予以没收;造成损失的,承担连带赔偿责任。

(五)主管部门法律责任

建设行政主管部门和有关行政主管部门工作人员玩忽职守、滥用职权、营私舞弊的,给予行政处分;构成犯罪的,依法追究刑事责任。

(六)处罚规定

(1)违反工程建设强制性标准造成工程质量、安全隐患或者工程事故的,按照《建设工程质量管理条例》有关规定,对事故责任单位和责任人进行处罚。

(2)有关责令停业整顿、降低资质等级和吊销资质证书的行政处罚,由颁发资质证书的机关决定;其他行政处罚,由建设行政主管部门或者有关部门依照法定职权决定。

八、《劳动合同法》关于法律责任的规定

(1)用人单位直接涉及劳动者切身利益的规章制度违反法律、法规规定的,由劳动行政部门责令改正,给予警告;给劳动者造成损害的,应当承担赔偿责任。

(2)用人单位提供的劳动合同文本未载明本法规定的劳动合同必备条款或者用人单位未将劳动合同文本交付劳动者的,由劳动行政部门责令改正;给劳动者造成损害的,应当承担赔偿责任。

(3)用人单位自用工之日起超过1个月不满1年未与劳动者订立书面劳动合同的,应当向劳动者每月支付2倍的工资。

用人单位违反本法规定不与劳动者订立无固定期限劳动合同的,自应当订立无固定期限劳动合同之日起向劳动者每月支付2倍的工资。

(4)用人单位违反本法规定与劳动者约定试用期的,由劳动行政部门责令改正;违法约定的试用期已经履行的,由用人单位以劳动者试用期满月工资为标准,按已经履行的超过法定试用期的期间向劳动者支付赔偿金。

(5)用人单位违反本法规定,扣押劳动者居民身份证等证件的,由劳动行政部门责令限期退还劳动者本人,并依照有关法律规定给予处罚。用人单位违反本法规定,以担保或者其他名义向劳动者收取财物的,由劳动行政部门责令限期退还劳动者本人,并以每人500元以上2 000以下的标准处以罚款;给劳动者造成损害的,应当承担赔偿责任。劳动者依法解除或者终止劳动合同,用人单位扣押劳动者档案或者其他物品的,依照前款规定处罚。

(6)用人单位有下列情形之一的,由劳动行政部门责令限期支付劳动报酬、加班费或者经济补偿;劳动报酬低于当地最低工资标准的,应当支付其差额部分;逾期不支付的,责令用人单位按应付金额50%以上100%以下的标准向劳动者加付赔偿金:

①未按照劳动合同的约定或者国家规定及时足额支付劳动者劳动报酬的;

②低于当地最低工资标准支付劳动者工资的；

③安排加班不支付加班费的；

④解除或者终止劳动合同，未依照本法规定向劳动者支付经济补偿的。

(7)用人单位有下列情形之一的，依法给予行政处罚；构成犯罪的，依法追究刑事责任；给劳动者造成损害的，应当承担赔偿责任：

①以暴力、威胁或者非法限制人身自由的手段强迫劳动的；

②违章指挥或者强令冒险作业危及劳动者人身安全的；

③侮辱、体罚、殴打、非法搜查或者拘禁劳动者的；

④劳动条件恶劣、环境污染严重，给劳动者身心健康造成严重损害的。

(8)用人单位违反本法规定未向劳动者出具解除或者终止劳动合同的书面证明，由劳动行政部门责令改正；给劳动者造成损害的，应当承担赔偿责任。

(9)违反本法规定，未经许可，擅自经营劳务派遣业务的，由劳动行政部门责令停止违法行为，没收违法所得，并处违法所得 1 倍以上 5 倍以下的罚款；没有违法所得的，可以处 5 万元以下的罚款。

劳务派遣单位、用工单位违反本法有关劳务派遣规定的，由劳动行政部门责令限期改正；逾期不改正的，以每人 5 000 元以上 1 万元以下的标准处以罚款，对劳务派遣单位，吊销其劳务派遣业务经营许可证。用工单位给被派遣劳动者造成损害的，劳务派遣单位与用工单位承担连带赔偿责任。

(10)劳动行政部门和其他有关主管部门及其工作人员玩忽职守、不履行法定职责，或者违法行使职权，给劳动者或者用人单位造成损害的，应当承担赔偿责任；对直接负责的主管人员和其他直接责任人员，依法给予行政处分；构成犯罪的，依法追究刑事责任。

九、《建筑工程施工转包违法分包等违法行为认定查处管理办法(试行)》关于法律责任的规定

县级以上人民政府住房城乡建设主管部门对在实施建筑市场和施工现场监督管理等工作中发现的违法发包、转包、违法分包及挂靠等违法行为，应当依法进行调查，按照本办法进行认定，并依法予以行政处罚。

(1)对建设单位将工程发包给不具有相应资质等级的施工单位的，依据《建筑法》第六十五条和《建设工程质量管理条例》第五十四条规定，责令其改正，处以 50 万元以上 100 万元以下罚款。对建设单位将建设工程肢解发包的，依据《建筑法》第六十五条和《建设工程质量管理条例》第五十五条规定，责令其改正，处工程合同价款 0.5% 以上 1% 以下的罚款；对全部或者部分使用国有资金的项目，并可以暂停项目执行或者暂停资金拨付。

(2)对认定有转包、违法分包违法行为的施工单位，依据《建筑法》第六十七条和《建设工程质量管理条例》第六十二条规定，责令其改正，没收违法所得，并处工程合同价款 0.5% 以上 1% 以下的罚款；可以责令停业整顿，降低资质等级；情节严重的，吊销资质证书。

(3)对认定有挂靠行为的施工单位或个人，依据《建筑法》第六十五条和《建设工程质量管理条例》第六十条规定，对超越本单位资质等级承揽工程的施工单位，责令停止违法行为，并处工程合同价款 2% 以上 4% 以下的罚款；可以责令停业整顿，降低资质等级；情

节严重的，吊销资质证书；有违法所得的，予以没收。对未取得资质证书承揽工程的单位和个人，予以取缔，并处工程合同价款2%以上4%以下的罚款；有违法所得的，予以没收。对其他借用资质承揽工程的施工单位，按照超越本单位资质等级承揽工程予以处罚。

(4)对认定有转让、出借资质证书或者以其他方式允许他人以本单位的名义承揽工程的施工单位，依据《建筑法》第六十六条和《建设工程质量管理条例》第六十一条规定，责令改正，没收违法所得，并处工程合同价款2%以上4%以下的罚款；可以责令停业整顿，降低资质等级；情节严重的，吊销资质证书。

(5)对建设单位、施工单位给予单位罚款处罚的，依据《建设工程质量管理条例》第七十三条规定，对单位直接负责的主管人员和其他直接责任人员处单位罚款数额5%以上10%以下的罚款。

(6)对注册执业人员未执行法律法规的，依据《建设工程安全生产管理条例》第五十八条规定，责令其停止执业3个月以上1年以下；情节严重的，吊销执业资格证书，5年内不予注册；造成重大安全事故的，终身不予注册；构成犯罪的，依照刑法有关规定追究刑事责任。对注册执业人员违反法律法规规定，因过错造成质量事故的，依据《建设工程质量管理条例》第七十二条规定，责令停止执业1年；造成重大质量事故的，吊销执业资格证书，5年内不予注册；情节特别恶劣的，终身不予注册。

县级以上人民政府住房城乡建设主管部门对有违法发包、转包、违法分包及挂靠等违法行为的单位和个人，除应按照本办法第十三条规定予以相应行政处罚外，还可以采取以下行政管理措施：

(1)建设单位违法发包，拒不整改或者整改仍达不到要求的，致使施工合同无效的，不予办理质量监督、施工许可等手续。对全部或部分使用国有资金的项目，同时将建设单位违法发包的行为告知其上级主管部门及纪检监察部门，并建议对建设单位直接负责的主管人员和其他直接责任人员给予相应的行政处分。

(2)对认定有转包、违法分包、挂靠、转让出借资质证书或者以其他方式允许他人以本单位的名义承揽工程等违法行为的施工单位，可依法限制其在3个月内不得参加违法行为发生地的招标投标活动、承揽新的工程项目，并对其企业资质是否满足资质标准条件进行核查，对达不到资质标准要求的限期整改，整改仍达不到要求的，资质审批机关撤回其资质证书。

对2年内发生2次转包、违法分包、挂靠、转让出借资质证书或者以其他方式允许他人以本单位的名义承揽工程的施工单位，责令其停业整顿6个月以上，停业整顿期间，不得承揽新的工程项目。

对2年内发生3次以上转包、违法分包、挂靠、转让出借资质证书或者以其他方式允许他人以本单位的名义承揽工程的施工单位，资质审批机关降低其资质等级。

(3)注册执业人员未执行法律法规，在认定有转包行为的项目中担任施工单位项目负责人的，吊销其执业资格证书，5年内不予注册，且不得再担任施工单位项目负责人。

对认定有挂靠行为的个人，不得再担任该项目施工单位项目负责人；有执业资格证书的吊销其执业资格证书，5年内不予执业资格注册；造成重大质量安全事故的，吊销其执业资格证书，终身不予注册。

第四章　水利企业经理人刑事法律风险

第一节　刑法基本知识

《刑法》的适用范围如下：

凡在中华人民共和国领域内犯罪的，除法律有特别规定的以外，都适用本法。

凡在中华人民共和国船舶或者航空器内犯罪的，也适用本法。

犯罪的行为或者结果有一项发生在中华人民共和国领域内的，就认为是在中华人民共和国领域内犯罪。

中华人民共和国公民在中华人民共和国领域外犯本法规定之罪的适用本法，但是按本法规定的最高刑为3年以下有期徒刑的，可以不予追究。

中华人民共和国国家工作人员和军人在中华人民共和国领域外犯本法规定之罪的，适用本法。

外国人在中华人民共和国领域外对中华人民共和国国家或者公民犯罪，而按本法规定的最低刑为3年以上有期徒刑的，可以适用本法，但是按照犯罪地的法律不受处罚的除外。

凡在中华人民共和国领域外犯罪，依照本法应当负刑事责任的，虽然经过外国审判，仍然可以依照本法追究，但是在外国已经受过刑罚处罚的，可以免除或者减轻处罚。

享有外交特权和豁免权的外国人的刑事责任，通过外交途径解决。

一、犯罪概述

（一）犯罪

一切危害国家主权、领土完整和安全，分裂国家、颠覆人民民主专政的政权和推翻社会主义制度，破坏社会秩序和经济秩序，侵犯国有财产或者劳动群众集体所有的财产，侵犯公民私人所有的财产，侵犯公民的人身权利、民主权利和其他权利，以及其他危害社会的行为，依照法律应当受刑罚处罚的，都是犯罪，但是情节显著轻微危害不大的，不认为是犯罪。

明知自己的行为会发生危害社会的结果，并且希望或者放任这种结果发生，因而构成犯罪的，是故意犯罪。故意犯罪应当负刑事责任。应当预见自己的行为可能发生危害社会的结果，因为疏忽大意而没有预见，或者已经预见而轻信能够避免，以致发生这种结果的，是过失犯罪。过失犯罪，法律有规定的才负刑事责任。行为在客观上虽然造成了损害结果，但是不是出于故意或者过失，而是由于不能抗拒或者不能预见的原因所引起的，不是犯罪。

已满16周岁的人犯罪，应当负刑事责任。已满14周岁不满16周岁的人，犯故意杀人、故意伤害致人重伤或者死亡、强奸、抢劫、贩卖毒品、放火、爆炸、投毒罪的,应当负刑事责任。已满 14 周岁不满 18 周岁的人犯罪,应当从轻或者减轻处罚。因不满 16 周岁不予刑事处罚的,责令他的家长或者监护人加以管教。

精神病人在不能辨认或者不能控制自己行为的时候造成危害结果,经法定程序鉴定确认的,不负刑事责任,但是应当责令他的家属或者监护人严加看管和医疗;在必要的时候,由政府强制医疗。间歇性的精神病人在精神正常的时候犯罪,应当负刑事责任。尚未完全丧失辨认或者控制自己行为能力的精神病人犯罪的,应当负刑事责任,但是可以从轻或者减轻处罚。醉酒的人犯罪,应当负刑事责任。

又聋又哑的人或者盲人犯罪,可以从轻、减轻或者免除处罚。

为了使国家、公共利益、本人或者他人的人身、财产和其他权利免受正在进行的不法侵害,而采取的制止不法侵害的行为,对不法侵害人造成损害的,属于正当防卫,不负刑事责任。正当防卫明显超过必要限度造成重大损害的,应当负刑事责任,但是应当减轻或者免除处罚。对正在进行行凶、杀人、抢劫、强奸、绑架以及其他严重危及人身安全的暴力犯罪,采取防卫行为,造成不法侵害人伤亡的,不属于防卫过当,不负刑事责任。

为了使国家、公共利益、本人或者他人的人身、财产和其他权利免受正在发生的危险,不得已采取的紧急避险行为,造成损害的,不负刑事责任。紧急避险超过必要限度造成不应有的损害的,应当负刑事责任,但是应当减轻或者免除处罚。前述关于避免本人危险的规定,不适用于职务上、业务上负有特定责任的人。

(二)犯罪构成

犯罪是指具有社会危害性、刑事违法性并应受到刑事处罚的违法行为。犯罪构成则是指认定犯罪的具体法律标准,是我国刑法规定的某种行为构成犯罪所必须具备的主观要件和客观要件的总和。按照我国犯罪构成的一般理论,我国刑法规定的犯罪都必须具备犯罪客体、犯罪的客观方面、犯罪主体、犯罪的主观方面这四个共同要件。

1. 犯罪客体

犯罪客体是指我国刑法所保护的而被犯罪所侵害的社会关系。我国《刑法》第十三条和分则的规定,具体指明了刑法所保护的社会关系的种类。例如,《刑法》第一百三十七条规定的工程重大安全事故罪,侵害的是公共安全和国家有关工程建设管理的法律制度。

2. 犯罪的客观方面

犯罪的客观方面是指刑法所规定的构成犯罪在客观上必须具备的危害社会的行为和由这种行为所引起的危害社会的结果。该要件说明了犯罪客体在什么样的条件下,通过什么样的危害行为而受到什么样的侵害。因此,犯罪客观方面也是犯罪构成不可缺少的要件。

3. 犯罪主体

犯罪主体是指实施了犯罪行为,依法应当承担刑事责任的人。我国《刑法》对犯罪主体的规定包含了两种人:一种是达到刑事责任年龄,具有刑事责任能力,实施了犯罪行为的自然人;另一种是实施了犯罪行为的企业事业单位、国家机关、社会团体等单位。按照对犯罪主体是否有特定要求,又可分为一般主体和特殊主体。比如,贪污罪、挪用公款罪的犯罪主体只能是国家工作人员。

4.犯罪的主观方面

犯罪的主观方面是指犯罪主体对自己实施的危害社会行为及其结果所持的心理态度。根据我国《刑法》规定,一个人只有在故意或过失地实施某种危害社会的行为时,才负刑事责任。

(三)犯罪的预备、未遂和中止

为了犯罪,准备工具、制造条件的,是犯罪预备。对于预备犯,可以比照既遂犯从轻、减轻处罚或者免除处罚。

已经着手实行犯罪,由于犯罪分子意志以外的原因而未得逞的,是犯罪未遂。对于未遂犯,可以比照既遂犯从轻或者减轻处罚。

在犯罪过程中,自动放弃犯罪或者自动有效地防止犯罪结果发生的,是犯罪中止。对于中止犯,没有造成损害的,应当免除处罚;造成损害的,应当减轻处罚。

(四)共同犯罪

共同犯罪是指二人以上共同故意犯罪。二人以上共同过失犯罪,不以共同犯罪论处;应当负刑事责任的,按照他们所犯的罪分别处罚。

组织、领导犯罪集团进行犯罪活动的或者在共同犯罪中起主要作用的是主犯。3 人以上为共同实施犯罪而组成的较为固定的犯罪组织是犯罪集团。对组织、领导犯罪集团的首要分子,按照集团所犯的全部罪行处罚。

在共同犯罪中起次要或者辅助作用的是从犯。对于从犯,应当从轻、减轻处罚或者免除处罚。

对于被胁迫参加犯罪的,应当按照他的犯罪情节减轻处罚或者免除处罚。

教唆他人犯罪的,应当按照他在共同犯罪中所起的作用处罚。教唆不满 18 周岁的人犯罪的,应当从重处罚。如果被教唆的人没有犯被教唆的罪,对于教唆犯,可以从轻或者减轻处罚。

(五)单位犯罪

公司、企业、事业单位、机关、团体实施的危害社会的行为,法律规定为单位犯罪的,应当负刑事责任。

单位犯罪的,对单位判处罚金,并对其直接负责的主管人员和其他直接责任人员判处刑罚。

二、刑罚

刑事责任是指犯罪主体因违反刑法的规定,实施了犯罪行为时所应承担的法律责任。它是法律责任中最强烈、最为严厉的一种,只能由国家审判机关依法予以追究。刑事责任的承担方式主要是刑事处罚,也包括一些非刑罚的处罚方法。根据《刑法》第三十二条规定,刑罚分为主刑和附加刑。主刑只能单独适用,不能附加适用。一个罪只能适用一个主刑,不能同时适用两个以上主刑。有些刑事责任可以根据犯罪的具体情况而免除刑事处罚。对免除刑事处罚的罪犯,有关部门可以根据法律的规定使其承担其他种类法律责任,如对贪污犯可以给予开除公职的行政处分等。

(一)刑罚的种类

刑罚分为主刑和附加刑。

主刑的种类包括：

(1)管制；

(2)拘役；

(3)有期徒刑；

(4)无期徒刑；

(5)死刑。

附加刑的种类包括：

(1)罚金。是人民法院判处犯罪分子向国家交纳一定数额金钱的刑罚方法。

(2)剥夺政治权利。是指剥夺犯罪人参加管理国家和政治活动的权利的刑罚方法。

(3)没收财产。是将犯罪人所有财产的一部分或者全部强制无偿收归国有的刑罚方法。没收财产与没收犯罪物品有本质区别,没收财产是没收犯罪人合法所有并且没有用于犯罪的财产。

附加刑可以与主刑合并适用,也可以独立适用。

由于犯罪行为而使被害人遭受经济损失的,对犯罪分子除依法给予刑事处罚外,并应根据情况判处赔偿经济损失。承担民事赔偿责任的犯罪分子,同时被判处罚金,其财产不足以全部支付的,或者被判处没收财产的,应当先承担对被害人的民事赔偿责任。

对于犯罪情节轻微不需要判处刑罚的,可以免予刑事处罚,但是可以根据案件的不同情况,予以训诫或者责令具结悔过、赔礼道歉、赔偿损失,或者由主管部门予以行政处罚或者行政处分。

1. 管制

管制是对罪犯不予关押,但限制其一定自由,由公安机关执行和群众监督改造的刑罚方法。管制的期限为3个月以上2年以下。被判处管制的犯罪分子,由公安机关执行。

被判处管制的犯罪分子,在执行期间,应当遵守下列规定：

(1)遵守法律、行政法规,服从监督；

(2)未经执行机关批准,不得行使言论、出版、集会、结社、游行、示威自由的权利；

(3)按照执行机关规定报告自己的活动情况；

(4)遵守执行机关关于会客的规定；

(5)离开所居住的市、县或者迁居,应当报经执行机关批准。

对于被判处管制的犯罪分子,在劳动中应当同工同酬。

管制的刑期,从判决执行之日起计算;判决执行以前先行羁押的,羁押1日折抵刑期2日。被判处管制的犯罪分子,管制期满,执行机关应即向本人和其所在单位或者居住地的群众宣布解除管制。

2. 拘役

拘役是短期剥夺犯罪人自由,就近实行劳动的刑罚方法。拘役的期限为1个月以上6个月以下,数罪并罚时不得超过1年。被判处拘役的犯罪分子,由公安机关就近执行。在执行期间,被判处拘役的犯罪分子每月可以回家1~2天;参加劳动的,可以酌量发给报酬。

拘役的刑期，从判决执行之日起计算；判决执行以前先行羁押的，羁押 1 日折抵刑期 1 日。

3. 有期徒刑、无期徒刑

有期徒刑是剥夺犯罪人一定期限的自由，实行强制劳动改造的刑罚方法。有期徒刑的犯罪人拘押于监狱或其他执行场所。有期徒刑的期限，除《刑法》第五十条、第六十九条规定外，为 6 个月以上 15 年以下，数罪并罚时不得超过 20 年。

无期徒刑是剥夺犯罪人终身自由，实行强迫劳动改造的刑罚方法。对于被判处无期徒刑的犯罪分子，应当附加剥夺政治权利终身。而对于被判处管制、拘役、有期徒刑的犯罪分子，不是必须附加剥夺政治权利。

被判处有期徒刑、无期徒刑的犯罪分子在监狱或者其他执行场所执行；凡有劳动能力的，都应当参加劳动，接受教育和改造。

有期徒刑的刑期，从判决执行之日起计算；判决执行以前先行羁押的，羁押 1 日折抵刑期 1 日。所谓判决执行之日，是指人民法院签发执行通知书之日。

4. 死刑

死刑是剥夺犯罪人生命的刑罚方法，包括立即执行与缓期 2 年执行两种情况。死刑是刑法体系中最为严厉的刑罚方法。死刑只适用于罪行极其严重的犯罪分子。对于应当判处死刑的犯罪分子，如果不是必须立即执行的，可以判处死刑同时宣告缓期 2 年执行。死刑除依法由最高人民法院判决的以外，都应当报请最高人民法院核准。死刑缓期执行的，可以由高级人民法院判决或者核准。

犯罪的时候不满 18 周岁的人和审判的时候怀孕的妇女，不适用死刑。

判处死刑缓期执行的，在死刑缓期执行期间，如果没有故意犯罪，2 年期满以后，减为无期徒刑；如果确有重大立功表现，2 年期满以后，减为 15 年以上 20 年以下有期徒刑；如果故意犯罪，查证属实的，由最高人民法院核准，执行死刑。

死刑缓期执行的期间，从判决确定之日起计算。死刑缓期执行减为有期徒刑的刑期，从死刑缓期执行期满之日起计算。

5. 罚金

判处罚金应当根据犯罪情节决定罚金数额。罚金在判决指定的期限内一次或者分期交纳。期满不交纳的，强制交纳。对于不能全部交纳罚金的，人民法院在任何时候发现被执行人有可以执行的财产，应当随时追缴。如果由于遭遇不能抗拒的灾祸交纳确实有困难的，可以酌情减少或者免除。

6. 剥夺政治权利

剥夺政治权利是剥夺下列权利：

（1）选举权和被选举权；

（2）言论、出版、集会、结社、游行、示威自由的权利；

（3）担任国家机关职务的权利；

（4）担任国有公司、企业、事业单位和人民团体领导职务的权利。

剥夺政治权利的期限，除《刑法》第五十七条规定外，为 1 年以上 5 年以下。判处管制附加剥夺政治权利的，剥夺政治权利的期限与管制的期限相等，同时执行。

对于危害国家安全的犯罪分子应当附加剥夺政治权利；对于故意杀人、强奸、放火、爆炸、投毒、抢劫等严重破坏社会秩序的犯罪分子，可以附加剥夺政治权利。独立适用剥夺政治权利的，依照刑法分则的规定。

对于被判处死刑、无期徒刑的犯罪分子，应当剥夺政治权利终身。在死刑缓期执行减为有期徒刑或者无期徒刑减为有期徒刑的时候，应当把附加剥夺政治权利的期限改为3年以上10年以下。

附加剥夺政治权利的刑期，从徒刑、拘役执行完毕之日或者从假释之日起计算；剥夺政治权利的效力当然施用于主刑执行期间。

被剥夺政治权利的犯罪分子，在执行期间，应当遵守法律、行政法规和国务院公安部门有关监督管理的规定，服从监督；不得行使刑法第五十四条规定的各项权利。

7. 没收财产

没收财产是没收犯罪分子个人所有财产的一部或者全部。没收全部财产的，应当对犯罪分子个人及其扶养的家属保留必需的生活费用。在判处没收财产的时候，不得没收属于犯罪分子家属所有或者应有的财产。

没收财产以前犯罪分子所负的正当债务，需要以没收的财产偿还的，经债权人请求，应当偿还。

（二）刑罚的具体运用

1. 量刑

对犯罪分子决定刑罚的时候，应当根据犯罪的事实、犯罪的性质、情节和对社会的危害程度，依照刑法的有关规定判处。

犯罪分子具有刑法规定的从重处罚、从轻处罚情节的，应当在法定刑的限度以内判处刑罚。犯罪分子具有刑法规定的减轻处罚情节的，应当在法定刑以下判处刑罚。

犯罪分子虽然不具有刑法规定的减轻处罚情节，但是根据案件的特殊情况，经最高人民法院核准，也可以在法定刑以下判处刑罚。

犯罪分子违法所得的一切财物，应当予以追缴或者责令退赔；对被害人的合法财产，应当及时返还；违禁品和供犯罪所用的本人财物，应当予以没收。没收的财物和罚金，一律上缴国库，不得挪用和自行处理。

2. 累犯

被判处有期徒刑以上刑罚的犯罪分子，刑罚执行完毕或者赦免以后，在5年以内再犯应当判处有期徒刑以上刑罚之罪的，是累犯，应当从重处罚，但是过失犯罪除外。

以上规定的期限，对于被假释的犯罪分子，从假释期满之日起计算。

危害国家安全的犯罪分子在刑罚执行完毕或者赦免以后，在任何时候再犯危害国家安全罪的，都以累犯论处。

3. 自首和立功

犯罪以后自动投案，如实供述自己的罪行的，是自首。对于自首的犯罪分子，可以从轻或者减轻处罚。其中，犯罪较轻的，可以免除处罚。被采取强制措施的犯罪嫌疑人、被告人和正在服刑的罪犯，如实供述司法机关还未掌握的本人其他罪行的，以自首论。

犯罪分子有揭发他人犯罪行为，查证属实的，或者提供重要线索，从而得以侦破其他案件等立功表现的，可以从轻或者减轻处罚；有重大立功表现的，可以减轻或者免除处罚。犯罪后自首又有重大立功表现的，应当减轻或者免除处罚。

4. 数罪并罚

判决宣告以前一人犯数罪的，除判处死刑和无期徒刑的以外，应当在总和刑期以下、数刑中最高刑期以上，酌情决定执行的刑期，但是管制最高不能超过3年，拘役最高不能超过1年，有期徒刑最高不能超过20年。如果数罪中有判处附加刑的，附加刑仍须执行。

判决宣告以后，刑罚执行完毕以前，发现被判刑的犯罪分子在判决宣告以前还有其他罪没有判决的，应当对新发现的罪作出判决，把前后两个判决所判处的刑罚，依照刑法第六十九条的规定，决定执行的刑罚。已经执行的刑期，应当计算在新判决决定的刑期以内。

判决宣告以后，刑罚执行完毕以前，被判刑的犯罪分子又犯罪的，应当对新犯的罪作出判决，把前罪没有执行的刑罚和后罪所判处的刑罚，依照刑法第六十九条的规定，决定执行的刑罚。

5. 缓刑

对于被判处拘役、3年以下有期徒刑的犯罪分子，根据犯罪分子的犯罪情节和悔罪表现，适用缓刑确实不致再危害社会的，可以宣告缓刑。被宣告缓刑的犯罪分子，如果被判处附加刑，附加刑仍须执行。

拘役的缓刑考验期限为原判刑期以上1年以下，但是不能少于2个月。有期徒刑的缓刑考验期限为原判刑期以上5年以下，但是不能少于1年。缓刑考验期限，从判决确定之日起计算。

对于累犯，不适用缓刑。

被宣告缓刑的犯罪分子，应当遵守下列规定：

(1)遵守法律、行政法规，服从监督；

(2)按照考察机关的规定报告自己的活动情况；

(3)遵守考察机关关于会客的规定；

(4)离开所居住的市、县或者迁居，应当报经考察机关批准。

被宣告缓刑的犯罪分子，在缓刑考验期限内，由公安机关考察，所在单位或者基层组织予以配合，如果没有刑法第七十七条规定的情形，缓刑考验期满，原判的刑罚就不再执行，并公开予以宣告。

被宣告缓刑的犯罪分子，在缓刑考验期限内犯新罪或者发现判决宣告以前还有其他罪没有判决的，应当撤销缓刑，对新犯的罪或者新发现的罪作出判决，把前罪和后罪所判处的刑罚，依照刑法第六十九条的规定，决定执行的刑罚。被宣告缓刑的犯罪分子，在缓刑考验期限内，违反法律、行政法规或者国务院公安部门有关缓刑的监督管理规定，情节严重的，应当撤销缓刑，执行原判刑罚。

6. 减刑

被判处管制、拘役、有期徒刑、无期徒刑的犯罪分子，在执行期间，如果认真遵守监规，接受教育改造，确有悔改表现的，或者有立功表现的，可以减刑；有下列重大立功表现之一的，应当减刑：

(1)阻止他人重大犯罪活动的；

(2)检举监狱内外重大犯罪活动，经查证属实的；

(3)有发明创造或者重大技术革新的；

(4)在日常生产、生活中舍己救人的；

(5)在抗御自然灾害或者排除重大事故中，有突出表现的；

(6)对国家和社会有其他重大贡献的。

减刑以后实际执行的刑期，判处管制、拘役、有期徒刑的，不能少于原判刑期的1/2；判处无期徒刑的，不能少于10年。

对犯罪分子的减刑，由执行机关向中级以上人民法院提出减刑建议书。人民法院应当组成合议庭进行审理，对确有悔改或者立功事实的，裁定予以减刑。非经法定程序不得减刑。

无期徒刑减为有期徒刑的刑期，从裁定减刑之日起计算。

7. 假释

被判处有期徒刑的犯罪分子，执行原判刑期1/2以上，被判处无期徒刑的犯罪分子，实际执行10年以上，如果认真遵守监规，接受教育改造，确有悔改表现，假释后不致再危害社会的，可以假释。如果有特殊情况，经最高人民法院核准，可以不受上述执行刑期的限制。

对累犯以及因杀人、爆炸、抢劫、强奸、绑架等暴力性犯罪被判处10年以上有期徒刑、无期徒刑的犯罪分子，不得假释。

对于犯罪分子的假释，依照刑法第七十九条规定的程序进行。非经法定程序不得假释。

有期徒刑的假释考验期限，为没有执行完毕的刑期；无期徒刑的假释考验期限为10年。假释考验期限，从假释之日起计算。

被宣告假释的犯罪分子，应当遵守下列规定：

(1)遵守法律、行政法规，服从监督；

(2)按照监督机关的规定报告自己的活动情况；

(3)遵守监督机关关于会客的规定；

(4)离开所居住的市县或者迁居应当报经监督机关批准。

被假释的犯罪分子，在假释考验期限内，由公安机关予以监督，如果没有刑法第八十六条规定的情形，假释考验期满，就认为原判刑罚已经执行完毕，并公开予以宣告。

被假释的犯罪分子，在假释考验期限内犯新罪，应当撤销假释，依照刑法第七十一条的规定实行数罪并罚。

在假释考验期限内，发现被假释的犯罪分子在判决宣告以前还有其他罪没有判决的，应当撤销假释，依照刑法第七十条的规定实行数罪并罚。

被假释的犯罪分子，在假释考验期限内，有违反法律、行政法规或者国务院公安部门有关假释的监督管理规定的行为，尚未构成新的犯罪的，应当依照法定程序撤销假释，收监执行未执行完毕的刑罚。

8. 时效

犯罪经过下列期限不再追诉：

（1）法定最高刑为不满5年有期徒刑的，经过5年。

（2）法定最高刑为5年以上不满10年有期徒刑的，经过10年。

（3）法定最高刑为10年以上有期徒刑的，经过15年。

（4）法定最高刑为无期徒刑、死刑的，经过20年。如果20年以后认为必须追诉的，须报请最高人民检察院核准。

在人民检察院、公安机关、国家安全机关立案侦查或者在人民法院受理案件以后，逃避侦查或者审判的，不受追诉期限的限制。被害人在追诉期限内提出控告，人民法院、人民检察院、公安机关应当立案而不予立案的，不受追诉期限的限制。

追诉期限从犯罪之日起计算；犯罪行为有连续或者继续状态的，从犯罪行为终了之日起计算。在追诉期限以内又犯罪的，前罪追诉的期限从犯后罪之日起计算。

三、其他刑法基本知识

（1）刑法所称公共财产，是指下列财产：

①国有财产；

②劳动群众集体所有的财产；

③用于扶贫和其他公益事业的社会捐助或者专项基金的财产。

在国家机关、国有公司、企业、集体企业和人民团体管理、使用或者运输中的私人财产，以公共财产论。

（2）刑法所称公民私人所有的财产，是指下列财产：

①公民的合法收入、储蓄、房屋和其他生活资料；

②依法归个人、家庭所有的生产资料；

③个体户和私营企业的合法财产；

④依法归个人所有的股份、股票、债券和其他财产。

（3）刑法所称国家工作人员，是指国家机关中从事公务的人员。国有公司、企业、事业单位、人民团体中从事公务的人员和国家机关、国有公司、企业、事业单位委派到非国有公司、企业、事业单位、社会团体从事公务的人员，以及其他依照法律从事公务的人员，以国家工作人员论。

（4）刑法所称重伤，是指有下列情形之一的伤害：

①使人肢体残废或者毁人容貌的；

②使人丧失听觉、视觉或者其他器官机能的；

③其他对人身健康有重大伤害的。

（5）刑法所称告诉才处理，是指被害人告诉才处理。如果被害人因受强制、威吓无法告诉的，人民检察院和被害人的近亲属也可以告诉。

（6）刑法所称以上、以下、以内，包括本数。

第二节　水利企业经理人常见刑事犯罪

现在越来越多的水利企业家和职业经理人开始关注执业刑事法律风险这个问题,关注的原因一是近年来工程建设领域职务犯罪高发,二是有很多人并不知道自己触及了法律的警戒线而被追究了刑事责任,三是在我国目前的环境下,除犯罪主体本身有目的地采用犯罪手段获取非法利益外,还经常会处于被对手虎视眈眈、意欲将自己置于犯罪境地的情况。因此,进行经济活动时,在一些问题上要有强烈的防范意识。水利企业经理人在企业设立、治理、生产经营、企业用工、知识产权管理、国企改制、融资并购、企业解散、税务管理中,都会遇到刑事法律风险。据不完全统计,我国刑法涉及企业及相关责任人员的罪名共有一百四十余个。涉及的罪名包括:虚假出资、抽逃出资罪,职务侵占罪,贪污罪,挪用资金罪,工程重大安全事故罪,受贿罪,行贿罪,贪污罪,签订、履行合同失职被骗罪,强迫职工劳动罪,私分国有资产罪,擅自发行股票、企业债券罪,妨害清算罪,偷税逃税罪等。作为经理人,重视法律最重要的不在于专门学习法律、懂法律,而是要有强烈的法律意识,避免出现问题,避免出现不该发生的后果。以下结合实际情况,精选重要的、发生概率比较高的犯罪问题进行解读。

一、贪污罪

(一)刑法条文

《刑法》第三百八十二条规定,国家工作人员利用职务上的便利,侵吞、窃取、骗取或者以其他手段非法占有公共财物的,是贪污罪。

受国家机关、国有公司、企业、事业单位、人民团体委托管理、经营国有财产的人员,利用职务上的便利,侵吞、窃取、骗取或者以其他手段非法占有国有财物的,以贪污论。

与前两款所列人员勾结,伙同贪污的,以共犯论处。

(二)贪污罪解读

贪污罪是国家工作人员利用职务上的便利,侵吞、窃取、骗取或者以其他手段非法占有公共财物的行为。

构成贪污罪必须具备以下四个要件:

(1)主体是特殊主体,专指国家工作人员,这里所说的国家工作人员包括:在国家机关中从事公务的国家工作人员,在国有公司、企业、事业单位和人民团体中从事公务的人员,受国有单位委派到非国有单位中从事公务的人员,其他依照法律从事公务的人员;

(2)客体是国家工作人员职务行为的廉洁性和公共财产;

(3)主观方面是故意,具有非法占有公共财物的目的;

(4)客观方面表现为利用职务上的便利,侵吞、窃取、骗取或者以其他手段非法占有公共财物。

贪污罪的起刑点一般为 5 000 元。《刑法》第三百八十三条规定,对犯贪污罪的,根据情节轻重,分别依照下列规定处罚:

(1)个人贪污数额在 10 万元以上的,处 10 年以上有期徒刑或者无期徒刑,可以并处没收财产;情节特别严重的,处死刑,并处没收财产。

(2)个人贪污数额在5万元以上不满10万元的,处5年以上有期徒刑,可以并处没收财产;情节特别严重的,处无期徒刑,并处没收财产。

(3)个人贪污数额在5 000元以上不满5万元的,处1年以上7年以下有期徒刑;情节严重的,处7年以上10年以下有期徒刑。个人贪污数额在5 000元以上不满1万元,犯罪后有悔改表现、积极退赃的,可以减轻处罚或者免予刑事处罚,由其所在单位或者上级主管机关给予行政处分。

(4)个人贪污数额不满5 000元,情节较重的,处2年以下有期徒刑或者拘役;情节较轻的,由其所在单位或者上级主管机关酌情给予行政处分。

对多次贪污未经处理的,按照累计贪污数额处罚。

二、挪用公款罪

(一)刑法条文

《刑法》第三百八十四条规定,国家工作人员利用职务上的便利,挪用公款归个人使用,进行非法活动的,或者挪用公款数额较大、进行营利活动的,或者挪用公款数额较大、超过3个月未还的,是挪用公款罪,处5年以下有期徒刑或者拘役;情节严重的,处5年以上有期徒刑。挪用公款数额巨大不退还的,处10年以上有期徒刑或者无期徒刑。

挪用用于救灾、抢险、防汛、优抚、扶贫、移民、救济款物归个人使用的,从重处罚。

(二)挪用公款罪解读

挪用公款罪是指国家工作人员,利用职务上的便利,挪用公款归个人使用,进行非法活动的,或者挪用公款数额较大、进行营利活动的,或者挪用数额较大、超过3个月未还的行为。

本罪的主体是特殊主体,即国家工作人员,这里所说的国家工作人员与前述贪污罪中国家工作人员的内涵、外延基本相同,同样具有特定性和公务(职务)性。构成挪用公款罪的国家工作人员包括:在国家机关中从事公务的国家工作人员,在国有公司、企事业单位和人民团体中从事公务的人员,受国有单位委派到非国有单位中从事公务的人员,其他依照法律从事公务的人员。

刑法规定犯本罪的,处5年以下有期徒刑或者拘役;情节严重(挪用公款数额巨大,或者数额虽未达到巨大,但挪用公款手段恶劣;多次挪用公款;因挪用公款严重影响生产、经营,造成严重损失等情形)的,处5年以上有期徒刑。挪用公款数额巨大(挪用公款15万元至20万元为数额巨大的起点)不退还的,处10年以上有期徒刑或者无期徒刑。挪用用于救灾、抢险、防汛、优抚、扶贫、移民、救济款物归个人使用的,从重处罚。

根据最高人民法院发布的《关于审理挪用公款案件具体应用法律若干问题的解释》(1998年5月9日施行)的规定,法院对挪用公款案量刑时会注意以下问题:

(1)挪用公款归个人使用,包括挪用者本人使用或者给他人使用。挪用公款给私有公司、私有企业使用的,属于挪用公款归个人使用。

(2)挪用正在生息或者需要支付利息的公款归个人使用,数额较大,超过3个月但在案发前全部归还本金的,可以从轻处罚或者免除处罚。给国家、集体造成的利息损失应予追缴。挪用公款数额巨大,超过3个月,案发前全部归还的,可以酌情从轻处罚。

(3)挪用公款数额较大,归个人进行营利活动的,构成挪用公款罪,不受挪用时间和是否归还的限制,典型的如挪用公款用于注册公司、企业等。在案发前部分或者全部归还本息的,可以从轻处罚;情节轻微的,可以免除处罚。挪用公款存入银行,用于集资,购买股票、国债等,属于挪用公款进行营利活动。所获取的利息、收益等违法所得,应当追缴,但不计入挪用公款的数额。

(4)挪用公款归个人使用,进行赌博、走私等非法活动的,构成挪用公款罪,不受数额较大和挪用时间的限制。

(5)挪用公款归个人使用,数额较大、进行营利活动的,或者数额较大、超过3个月未还的,以挪用公款1万元至3万元为数额较大的起点,以挪用公款15万元至20万元为数额巨大的起点。挪用公款情节严重,是指挪用公款数额巨大,或者数额虽未达到巨大,但挪用公款手段恶劣;多次挪用公款;因挪用公款严重影响生产、经营,造成严重损失等情形。挪用公款归个人使用,进行非法活动的,以挪用公款5 000元至1万元为追究刑事责任的数额起点。挪用公款5万元至10万元以上的,属于挪用公款归个人使用,进行非法活动,情节严重的情形之一。这里的"未还",是指案发前未还。如果挪用公款时间没有超过3个月,且不属于挪用公款进行非法或者营利活动的情形,就不构成挪用公款罪。

三、受贿罪与非国家工作人员受贿罪

(一)刑法条文

《刑法》第三百八十五条规定,国家工作人员利用职务上的便利,索取他人财物的,或者非法收受他人财物,为他人谋取利益的,是受贿罪。

国家工作人员在经济往来中,违反国家规定,收受各种名义的回扣、手续费,归个人所有的,以受贿论处。

《刑法》第三百八十六条规定,对犯受贿罪的,根据受贿所得数额及情节,依照本法第三百八十三条的规定处罚。索贿的从重处罚。

《刑法》第三百八十七条规定,国家机关、国有公司、企业、事业单位、人民团体,索取、非法收受他人财物,为他人谋取利益,情节严重的,对单位判处罚金,并对其直接负责的主管人员和其他直接责任人员,处5年以下有期徒刑或者拘役。

前款所列单位,在经济往来中,在账外暗中收受各种名义的回扣、手续费的,以受贿论,依照前款的规定处罚。

《刑法》第三百八十八条规定,国家工作人员利用本人职权或者地位形成的便利条件,通过其他国家工作人员职务上的行为,为请托人谋取不正当利益,索取请托人财物或者收受请托人财物的,以受贿论处。

国家工作人员的近亲属或者其他与该国家工作人员关系密切的人,通过该国家工作人员职务上的行为,或者利用该国家工作人员职权或者地位形成的便利条件,通过其他国家工作人员职务上的行为,为请托人谋取不正当利益,索取请托人财物或者收受请托人财物,数额较大或者有其他较重情节的,处3年以下有期徒刑或者拘役,并处罚金;数额巨大或者有其他严重情节的,处3年以上7年以下有期徒刑,并处罚金;数额特别巨大或者有其他特别严重情节的,处7年以上有期徒刑,并处罚金或者没收财产。

离职的国家工作人员或者其近亲属以及其他与其关系密切的人,利用该离职的国家工作人员原职权或者地位形成的便利条件实施前款行为的,依照前款的规定定罪处罚。

《刑法》第一百六十三条规定,公司、企业或者其他单位的工作人员利用职务上的便利,索取他人财物或者非法收受他人财物,为他人谋取利益,数额较大的,处5年以下有期徒刑或者拘役;数额巨大的,处5年以上有期徒刑,可以并处没收财产。

公司、企业或者其他单位的工作人员在经济来往中,利用职务上的便利,违反国家规定,收受各种名义的回扣、手续费,归个人所有的,依照前款的规定处罚。国有公司、企业中或者其他国有单位从事公务的人员和国有公司、企业或者其他国有单位委派到非国有公司、企业以及其他单位从事公务的人员有前两款行为的,依照本法第三百八十五条、第三百八十六条的规定定罪处罚。

(二)受贿罪解读

受贿罪,是指国家工作人员利用职务上的便利,索取他人财物,或者非法收受他人财物并为他人谋取利益的行为。

对犯受贿罪的行政机关工作人员,根据受贿所得数额及情节,依照《刑法》第三百八十三条的规定处罚。索贿的从重处罚。

构成受贿罪必须具备以下四个要件:

(1)主体是特殊主体,专指国家工作人员。若主体是单位,则构成单位受贿罪。

(2)客体是国家工作人员职务行为的廉洁性。

(3)主观方面是故意,具有非法占有他人财物的目的。

(4)客观方面表现为:一是利用职务上的便利,索取他人财物的行为(不以为他人谋取利益为前提)或者非法收受他人财物并为他人谋取利益(包括合法利益和非法利益)的行为;二是在经济往来中,违反国家规定,收受各种名义的回扣、手续费,归个人所有的;三是利用本人职权或者地位形成的便利条件,通过其他国家工作人员职务上的行为,为请托人谋取不正当利益,索取请托人财物或者收受请托人财物的行为;四是索贿、受贿所得数额在5 000元以上,或者索贿、受贿所得数额不到5 000元但情节严重的。

【案例4-1】

甲系国企公司老总,1998年向王某借钱3万元。2003年,王某所办建筑队希望免除罚款5万元,得到甲批准,王某当时就对甲说:"上次借给你的钱就不用还了,算我给你的感谢费。"但甲始终不置可否。2008年5月,甲因其他罪被抓获时,主动交待了借钱不还的事实。

问:甲的行为构成受贿罪吗?

解析:

受贿罪是国家工作人员利用职务上的便利,索取他人财物或者非法收受他人财物,为他人谋取利益的行为。甲利用职务便利非法收受他人财物,为他人谋取利益的行为构成受贿罪。

【案例 4-2】

乙的妻子在乡村小学教书,乙试图通过关系将其妻调往省水利厅直属小学,就请县水利局局长胡某给主管领导黄某打招呼,果然事成。事后,乙给胡某 2 万元钱,胡某将其中 1 万元给黄某,剩余部分自己收下。

问:胡某、黄某、乙的行为构成犯罪吗? 如构成,分别构成什么罪?

解析:

三人行为均构成犯罪。胡某构成受贿罪,黄某构成受贿罪,乙构成行贿罪。

胡某的行为不属于《刑法》规定的介绍贿赂罪,而属于斡旋受贿行为。《刑法》规定,介绍贿赂罪是指向国家工作人员介绍贿赂,情节严重的行为。斡旋受贿罪是国家工作人员利用本人职权或者地位形成的便利条件,通过其他国家工作人员职务上的行为,为请托人谋取不正当利益,索取请托人财物或者收受请托人财物的行为。另外,收受贿赂可以是在为他人谋取利益之前,也可以是在为他人谋取利益之后。

【案例 4-3】

丙为承包项目得到批准而给国企工程公司负责人李某 5 万元钱,希望在审批时多多关照。李某收过钱,点了点头。但事后,在公司班子会上,由于公司其他领导极力反对该项目,丙承包项目未获批准。

问:李某的行为构成受贿罪吗?

解析:

为他人谋取利益是否正当,所谋取利益是否实现,不影响受贿罪的成立。李某收受他人财物后,虽然没有为他人谋取到利益,但仍然构成受贿罪。

【案例 4-4】

甲系某市局领导之妻,甲让其夫安排下属在相同条件下优先核发好友陈某的项目许可申请,并要求不给予有违法行为的某企业行政处罚,事后陈某赠甲一辆价值 12 万元的轿车,某企业送甲 2 万元钱。

问:甲的行为构成受贿罪吗?

解析:

根据我国《刑法修正案(七)》的规定,我国新增了利用影响力受贿罪等新罪名,从 2009 年 10 月 16 日开始,国家工作人员或者其近亲属以及其他与其关系密切的人,利用国家工作人员职权或者地位形成的便利条件受贿的,司法机关将使用“利用影响力受贿罪”定罪处罚。《刑法修正案(七)》第十三条规定,在刑法第三百八十八条后增加一条作为第三百八十八条之一:国家工作人员的近亲属或者其他与该国家工作人员关系密切的人,通过该国家工作人员职务上的行为,或者利用该国家工作人员职权或者地位形成的便利条件，通过其他国家工作人员职务上的行为，为请托人谋取不正当利益，索取请托人财物或者收受请托人财物，数额较大或者有其他较重情节的，处3年以下有期徒刑或者拘役，并处罚金；数额巨大或者有其他严重情节的，处3年以上7年以下有期徒刑，并处罚金；数额特别巨大或者有其他特别严重情节的，处7年以上有期徒刑，并处罚金或者没收财产。离职的国家工作人员或者其近亲属以及其他与其关系密切的人，利用该离职的国家工作人员原职权或者地位形成的便利条件实施前款行为的，依照前款的规定定罪处罚。

根据司法实践，"不正当利益"是指谋取违反法律、法规、国家政策和国务院各部门规章规定的利益。在行为人不具备许可、处罚、就业、承包工程等条件时，通过给予国家工作人员财物谋取上述利益时，就是谋取不正当利益。本案例中，甲属于通过非正常程序谋取本来没有的不予处罚、优先审批、不合条件审批等利益，甲的行为成立犯罪。

【案例4-5】

王某案发前系中国某特级资质水利企业第20项目工程部经理。2003年4月，王某利用负责某项目工程的职务便利，在家中收受了江苏某集团公司北京分公司业务经理师某给予的好处费3万元。不久，王某以加快结算工程款为条件，向分包防水工程的山东某防腐防水公司项目经理龚某要求让利。为此，龚某于2003年11月及2004年5月，先后两次送给王某2万元和3万元。2006年8月18日，王某以提前返还4万元的维修保证金为条件，向龚某再次索要2万元，龚某向王某应允后，悄悄向检察机关举报此事。10天后王某按照约定收钱时被当场抓获。检察机关在查清王某的受贿事实后，以"非国家机关工作人员受贿罪"向法院提起公诉。法院审理后认为，王某身为公司工作人员，利用职务便利，索取并非法收受他人财物，为他人谋取利益，数额较大，其行为已构成非国家工作人员受贿罪，应予惩处。最终，法院以非国家工作人员受贿罪判处王某有期徒刑2年，在案扣押的8万元予以没收。

【案例4-6】

某一级资质水利企业在全国很多省份建筑市场备案，并在当地设立了工作机构，与很多同类企业、私营老板、包工头建立了"投标业务联系"。赵某系该企业分管投标业务的副经理，按照建设单位必须有公司负责人参加的要求，赵某经常作为公司代表到各地参与投标活动。每到一个地方，当地"投标合作方"都会全程提供服务，并在临走时给1 000～5 000元不等的"辛苦费"。后检察机关以受贿罪起诉赵某，认为赵某违反国家规定，账外收受佣金，累计受贿数额已触犯刑法，构成公司、企业人员受贿罪。

很多非国有的水利企业的负责人、各部门经理、项目经理等认为受贿罪离自己实在是太遥远了，简直是风马牛不相及。殊不知，我国刑法对水利企业相关人员利用从事经营管理公司业务上的便利收受他人财物的行为定性为"非国家工作人员受贿罪"。而在工程项目的建设过程中，一些分包企业、材料商等往往为了尽快拿到相应的工程、材料款项，对水利企业尤其是总包单位的项目经理等行贿，而后者一旦利欲熏心、来者不拒，结果只能是身陷囹圄。根据司法实践，非国家工作人员受贿罪中的"数额较大"是指1.5万元以上不满10万元，"数额巨大"是指10万元以上，因此可以看出本罪的起刑点并不高。

四、行贿罪与对非国家工作人员行贿罪

公关活动在商业活动中极为重要，多年来，建筑市场是个严重供过于求的市场，这种“狼多肉少”的供需关系，让一些水利企业靠打点各方关系，对国家工作人员、甲方代表、监理单位等通过送红包、给回扣、给购物卡等来争夺工程。但是，公关活动不当则会触犯刑法，单位或者行为人需承担相应的责任。公关活动中主要涉及的刑事风险是商业贿赂。我国法律规定的商业贿赂犯罪涉及以下 8 种罪名：

（1）非国家工作人员受贿罪；

（2）对非国家工作人员行贿罪；

（3）受贿罪；

（4）单位受贿罪；

（5）行贿罪；

（6）对单位行贿罪；

（7）介绍贿赂罪；

（8）单位行贿罪。

（一）刑法条文

《刑法》第三百八十九条规定，为谋取不正当利益，给予国家工作人员以财物的，是行贿罪。

在经济往来中，违反国家规定，给予国家工作人员以财物，数额较大的，或者违反国家规定，给予国家工作人员以各种名义的回扣、手续费的，以行贿论处。

因被勒索给予国家工作人员以财物，没有获得不正当利益的，不是行贿。

《刑法》第三百九十条规定，对犯行贿罪的，处 5 年以下有期徒刑或者拘役；因行贿谋取不正当利益，情节严重的，或者使国家利益遭受重大损失的，处 5 年以上 10 年以下有期徒刑；情节特别严重的，处 10 年以上有期徒刑或者无期徒刑，可以并处没收财产。

行贿人在被追诉前主动交待行贿行为的，可以减轻处罚或者免除处罚。

《刑法》第三百九十一条规定，为谋取不正当利益，给予国家机关、国有公司、企业、事业单位、人民团体以财物的，或者在经济往来中，违反国家规定，给予各种名义的回扣、手续费的，处 3 年以下有期徒刑或者拘役。

单位犯前款罪的，对单位判处罚金，并对其直接负责的主管人员和其他直接责任人员，依照前款的规定处罚。

《刑法》第一百六十四条规定，为谋取不正当利益，给予公司、企业的工作人员以财物，数额较大的，处 3 年以下有期徒刑或者拘役；数额巨大的，处 3 年以上 10 年以下有期徒刑，并处罚金。为谋取不正当商业利益，给予外国公职人员或者国际公共组织官员以财物的，依照前款的规定处罚。

单位犯前两款罪的，对单位判处罚金，并对其直接负责的主管人员和其他直接责任人员，依照第一款的规定处罚。

行贿人在被追诉前主动交待行贿行为的，可以减轻处罚或者免除处罚。

(二)行贿罪解读

本罪的客体,是国家工作人员职务行为的廉洁性。

本罪的客观方面,表现为行为人:

(1)为谋取不正当利益,给予国家工作人员以财物的行为;

(2)在经济往来中,违反国家规定,给予国家工作人员以财物,数额较大的;

(3)在经济往来中,违反国家规定,给予国家工作人员以各种名义的回扣、手续费的。

行为人因被勒索给予国家工作人员以财物,没有获得不正当利益的,不是行贿。

本罪的犯罪主体是一般主体,即达到刑事责任年龄并具有刑事责任能力的自然人。

本罪的主观方面,表现为故意。

对公司、企业人员行贿罪,对单位行贿罪,这两罪都跟行贿罪相似,仅仅是行贿对象有区别。行贿罪行贿的对象是国家工作人员,对非国家工作人员行贿的对象主要是公司、企业人员,对单位行贿的对象是国家机关、国有公司、企业、事业单位、人民团体。

(三)《最高人民检察院关于行贿罪立案标准》

2000 年 12 月出台的《最高人民检察院关于行贿罪立案标准》有如下规定:

(1)涉嫌下列情形之一的,应予立案:

①行贿数额在 1 万元以上的。

②行贿数额不满 1 万元,但具有下列情形之一的:为谋取非法利益而行贿的;向 3 人以上行贿的;向党政领导、司法工作人员、行政执法人员行贿的;致使国家或者社会利益遭受重大损失的。

因被勒索给予国家工作人员以财物,已获得不正当利益的,以行贿罪追究刑事责任。

(2)对单位行贿案。

对单位行贿罪是指为谋取不正当利益,给予国家机关、国有公司、企业、事业单位、人民团体以财物,或者在经济往来中,违反国家规定,给予上述单位各种名义的回扣、手续费的行为。

涉嫌下列情形之一的,应予立案:

①个人行贿数额在 10 万元以上、单位行贿数额在 20 万元以上的。

②个人行贿数额不满 10 万元、单位行贿数额在 10 万元以上不满 20 万元,但具有下列情形之一的:为谋取非法利益而行贿的;向 3 个以上单位行贿的;向党政机关、司法机关、行政执法机关行贿的;致使国家或者社会利益遭受重大损失的。

(3)单位行贿案。

单位行贿罪是指公司、企业、事业单位、机关、团体为谋取不正当利益而行贿,或者违反国家规定,给予国家工作人员以回扣、手续费,情节严重的行为。

涉嫌下列情形之一的,应予立案:

①单位行贿数额在 20 万元以上的。

②单位为谋取不正当利益而行贿,数额在 10 万元以上不满 20 万元,但具有下列情形之一的:为谋取非法利益而行贿的;向 3 人以上行贿的;向党政领导、司法工作人员、行政执法人员行贿的;致使国家或者社会利益遭受重大损失的。

因行贿取得的违法所得归个人所有的,依照本规定关于个人行贿的规定立案,追究其刑事责任。

(四)《最高人民法院　最高人民检察院关于办理行贿刑事案件具体应用法律若干问题的解释》

《最高人民法院　最高人民检察院关于办理行贿刑事案件具体应用法律若干问题的解释》(简称《司法解释》)共有13条司法解释,自2013年1月1日起施行。《司法解释》的出台,说明司法机关对行贿案件逐渐重视,这样有利于从行贿这个源头抓起,以遏制腐败。

(1)《司法解释》第一条明确规定,为谋取不正当利益,向国家工作人员行贿,数额在1万元以上的,应当依照刑法规定追究刑事责任。

(2)《司法解释》第二条明确规定,因行贿谋取不正当利益,具有下列情形之一的,应当认定为刑法第三百九十条第一款规定的"情节严重":

①行贿数额在20万元以上不满100万元的。

②行贿数额在10万元以上不满20万元,并具有下列情形之一的:向3人以上行贿的;将违法所得用于行贿的;为实施违法犯罪活动,向负有食品、药品、安全生产、环境保护等监督管理职责的国家工作人员行贿,严重危害民生、侵犯公众生命财产安全的;向行政执法机关、司法机关的国家工作人员行贿,影响行政执法和司法公正的。

③其他情节严重的情形。

"谋取不正当利益",《司法解释》认为,是指行贿人谋取的利益违反法律、法规、规章、政策规定,或者要求国家工作人员违反法律、法规、规章、政策、行业规范的规定,为自己提供帮助或者方便条件。违背公平、公正原则,在经济、组织人事管理等活动中,谋取竞争优势的。

(3)《司法解释》规定,多次行贿未经处理的,按照累计行贿数额处罚。行贿人谋取不正当利益的行为构成犯罪的,应当与行贿犯罪实行数罪并罚。

(4)《司法解释》规定,因行贿人在被追诉前主动交待行贿行为而破获相关受贿案件的,对行贿人不适用刑法第六十八条关于立功的规定,依照刑法第三百九十条第二款的规定,可以减轻或者免除处罚。

单位行贿的,在被追诉前,单位集体决定或者单位负责人决定主动交待单位行贿行为的,依照刑法第三百九十条第二款的规定,对单位及相关责任人员可以减轻处罚或者免除处罚;受委托直接办理单位行贿事项的直接责任人员在被追诉前主动交待自己知道的单位行贿行为的,对该直接责任人员可以依照刑法第三百九十条第二款的规定减轻处罚或者免除处罚。

(5)《司法解释》对从轻、减轻处罚作出了规定,行贿人被追诉后如实供述自己罪行的,依照刑法的规定,可以从轻处罚;因其如实供述自己罪行,避免特别严重后果发生的,可以减轻处罚。行贿人揭发受贿人与其行贿无关的其他犯罪行为,查证属实的,依照刑法关于立功的规定,可以从轻、减轻或者免除处罚。

(6)《司法解释》明确规定了行贿犯罪取得的不正当财产性利益应当依照刑法的规定予以追缴、责令退赔或者返还被害人。因行贿犯罪取得财产性利益以外的经营资格、资质或者职务晋升等其他不正当利益,建议有关部门依照相关规定予以处理。

五、滥用职权罪

《刑法》第三百九十七条规定：国家机关工作人员滥用职权或者玩忽职守，致使公共财产、国家和人民利益遭受重大损失的，处3年以下有期徒刑或者拘役；情节特别严重的，处3年以上7年以下有期徒刑。本法另有规定的，依照规定。国家机关工作人员徇私舞弊，犯前款罪的，处5年以下有期徒刑或者拘役；情节特别严重的，处5年以上10年以下有期徒刑。本法另有规定的，依照规定。

滥用职权罪是指国家机关工作人员违反职责要求，任意行使职权或者超越权限行使职权，致使公共财产、国家和人民利益遭受重大损失的行为。

构成滥用职权罪必须具备以下四个基本要件：

(1)主体是国家机关工作人员，单位不能构成本罪的主体；

(2)客体是公务职责的公正、勤勉性和国家机关的正常职能活动；

(3)主观方面是故意；

(4)客观方面表现为滥用职权致使公共财产、国家和人民利益遭受重大损失的行为。

六、玩忽职守罪

玩忽职守罪是指国家机关工作人员严重不负责任，不履行职责或者不正确履行职责，致使公共财产、国家和人民利益遭受重大损失的行为。

构成玩忽职守罪必须具备以下四个基本要件：

(1)主体是国家机关工作人员，单位不能构成本罪的主体；

(2)客体是公务职责的公正、勤勉性和国家机关的正常职能活动；

(3)主观方面是过失，即行为人应当预见到自己的行为会导致公共财产、国家和人民利益遭受重大损失，却由于疏忽大意没有预见到或者虽然预见到但自信能够避免；

(4)客观方面表现为不履行、不正确履行或者放弃履行职责，致使公共财产、国家和人民利益遭受重大损失的行为。

七、签订、履行合同失职被骗罪

(一)刑法条文

《刑法》第一百六十七条规定，国有公司、企业、事业单位直接负责的主管人员，在签订、履行合同过程中，因严重不负责任被诈骗，致使国家利益遭受重大损失的，处3年以下有期徒刑或者拘役；致使国家利益遭受特别重大损失的，处3年以上7年以下有期徒刑。

(二)签订、履行合同失职被骗罪解读

签订、履行合同失职被骗罪是指国有公司、企业、事业单位直接负责的主管人员，在签订、履行合同过程中，因严重不负责任被诈骗，致使国家和人民利益遭受重大损失的行为。

1.本罪的犯罪构成

本罪的客体是国有公司、企业、事业单位对合同的正常管理秩序和国家利益(或国有公司、企业、事业单位的财产权益和社会主义市场经济秩序)，是复杂客体。客观方面表现为在签订、履行合同过程中，因严重不负责任被诈骗，致使国家和人民利益遭受重大损

失的行为。本罪是从玩忽职守罪分离出来的，但其犯罪构成比以前更为严格，缩小了打击面。表现为：原来的玩忽职守罪只要不负责任造成严重后果即可；现在改为：严重不负责任，造成严重后果，并且要求是被诈骗。

本罪必须发生在签订、履行合同的过程中。国有公司、企业、事业单位直接负责的主管人员在签订、履行合同过程中的严重不负责任而被诈骗。行为人严重不负责任被诈骗，如不严格审查对方的主体资格；不仔细研究合同的条款内容；盲目轻信对方的意思表示，不履行合同应当具备的形式要件等。所谓严重不负责任，在这里是指不履行或者虽然履行但不是正确、认真地履行自己在合同签订、履行过程中应当履行的职责。其表观形式多种多样，如粗枝大叶、盲目轻信、不就对方当事人的合同主体资格、资信情况、履行能力等进行认真的咨询、调查、了解、审查；应当公证或者鉴证的不进行公证或鉴证；贪图个人私利，关心的不是标的质量、价格，而是从中得到多少回扣，捞到多少好处。捞到好处后，在质量上舍优求劣，在价格上舍低就高，在路途上舍近求远，在来源上舍公取私等；违规让售或赊购非滞销或是紧俏的商品；擅自越权做主签订、履行合同；急功近利，不辨真假，盲目吸引外资，上当受骗；违反规定为他人签订经济担保合同；发现合同无效或对方根本没有履行能力，仍不坚持自己应当拥有的合法权益，甚至撒手不管，听之任之，等等。如果并不存在严重不负责任的行为，或者虽有严重不负责任的行为但不是因此而被诈骗，即使有重大过失，亦不能以本罪论处。所谓被诈骗，是指他人出于非法占有的目的，在签订、履行合同的过程中，故意采用虚构事实或者隐瞒真相的手段，致使其发生错误的认识，从而导致公司、企业财产被他人骗取。无被诈骗的事实，即使国有公司、企业、事业单位的直接负责的主管人员在工作中具有严重不负责任的玩忽职守行为，亦不能构成本罪，这是本罪构成的一个重要客观条件。

因在签订、履行合同过程中，严重不负责任而被诈骗，必须使国家利益遭受了重大损失。如果没有带来损失或者虽然带来损失但不是重大的损失，即使有上述严重不负责任的行为，也不能构成本罪。对方出于诈骗故意实施诈骗行为如因意志以外的原因如被及时发现而未得逞，或者虽然得逞，但通过各种途径如法律途径得以追回，造成的损失包括诉讼费用、追缴被诈骗钱财的费用等并不重大，都不能以犯罪论处。所谓国家利益遭受重大损失，是指造成大量的财物被诈骗而无法追回；或因对方诈骗造成无法供货，被迫停产甚或濒临破产、倒闭等严重后果。

本罪主体是特殊主体，只有国有公司、企业和事业单位的直接负责的主管人员才能构成本罪，其他主体不构成本罪。本罪主体排除了其他直接责任人员，所谓直接负责的主管人员，是指在国有公司、企业、事业单位中对该合同的签订、履行负领导责任的人员。所谓其他直接责任人员，是指对该合同的签订和履行在直接负责的主管人员领导下负执行义务的人员。这些直接负责的主管人员一般都是国家工作人员，不包括国家机关工作人员。后者的类似行为规定在渎职罪一章中，罪名为：国家机关工作人员签订、履行合同失职被骗罪。

本罪的主观方面只能由过失构成。行为人对签订、履行合同过程中被诈骗，并造成"重大损失"的危害后果，不是抱希望或放任其发生的心理态度，而是由于其过失造成的，故意不构成本罪。

2. 签订、履行合同失职被骗罪定罪标准

本罪与非罪的界限。是否致使国家利益遭受重大损失是区分本罪与非罪的主要标准,签订、履行合同失职被骗行为,造成重大损失的,构成本罪;未造成重大损失的,属一般的工作过失渎职行为,可由有关部门给予批评教育,或行政处分。

2001 年 5 月《最高人民检察院、公安部关于经济犯罪案件追诉标准的规定》对签订、履行合同失职被骗案司法解释明确为:国有公司、企业、事业单位直接负责的主管人员,在签订、履行合同过程中,因严重不负责任被诈骗,造成国家直接经济损失数额在 50 万元以上的,或者直接经济损失占注册资本 30% 以上的,应予追诉。

金融机构、从事对外贸易经营活动的公司、企业的工作人员,严重不负责任,造成国家外汇被骗购或者逃汇,数额在 100 万美元以上的,应予追诉。

八、重大责任事故罪

重大责任事故罪是我国刑法中的企业事故犯罪,属于业务过失犯罪。在建筑行业领域里,由于一些水利企业或项目经理在管理上的懈怠,重大责任事故时有发生,对社会造成重大损害。重大责任事故罪的主要特点在于其对重大伤亡事故或者其他严重后果的发生存在过失而不是希望其发生。特别需要提醒的是,水利企业管理人员在工程建设工程中必须遵守相应的规章制度、技术规范,不得强令工人违章冒险作业。

(一)刑法条文

《刑法》第一百三十四条规定,在生产、作业中违反有关安全管理的规定,因而发生重大伤亡事故或者造成其他严重后果的,处 3 年以下有期徒刑或者拘役;情节特别恶劣的,处 3 年以上 7 年以下有期徒刑。

强令他人违章冒险作业,因而发生重大伤亡事故或者造成其他严重后果的,处 5 年以下有期徒刑或者拘役;情节特别恶劣的,处 5 年以上有期徒刑。

(二)重大责任事故罪解读

根据《刑法》的相关规定,重大责任事故罪,是指在生产、作业中违反有关安全管理的规定,或者强令他人违章冒险作业,因而发生重大伤亡事故或者造成其他严重后果的行为。重大责任事故罪的犯罪构成及其特征如下:

(1)本罪的客体,是生产安全。

(2)本罪的客观方面,表现为在生产、作业中违反有关安全管理的规定,或者强令他人违章冒险作业,因而发生重大伤亡事故或者造成其他严重后果的行为。

(3)本罪的主体是一般主体,包括水利企业的安全生产从业人员、安全生产管理人员,以及对安全事故负有责任的包工头,无证从事生产、作业的人员等。

(4)本罪的主观方面表现为过失。这种过失不论是表现为疏忽大意,还是表现为过于自信,行为人在主观上的心理状态都是一样的,即在主观上都不希望发生危害社会的严重后果。但行为人对于在生产、作业中违反有关安全管理的规定,或者强令他人违章冒险作业行为本身,则可能是故意。

【案例 4-7】

王某系某安装公司项目经理。2012 年 3 月 12 日，王某作为项目经理，负责在工地安装一台 680 t 的环轨式起重主吊机。王某在吊机环轨基础施工时，违反了建设施工活动坚持先勘察、后设计、再施工的原则，忽视了吊机环轨基础图上标明的地基承载力和平等度的技术要求，编制了错误的吊机环轨基础施工方案。在施工过程中，发现吊机基础有渗水与沉降现象，但未对吊机基础地基承载力等技术要求予以重视，而是要求工人继续施工，最终发生多人死伤的重大事故。

王某违反建筑施工的法律法规，在未组织勘察、设计的情况下，组织他人编制错误的吊机基础施工方案，在发现事故隐患时，主观上未予以充分的重视，而是继续指挥他人违章冒险作业，最终导致重大事故的发生，其行为符合重大责任事故罪强令工人违章冒险作业的本质特征。

九、重大劳动安全事故罪

重大劳动安全事故罪是 1997 年《刑法》新设立的罪名，其客观行为表现实际上就是对劳动安全的玩忽职守，以致造成重大伤亡事故或者其他严重后果。所谓“劳动安全设施不符合国家规定”，至少应当包括两种情况：一是一开始装备的劳动安全设施质量、性能等就不符合国家规定的安全标准；二是虽然一开始装备的劳动安全设施完全符合国家规定的安全标准，但是该设施或者是缺乏正常的管理和维护，或者是使用时间比较长而使其原有质量、性能降低等原因，从而不符合国家规定的安全标准。因此，需要提醒水利企业的是，在施工过程中对劳动安全设备必须做到经常检查，保障其能够安全使用，一旦发现隐患应立即消除，绝不能有丝毫犹豫。

（一）刑法条文

《刑法》第一百三十五条规定，安全生产设施或者安全生产条件不符合国家规定，因而发生重大伤亡事故或者造成其他严重后果的，对直接负责的主管人员和其他直接责任人员，处 3 年以下有期徒刑或者拘役。情节特别恶劣的，处 3 年以上 7 年以下有期徒刑。

（二）重大劳动安全事故罪解读

重大劳动安全事故罪，主要指安全生产设施或者安全生产条件不符合国家规定，因而发生重大伤亡事故或者造成其他严重后果的行为。

重大劳动安全事故罪的犯罪构成及其特征是：

（1）本罪的客体是劳动安全。

（2）本罪的客观方面表现为安全生产设施或者安全生产条件不符合国家规定，因而发生重大伤亡事故或者造成其他严重后果的行为。

（3）本罪的主体是特殊主体，即直接负责的主管人员和其他直接责任人员。其中，直接负责的主管人员包括生产经营单位的负责人、生产经营的指挥人员、实际控制人、投资人。其他直接责任人员包括对安全生产设施、安全生产条件负有提供、维护、管理职责的人。

（4）本罪的主观方面表现为过失，即在主观上都不希望发生危害社会的严重后果。

但行为人对安全生产设施或者安全生产条件不符合国家规定,则可能是故意的,也可能是过失。

【案例 4-8】

某房建公司将承建的一幢15层某银行办公楼的混凝土提升项目分包给林县张某牵头的农民施工队。张某安排使用自制提升架进行提升作业。2011年12月1日,建设主管部门对该施工现场进行安全检查时对该提升设备存在事故隐患提出整改意见,当月15日工程尚在施工,张某施工队向建设主管部门虚假报告:“工程已封顶,自制提升架已取消”,张某在报告中签名以示负责。2012年12月29日自制提升架作业时倾倒打中工人何某的头部,何某当场死亡。

问:张某的行为构成什么犯罪?

解析:

工地严重违反《建筑法》和《安全生产法》,擅自使用自制提升机代替井字架物料提升机,是导致事故发生的重要原因;张某作为施工队负责人,有职责、有义务消除建筑施工中的不安全隐患,但是张某安全生产意识淡薄,对潜在的安全隐患不及时排除,是造成这起事故的直接原因。张某被检察院以重大劳动安全事故罪提起公诉。

十、工程重大安全事故罪

(一)刑法条文

《刑法》第一百三十七条规定,建设单位、设计单位、施工单位、工程监理单位违反国家规定,降低工程质量标准,造成重大安全事故的,对直接责任人员,处5年以下有期徒刑或者拘役,并处罚金;后果特别严重的,处5年以上10年以下有期徒刑,并处罚金。

(二)工程重大安全事故罪解读

工程重大安全事故罪,是指建设单位、设计单位、施工单位、工程监理单位违反国家规定,降低工程质量标准,造成重大安全事故的行为。工程重大安全事故罪的犯罪构成及其特征是:

(1)本罪的客体是公共安全和国家有关工程建设管理的法律制度。

(2)本罪的客观方面表现为违反国家规定,降低工程质量标准,造成重大安全事故的行为。

(3)本罪的主体是特殊主体,仅限于建设单位、设计单位、施工单位和工程监理单位。

(4)本罪的主观方面表现为过失。但行为人违反国家规定、降低质量标准则可能是故意,也可能是过失。

【案例 4-9】

××堤塘工程是某市政府按抵御百年一遇的特大江潮、洪水、台风同时袭击的标准设计的重点建设项目。××堤塘工程某工区工班负责人卢某、吕某1997年12月从某市水利建筑总公司承包某工区施工段各250 m,而后又转包给某工区工班工人谢某、高某施工。在施工过程中,为了缩短工期,减少费用开支,卢某、吕某伙同谢某、高某指使民工向沉井里大量填土,然后浇注少量混凝土掩人耳目,从而大大降低了工程质量,严重危及堤塘安全。经有关技术部门对该工程某工区450多个沉井进行质量检测,合格率仅为53.3%,相当一部分沉井内部的混凝土回填量仅为设计量的一半,已构成四级建设工程重大事故。另查,负责这一段标准堤塘工程监理的监理人员彭某对工程重大安全事故负有不可推卸的责任。卢某、吕某、谢某、高某、彭某被以工程重大安全事故罪判处有期徒刑不等。

十一、串通投标罪

串通投标已成为建筑行业的“潜规则”,串标、围标现象在很多水利企业看来习以为常,彼此间心知肚明、隐秘不发。可是,一旦较起真来,则是“牵一发而动全身”。

(一)刑法条文

《刑法》第二百二十三条规定,投标人相互串通投标报价,损害招标人或者其他投标人利益,情节严重的,处3年以下有期徒刑或者拘役,并处或者单处罚金。

投标人与招标人串通投标,损害国家、集体、公民的合法利益的,依照前款的规定处罚。

(二)串通投标罪解读

串通投标罪,是指投标人相互串通投标报价,损害招标人或者其他投标人利益,情节严重的行为,以及投标人与招标人串通投标,损害国家、集体、公民的合法利益的行为。

(1)本罪的客体,是市场交易(特别是建设工程交易市场)的正常秩序和招标人、投标人的合法权益。

(2)本罪的客观方面,表现为投标人相互串通投标报价,损害招标人或者其他投标人利益,或者投标人与招标人串通投标,损害国家、集体、公民的合法权益的行为。

(3)本罪的犯罪主体,是投标人(两个以上)或者投标人与招标人。

(4)本罪的主观方面,表现为故意。

【案例4-10】

2009年,某市人民政府副秘书长孟某与某市交通局总工程师刘某,利用负责该市迎宾大道和机场路改建工程建设的职务便利,操纵招标投标,并从中谋取巨额利益。其中,刘某通过某建筑集团第八局某分公司营销经理赵某找到某建经工程监理有限责任公司工程师黄某、招标代理部经理李某,以及某对外建设有限公司项目经理王某等人,合谋串通投标。采取指定建经公司负责招标代理工作、内定项目中标单位、为特定投标人量身定做评分标准、买通评委、借用其他公司资质围标等方式,使王某等人中标。法院一审认定,孟某、刘某分别收受王某贿赂人民币30万元和70万元,黄某和李某共同收受贿赂人民币32万元。2011年1月,孟某、刘某、黄某、李某因犯串通投标罪和受贿罪,分别被依法判处有期徒刑11年、6年、5年、5年;王某因犯串通投标罪和行贿罪被依法判处有期徒刑3年,缓刑4年;赵某因犯串通投标罪和介绍贿赂罪被依法判处有期徒刑3年,缓刑4年。

【案例 4-11】

2008 年 5 月,某市水利防洪工程一标段向社会公开招标,并采用最低报价中标评标办法。某铁建公司、某建工集团总公司等 5 家单位被确定为参加最后投标单位。5 家企业的代表在得知被确定为投标单位后,多次密谋串通投标。商定由某建工集团总公司提供串标必需的标书,某建工集团总公司中标后,支付给其他几家参加投标的公司各 70 万元人民币的“好处费”。最终,某建工集团总公司以 4 600 万元的标的额顺利中标,某建工集团总公司按照约定将“好处费”支付给各投标单位。几家企业的代表最终被法院以串通投标罪判处缓刑 1 年至有期徒刑 2 年不等的刑罚,同时并处 5 万 ~60 万元的罚金。

十二、拒不支付劳动报酬罪

(一)刑法条文

根据《刑法》第二百七十六条的规定,以转移财产、逃匿等方法逃避支付劳动者的劳动报酬或者有能力支付而不支付劳动者的劳动报酬,数额较大,经政府有关部门责令支付仍不支付的,处 3 年以下有期徒刑或者拘役,并处或者单处罚金;造成严重后果的,处 3 年以上 7 年以下有期徒刑,并处罚金。

单位犯前款罪的,对单位判处罚金,并对其直接负责的主管人员和其他直接责任人员,依照前款的规定处罚。

有前两款行为,尚未造成严重后果,在提起公诉前支付劳动者的劳动报酬,并依法承担相应赔偿责任的,可以减轻或者免除处罚。

(二)拒不支付劳动报酬罪解读

所谓拒不支付劳动报酬罪,是指以转移财产、逃匿等方法逃避支付劳动者的劳动报酬或者有能力支付而不支付劳动者的劳动报酬,数额较大,经政府有关部门责令支付仍不支付的行为。《最高人民法院对关于审理拒不支付劳动报酬刑事案件适用法律若干问题的解释》针对拒不支付劳动报酬罪所涉及的术语界定、定罪量刑标准、单位犯罪等问题,进一步明确了相关刑事案件的法律适用标准。这一司法解释自 2013 年 1 月 23 日起施行。

本罪犯罪主体为一般主体,即企业和自然人。

本罪在主观方面表现为故意,包括直接故意和间接故意。即主观上明知自己的“不支付劳动者劳动报酬”的这种不作为行为会产生劳动者不能及时实际得到劳动报酬的社会危害后果,却希望或放任这种后果发生。应认定为故意的几种情况:

(1)明确表示拒不作为的,即明确拒绝支付劳动者劳动报酬的,应当然地认定为故意。包括无正当理由拖欠,不论是否以非法占有为目的。

(2)虽表示应支付,但主动实施作为,为不支付找借口的,应认定为故意。如无正当理由转移财产,造成无支付能力假象的;用人单位主要负责人或指使发放劳动者劳动报酬的工作人员逃匿,造成无法支付假象的;或非法克扣工资或罚款的。

本罪犯罪客体是双重客体,既侵犯劳动者的财产权,又妨碍了正常的劳动用工关系,侵犯了社会主义市场经济秩序。

本罪在犯罪客观方面表现为:既有危害行为,又有危害结果,且两者间有刑法上的因果关系。

(1)有下列情形之一的,应认定属于“以转移财产、逃匿等方法逃避支付劳动者的劳动报酬或者有能力支付而不支付劳动者的劳动报酬”。

①实施了转移财产、逃匿等方法逃避支付劳动者的劳动报酬的行为。

②有能力支付而不支付劳动者的劳动报酬。即企业的银行存款足够支付劳动者的劳动报酬,而不作为,导致劳动者没有按合同或法定应获得劳动报酬的时限。如实行月工资制的,超过 20 天仍不发放工资的,即构成“不支付”。

(2)法律没有明文规定“数额较大”构成的绝对值范围。应比照职务侵占罪的入刑标准,即逃避或不支付劳动者的劳动报酬在 5 000 元至 1 万元以上,构成“数额较大”,应予追诉。

(3)有下列情形之一的,应认定构成“经政府有关部门责令支付仍不支付的”:

①劳动行政部门即各级劳动监察大队已向用人单位送达《行政处罚决定书》,责令用人单位限期支付劳动者劳动报酬。

②各级劳动争议仲裁委员会已向用人单位送达《劳动争议仲裁决定书》,责令用人单位限期支付劳动者劳动报酬。

③各级法院已向用人单位送达《民事判决书》,责令用人单位限期支付劳动者劳动报酬,判决书已生效或虽因劳动者提起上诉而没生效但用人单位没有提起上诉的。

④各级信访机关已向用人单位送达批转文件,责令用人单位限期支付劳动者劳动报酬。

【案例 4-12】

2012 年 12 月 27 日,张某等农民工到辽宁省某市劳动监察大队投诉,反映 A 区水电工程包工头徐某拖欠 73 名农民工工资 120 万元。监察大队依法对徐某下达《限期改正指令书》,徐某到期拒不改正,且携款逃匿。

经人民法院审理,以拒不支付劳动报酬罪判处徐某有期徒刑 10 个月,并处罚金 5 万元。

十三、伪造企业印章罪

伪造企业印章罪是指伪造企业印章的行为。本罪所侵犯的直接客体是企业的正常活动的声誉,同时构成对社会主义市场经济秩序和社会公共秩序的侵犯。本罪在主观方面是故意,即行为人明知自己无权制作上述单位的印章,但为了某种目的而进行伪造。

根据《刑法》第二百八十条的规定,伪造公司、企业、事业单位、人民团体的印章的,处 3 年以下有期徒刑、拘役、管制或者剥夺政治权利。

十四、挪用资金罪与职务侵占罪

《刑法》第二百七十二条规定,公司、企业或者其他单位的工作人员,利用职务上的便利,挪用本单位资金归个人使用或者借贷给他人,数额较大、超过 3 个月未还的,或者虽未超过 3 个月,但数额较大、进行营利活动的,或者进行非法活动的,处 3 年以下有期徒刑或者拘役;挪用本单位资金数额巨大的,或者数额较大不退还的,处 3 年以上 10 年以下有期徒刑。

国有公司、企业或者其他国有单位中从事公务的人员和国有公司、企业或者其他国有单位委派到非国有公司、企业以及其他单位从事公务的人员有前款行为的,依照本法第三百八十四条的规定定罪处罚。

《刑法》第二百七十一条规定,公司、企业或者其他单位的人员,利用职务上的便利,将本单位财物非法占为己有,数额较大的,处 5 年以下有期徒刑或者拘役;数额巨大的,处 5 年以上有期徒刑,可以并处没收财产。

国有公司、企业或者其他国有单位中从事公务的人员和国有公司、企业或者其他国有单位委派到非国有公司、企业以及其他单位从事公务的人员有前款行为的,依照本法第三百八十二条、第三百八十三条的规定定罪处罚。

挪用资金罪与职务侵占罪同属侵犯财产罪范畴,在犯罪构成上有着众多的相似之处,如两罪的犯罪主体均系公司、企业或其他单位人员;客观上都是利用职务上的便利;犯罪对象都包含单位的资金。主要区别在于主观方面,职务侵占罪强调的是"侵占",而挪用侵占罪强调的是"挪用"。

可以说,职务侵占罪是我国现行刑法特地为保护民营企业等非国有企业财产权量身定制的罪名。通俗地说,就是非国有公司工作人员的贪污行为。数额较大是职务侵占罪的必备要件之一,涉及罪与非罪,但具体标准却未予规定。2010 年 5 月 7 日颁发的《最高人民检察院、公安部关于公安机关管辖的刑事案件立案追诉标准的规定(二)》第八十四条规定:(职务侵占案《刑法》第二百七十一条第一款)公司、企业或者其他单位的人员,利用职务上的便利,将本单位财物非法占为己有,数额在 5 000 元至 1 万元以上的,应予立案追诉。因此,数额较大的标准应为 5 000 元至 1 万元。在司法实践中,数额巨大的标准一般为 10 万元起。

【案例 4-13】

马某系某民办工程水利企业的总经理,陈某系挂靠于该公司的项目经理。2008 年 12 月底,陈某称要借用马某在其中占有股份的某施工企业的名义,参加某住宅小区的招标投标,但要交纳投标保证金 200 万元,陈某向马某提出申请,以借支工程人工费的名义从公司财务支出现金交纳保证金。实际上,陈某并不是真想去投标,只是想拿到 200 万元后逃往外地。对陈某的真实意图,马某毫不知情,后马某批示"春节将至、特事特办"同意后,陈某借出现金 250 万元,将其中 200 万元用于投标所需保证金。

问:马某和陈某构成什么犯罪?

解析:

本案中,马某与陈某共同实施的是同一行为,但两人的定罪和刑期却有着天壤之别。虽然两者都是利用职务上的便利,但马某挪用本单位资金的目的并不是要占有,其主观上不是企图永久非法占有,而是准备日后归还的;而陈某的目的是非法取得,并不打算归还,两者在主观意图上有着根本的区别,因此量刑也就各不相同。法院经审理,以挪用资金罪判处马某有期徒刑5年，以职务侵占罪判处陈某有期徒刑12年。

十五、交通肇事罪与以危险方法危害公共安全罪

《刑法》第一百三十三条规定，违反交通运输管理法规，因而发生重大事故，致人重伤、死亡或者使公私财产遭受重大损失的，处3年以下有期徒刑或者拘役；交通运输肇事后逃逸或者有其他特别恶劣情节的，处3年以上7年以下有期徒刑；因逃逸致人死亡的处7年以上有期徒刑。

在道路上驾驶机车追逐竞驶，情节恶劣的，或者在道路上醉酒驾驶机动车的，处拘役，并处罚金。

《刑法》第一百一十五条规定，放水、决水、爆炸、投毒或者以其他危险方法致人重伤、死亡或者使公私财产遭受重大损失的，处10年以上有期徒刑、无期徒刑或者死刑。

十六、偷税罪

偷税罪是税收犯罪中最常见、最典型、“资格最老”的一种，也是企业常会误入的雷区之一。

《刑法》第二百零一条规定，纳税人采取伪造、变造、隐匿、擅自销毁账簿、记账凭证，在账簿上多列支出或者不列、少列收入，经税务机关通知申报而拒不申报或者进行虚假的纳税申报的手段，不缴或者少缴应纳税款，偷税数额占应纳税额的10%以上不满30%并且偷税数额在1万元以上不满10万元的，或者因偷税被税务机关给予二次行政处罚又偷税的，处3年以下有期徒刑或者拘役，并处偷税数额1倍以上5倍以下罚金；偷税数额占应纳税额的30%以上并且偷税数额在10万元以上的，处3年以上7年以下有期徒刑，并处偷税数额1倍以上5倍以下罚金。

扣缴义务人采取前款所列手段，不缴或者少缴已扣、已收税款，数额占应缴税额的10%以上并且数额在1万元以上的，依照前款的规定处罚。

对多次犯有前两款行为，未经处理的，按照累计数额计算。

2009年2月28日，《刑法修正案（七）》对《刑法》第二百零一条进行了修改，将原来的“偷税罪”修改为“逃税罪”。

将《刑法》第二百零一条修改为：纳税人采取欺骗、隐瞒手段进行虚假纳税申报或者不申报，逃避交纳税款数额较大并且占应纳税额10%以上的，处3年以下有期徒刑或者拘役，并处罚金；数额巨大并且占应纳税额30%以上的，处3年以上7年以下有期徒刑，并处罚金。

扣缴义务人采取前款所列手段，不缴或者少缴已扣、已收税款，数额较大的，依照前款的规定处罚。

对多次实施前两款行为，未经处理的，按照累计数额计算。

有第一款行为，经税务机关依法下达追缴通知后，补缴应纳税款，交纳滞纳金，已受行政处罚的，不予追究刑事责任；但是，5年内因逃避交纳税款受过刑事处罚或者被税务机关给予2次以上行政处罚的除外。

修订后的第二百零一条，删除了对偷税罪的定罪量刑具体数额标准的规定，由司法机

关根据实际情况作出司法解释并适时调整。从其第一款可以看出，纳税人采取欺骗、隐瞒手段进行虚假纳税申报或者不申报，逃避交纳税款数额较大（10%以上）、数额巨大（30%以上），是需要承担刑事责任的。但是，如果纳税人经税务机关依法下达追缴通知后，同时具备以下3个条件，是可以不承担刑事责任的：

（1）已经补缴了全部应纳税款；

（2）已经交纳了税收滞纳金；

（3）已接受了税务机关的行政处罚。

同时，提醒纳税人不能滥用该条款关于"刑事免责"的相关规定。根据该条款规定，纳税人5年内因逃避交纳税款受过刑事处罚或者被税务机关给予2次以上行政处罚的，也必须承担刑事责任，不能逃避法律的制裁。

十七、环境污染罪

2006年7月，《最高人民法院关于审理环境污染刑事案件具体应用法律若干问题的解释》明确了1997年《刑法》规定的重大环境污染事故罪、非法处置进口的固体废物罪、擅自进口固体废物罪和环境监管失职罪的定罪量刑标准。2011年5月1日起施行的《刑法修正案（八）》对1997年《刑法》规定的"重大环境污染事故罪"作了进一步完善：一是扩大了污染物的范围，将原来规定的"其他危险废物"修改为"其他有害物质"；二是降低了入罪门槛，将"造成重大环境污染事故，致使公私财产遭受重大损失或者人身伤亡的严重后果"修改为"严重污染环境"。修改后，罪名由原来的"重大环境污染事故罪"相应调整为"污染环境罪"。

为确保法律准确、统一适用，最高人民法院、最高人民检察院会同公安部、环保部等有关部门制定了《最高人民法院　最高人民检察院关于办理环境污染刑事案件适用法律若干问题的解释》，于2013年6月19日起实施。《最高人民法院　最高人民检察院关于办理环境污染刑事案件适用法律若干问题的解释》共计十二条，主要规定了以下几个方面的问题。

（一）界定了严重污染环境的十四项认定标准

（1）在饮用水水源一级保护区、自然保护区核心区排放、倾倒、处置有放射性的废物、含传染病病原体的废物、有毒物质的；

（2）非法排放、倾倒、处置危险废物3 t以上的；

（3）非法排放含重金属、持久性有机污染物等严重危害环境、损害人体健康的污染物超过国家污染物排放标准或者省、自治区、直辖市人民政府根据法律授权制定的污染物排放标准3倍以上的；

（4）私设暗管或者利用渗井、渗坑、裂隙、溶洞等排放、倾倒、处置有放射性的废物、含传染病病原体的废物、有毒物质的；

（5）两年内曾因违反国家规定，排放、倾倒、处置有放射性的废物、含传染病病原体的废物、有毒物质受过两次以上行政处罚，又实施前列行为的；

（6）致使乡镇以上集中式饮用水水源取水中断12 h以上的；

（7）致使基本农田、防护林地、特种用途林地5亩（1亩 = 1/15 hm^2，下同）以上，其他农用地 10 亩以上，其他土地 20 亩以上基本功能丧失或者遭受永久性破坏的；

(8)致使森林或者其他林木死亡 50 m^3 以上，或者幼树死亡 2 500 株以上的；

(9)致使公私财产损失 30 万元以上的；

(10)致使疏散、转移群众 5 000 人以上的；

(11)致使 30 人以上中毒的；

(12)致使 3 人以上轻伤、轻度残疾或者器官组织损伤导致一般功能障碍的；

(13)致使 1 人以上重伤、中度残疾或者器官组织损伤导致严重功能障碍的；

(14)其他严重污染环境的情形。

对于具有上述这 14 种情形之一的，都可以认定为严重污染环境。

(二)酌情从重处罚

对于环境污染犯罪的以下四种情形应当酌情从重处罚：

(1)阻挠环境监督检查或者突发环境事件调查的；

(2)闲置、拆除污染防治设施或者使污染防治设施不正常运行的；

(3)在医院、学校、居民区等人口集中地区及其附近，违反国家规定排放、倾倒、处置有放射性的废物、含传染病病原体的废物、有毒物质或者其他有害物质的；

(4)在限期整改期间，违反国家规定排放、倾倒、处置有放射性的废物、含传染病病原体的废物、有毒物质或者其他有害物质的。

对于具有以上这 4 种情形之一的，要酌情从重处罚。

(三)从严惩处单位犯罪

对于单位实施环境污染犯罪的，不单独规定定罪量刑标准，而是适用与个人犯罪相同的定罪量刑标准，对直接负责的主管人员和其他直接责任人员定罪处罚，并对单位判处罚金。

实践中，不少企业为降低危险废物的处置费用，在明知他人未取得经营许可证或者超出经营许可范围的情况下，向他人提供或者委托他人收集、储存、利用、处置危险废物的现象十分普遍。他人接收危险废物后，由于实际不具备相应的处置能力，往往将危险废物直接倾倒在土壤、河流中，严重污染环境。为有针对性地加强对此类犯罪行为的打击，《最高人民法院 最高人民检察院关于办理环境污染刑事案件适用法律若干问题的解释》第七条专门规定，对此种情形应当以污染环境罪的共同犯罪追究有关单位、个人的刑事责任。

(四)明确界定了“有毒物质”的范围和认定标准

根据《刑法》第三百三十八条的规定，违规排放、倾倒、处置有放射性的废物、含传染病病原体的废物、有毒物质或者其他有害物质，严重污染环境的，均构成污染环境罪。《最高人民法院 最高人民检察院关于办理环境污染刑事案件适用法律若干问题的解释》第十条对“有毒物质”的范围和认定标准作出了明确界定，即危险废物，剧毒化学品、列入重点环境管理危险化学品名录的化学品以及含有上述化学品的物质，含有铅、汞、镉、铬等重金属的物质，《关于持久性有机污染物的斯德哥尔摩公约》附件所列物质，如“灭蚁灵”、“二噁英”等，以及其他具有毒性，可能污染环境的物质都属于“有毒物质”。

(五)规范环境污染专门性问题的鉴定机构及程序

办理环境污染刑事案件,常常涉及污染物认定、损失评估等专门性问题,需要由司法鉴定机构出具鉴定意见。但是,目前具有环境污染鉴定资质的机构较少、费用昂贵,难以满足办案实践需求。为有效解决办理环境污染刑事案件过程中的专门性问题,《最高人民法院 最高人民检察院关于办理环境污染刑事案件适用法律若干问题的解释》在第十一条明确规定,对案件所涉及的环境污染专门性问题难以确定的,由司法鉴定机构出具鉴定意见,或者由国务院环境保护部门指定的机构出具检验报告。县级以上环境保护部门及其所属监测机构出具的监测数据,经省级以上环境保护部门认可的,可以作为证据使用。

第三节　检察院直接受理的刑事案件

一、检察院直接受理刑事案件的范围

人民检察院直接受理立案侦查的刑事案件包括以下四类。

(1)贪污贿赂犯罪案件。涉及12个罪名:贪污罪、挪用公款罪、受贿罪、单位受贿罪、行贿罪、对单位行贿罪、介绍贿赂罪、单位行贿罪、巨额财产来源不明罪、隐瞒境外存款罪、私分国有资产罪、私分罚没财物罪。

(2)渎职侵权犯罪案件。涉及30多个罪名:滥用职权罪,玩忽职守罪,故意泄露国家秘密罪,徇私枉法罪,民事行政枉法裁判罪,执行判决、裁定失职罪,执行判决、裁定滥用职权罪,枉法仲裁罪,私放在押人员罪,失职致使在押人员脱逃罪,徇私舞弊减刑、假释、暂予监外执行罪,徇私舞弊不移交刑事案件罪,滥用管理公司、证券职权罪,徇私舞弊不征、少征税款罪,徇私舞弊发售发票、抵扣税款、出口退税罪,违法提供出口退税凭证罪,国家机关工作人员签订、履行合同失职被骗罪,违法发放林木采伐许可证罪,环境监管失职罪,传染病防治失职罪,非法批准征用、占用土地罪,非法低价出让国有土地使用权罪,放纵走私罪,商检徇私舞弊罪,商检失职罪,动植物检疫徇私舞弊罪,动植物检疫失职罪,放纵制售伪劣商品犯罪行为罪,办理偷越国(边)境人员出入境证件罪,放行偷越国(边)境人员罪,不解救被拐卖、绑架妇女、儿童罪,帮助犯罪分子逃避处罚罪,招收公务员、学生徇私舞弊罪,失职造成珍贵文物毁损、流失罪。

(3)国家机关工作人员利用职权实施的侵犯公民人身权利的犯罪以及侵犯公民民主权利的犯罪。包括非法拘禁案,刑讯逼供案,报复陷害案,非法搜查案,暴力取证案,体罚、虐待被监管人员案,破坏选举案。

(4)国家机关工作人员利用职权实施的其他重大犯罪案件,需要由人民检察院直接受理的时候,经省级以上人民检察院决定,可以由人民检察院立案侦查。

二、水利企业经理人实施职务犯罪的心理分析

(1)缺乏对法律的敬畏,贪图钱财。

一些经理人手中有权,为了达到贪财图利的目的,利用职务之便,采取收合作方回扣、

分包商贿赂、把“肥活”包给自己的亲戚公司等手段，疯狂地贪污、挪用公款。

我国目前存在着一种现象，法律法规不如政府红头文件、红头文件不如领导批示，在法律失去了规则的刚性而变成一种弹性工具的环境下，经理人拿出大量精力攻领导、弃法律就不足为奇。一些经理人确实不懂法，无法预见或者判断当时行为后果的严重性，遇到事情首先考虑的是所谓的“潜规则”，结果走上了犯罪道路。

(2)蒙混过关的侥幸心理。

一些经理人一方面贪图单位固定的经济收入和保障，不愿意因贪污贿赂而丢掉公职和权力，希望“鱼与熊掌”兼得；另一方面，具有一定的社会阅历和法律常识，往往自认为见多识广，手段高明，或相信朋友不会出卖自己，在自信能侥幸过关的情况下走上犯罪道路。比如，由于目前的招标投标制度不尽完善和严格，在很多工程项目的招标过程中，有领导干部在标段的划分、投标单位资质、新技术推广等方面人为干预和插手的情形，直接影响招标投标、施工管理、竣工验收等各个环节。于是，也就经常有人堂而皇之地接受所谓的劳务费、咨询费或者收受干股、红利、房屋，等等。

(3)“做贼心虚”的矛盾心理。

有些人虽然见钱眼开，有利用手中权力捞一把的念头，但慑于法律威严，缺乏以身试法的勇气。这些人在尝到甜头的同时，又摆脱不了紧张与恐惧，害怕自己的罪行暴露后身败名裂，累及亲人。

(4)深感吃亏的补偿心理。

例如，有些经理人在社会分配拉开差距的情况下，看到自己干得多，待遇却比别人低，便产生不平衡的补偿心理。有些老同志认为自己工作了几十年，没功劳也有苦劳，过去收入少吃了亏，现临近退休该捞一把，于是，便想趁仍在位有权之机捞一点补偿。

(5)贪图享乐的虚荣心理。

中国市场经济的发展，助长了社会不正之风，拥有实权的一些人员爱慕虚荣，追求个人享乐，成为“糖衣炮弹”袭击的对象，有的甚至染上黄、赌、毒恶习，断送了前程。

(6)按“劳”取“酬”的交易心理。

一些人把党和人民赋予的权力当成自己的私有财产，为别人办了事、帮了忙，内心总希望别人感谢自己，办事先谈酬劳。如今工程建设各个环节本身存在一些制度缺陷，也为这些犯罪提供了庇护条件。例如，很多工程项目建设指挥部，往往是为了解决阶段性的一些重点工程项目而临时设立的，其随后的日常运作大多依靠一些内部守则和行业规则来进行调整，不仅存在工作随意性较大、缺乏规范化、容易产生管理上的漏洞和“盲区”等问题，而且大多容易出现人事关系混乱的情况。一些工程项目指挥部的工作人员，往往是从相关职能部门及镇(街道)抽调的，经常容易出现任用交叉、一人兼管多个工地的现象，甚至出现曾有经济问题的人员“带病上岗”的情况。

(7)攀比心理。

有些经理人认为，现在社会上腐败现象普遍存在，很多人都在利用手中的权力捞取好处，与他们相比，自己这点小问题算不了什么。“别人有的我也要有”的攀比心态，特别反映在那些经济条件差、工作时间较短的年轻经理人身上。